Friedemann Bedürftig
Taschenlexikon Staufer

SERIE PIPER

Zu diesem Buch

Am 13. Dezember 1250 starb Kaiser Friedrich II., und mit ihm ging ein ganzes Zeitalter unter. Er war die letzte herausragende Gestalt der Staufer, jenes schwäbischen Herrschergeschlechts, das über ein Jahrhundert lang die Geschicke des Reiches gelenkt und die deutsch-römische Kultur des Mittelalters zu höchster Blüte geführt hatte. Noch immer ist die Sage vom Berg Kyffhäuser bekannt, wo angeblich Barbarossa, Friedrichs rotbärtiger Großvater, schläft und von wo er eines Tages zurückkehren wird, um ein friedliches, geeintes deutsches Reich zu errichten. Bis heute zeugen Dome und Burgen von der Macht- und Prachtentfaltung der staufischen Epoche, mit der sich im Bewußtsein der Deutschen und anderer Europäer Begriffe wie Minnesang, Rittertum und Kreuzzüge verbinden.

Friedemann Bedürftig, geboren 1940 in Breslau, studierte Geschichte und Germanistik. Unter anderem Autor der Taschenlexika »Karl V.«, »Dreißigjähriger Krieg«, »Goethe«, »Drittes Reich«, »Zweiter Weltkrieg« (mit Reinhard Barth), »Deutschland nach 1945« und »Päpste« (mit Reinhard Barth). Er lebt in Hamburg.

Friedemann Bedürftig

Taschenlexikon Staufer

Piper München Zürich

Weitere Taschenlexika in der Serie Piper:
Taschenlexikon Drittes Reich (Friedemann Bedürftig; 2369)
Taschenlexikon Deutschland nach 1945 (Friedemann Bedürftig; 2495)
Taschenlexikon Bismarck (Friedemann Bedürftig; 2593)
Taschenlexikon Dreißigjähriger Krieg (Friedemann Bedürftig; 2668)
Taschenlexikon Kreuzzüge (Reinhard Barth; 2794)
Taschenlexikon Goethe (Friedemann Bedürftig; 2669)
Taschenlexikon Karl V. (Friedemann Bedürftig; 2870)
Taschenlexikon Zweiter Weltkrieg (Reinhard Barth, Friedemann Bedürftig; 2496)
Taschenlexikon Karl der Große (Reinhard Barth; 3034)
Taschenlexikon Päpste (Reinhard Barth, Friedemann Bedürftig; 3042)
Taschenlexikon altes Ägypten (Wolfgang Schuler; 3105)

Originalausgabe
November 2000

Umschlag: Büro Hamburg
Stefanie Oberbeck, Katrin Hoffmann
Umschlagabbildung: Friedrich II. als thronender Kaiser
(Dia: R. R. Maschke)
Foto Umschlagrückseite: Reto Klar
Satz: Uwe Steffen, München
Druck und Bindung: Clausen & Bosse, Leck
Printed in Germany ISBN 3-492-23032-6

Vorbemerkung

Die sogenannte gute alte Zeit erweist sich bei näherem Hinsehen fast immer als ein Trugbild. Bei »goldenen Zeitaltern« wird der Effekt noch deutlicher, denn je mehr Licht, desto mehr Schatten. Und so entpuppt sich auch die hoch bewunderte Stauferzeit als eine Epoche der Widersprüche: der großen kulturellen Leistungen und der verheerenden Kriege, der imponierenden Herrschergestalten und der blutigen Despoten. »Golden« sind in diesem Zeitalter der Kaiser aus schwäbischem Geschlecht allenfalls die Kronen der Mächtigen und der sakrale Prunk. Für das Fußvolk, den kleinen Mann und die noch kleinere Frau des Hochmittelalters hatte die im Rückblick entdeckte Größe der Zeit eher etwas Bedrückendes, denn Blüten verlangen dem Wurzelwerk ein Äußerstes an Leistung ab, damit sie ihre Pracht entfalten können.
Und doch ist ein Mythos um die Staufer entstanden, wie ihn die deutsche Geschichte sonst nur für die legendäre Frühzeit eines Dietrich von Bern oder der Nibelungen kennt. Schon Karl der Große wurde nüchterner gesehen, und auch die Ottonen des 10. Jahrhunderts erreichten nicht den Rang, den später der Rotbart und sein Enkel Friedrich II. als »stupor mundi« (das Staunen der Welt) erklommen. Ihre Herrschaft erlebte in der Verklärung wegen der vorangegangenen und nachfolgenden Notzeiten eine Art Himmelfahrt, auch wenn diese zunächst nur bis in den Berg Kyffhäuser führte, wo der Kaiser – anfangs der zweite, später der erste, der »deutschere« Friedrich – der Legende nach auf seine Wiederkehr wartet, um das Reich wieder groß und mächtig zu machen und ihm den Frieden zu bringen, für den der Name der beiden Kaiser bürgt.
Über solche Verklärung zu lächeln gibt es keinen Grund. Eher einen dafür nachzuspüren, wie es dazu kommen konnte und warum der Mythos ungebrochen ist. Noch 1977 kamen zur großen Staufer-Ausstellung in Stuttgart täglich 10000 Menschen. Inzwischen ging und geht es ihnen wohl nicht mehr darum, den alten Kaiser Barbarossa wiederhaben zu wollen und schon gar nicht den »Weißbart« und Hohenzollern Wilhelm. Menschen, die sich bis heute unvermindert angezogen fühlen vom Flair der Stauferzeit, möchten vielmehr ein Zeitalter besichtigen, das mit

Rittertum und Minnesang, Burgenbau und Kreuzzügen so kräftige Spuren in unserer Kultur und im kollektiven Gedächtnis hinterlassen hat.
Ausstellungen aber sind selten, das Reisen an die Schauplätze erfordert erheblichen Aufwand, und die Romane über Groß- oder Untaten der Helden jener Jahrzehnte treffen nur Ausschnitte der Geschichte und überzeichnen unvermeidlich in ihrer Absicht zu unterhalten. Nichts gegen Unterhaltung, auch dieses Lexikon bemüht sich um farbige Aufbereitung des Stoffes. In erster Linie aber ist es den Fakten verpflichtet und dem alphabetischen Auftrag, das Thema an vielen Stellen aufzuschließen und zur raschen Orientierung beizutragen. Finster nämlich ist das gern so gescholtene Mittelalter allenfalls, was unsere Kenntnislage darüber angeht. Die knappen Beiträge meines Nachschlagewerks sollen daher ein wenig beim Ausleuchten helfen. Die Gegenstände leuchten dann von selber weiter und erhellen die ganze reiche Schatzkammer.

Hamburg, im Sommer 2000 *Friedemann Bedürftig*

Technische Hinweise:
Kursiv gesetzte Wörter verweisen auf einen eigenen Eintrag. Im Anhang befindet sich neben einer Zeittafel, einer Stammtafel und Literaturhinweisen auch ein Sach- und Personenregister.

Aachen

In bewußter Anknüpfung an Karl den Großen hatte Kaiser Otto I. der Große (936–973) die Tradition begründet, daß sich die deutschen Könige in Aachen, der einstigen Pfalz des Karolingers, krönen ließen. Der Staufer *Friedrich I. Barbarossa* erneuerte diesen Brauch nicht nur, indem er ebenfalls Aachen als Krönungsort wählte, sondern vor allem durch die *Heiligsprechung Karls des Großen* 1165; auf Anraten *Rainalds von Dassel* überließ er dies seinem Gegenpapst *Paschalis III.* 1165. Im Jahr darauf zeichnete er die schon damals bedeutende Tuchstadt aus, indem er alle ihre Einwohner für frei erklärte und Aachen unter Verleihung des Markt- und Münzprivilegs offiziell als Haupt des Reiches (»caput regni Teutonici«) bezeichnete. Die staufische Politik unter ihm und seinen Nachfolgern führte dann aber wegen des vornehmlich auf das südliche Deutschland und Italien gerichteten Interesses der Herrscher dazu, daß Aachen an den Rand rückte und sich die Macht nach Süden verlagerte. Der Sog der Tradition aber blieb immerhin so stark, daß es ein ständiger Makel *Philipps von Schwaben* blieb, daß nicht er, sondern sein Kontrahent *Otto IV.* nach der *Doppelwahl von 1198* in Aachen gekrönt worden war. Und auch *Friedrich II.*, obwohl schon als Zweijähriger zum König gewählt und nach erneuter Wahl am 9. Dezember 1212 in Mainz gekrönt, legte höchsten Wert darauf, die Krönung am 25. Juli 1215 in Aachen wiederholen zu lassen. Und dieses Mal konnte er sich in der »Stadt, die nach Rom allen Städten und Landen voranleuchtet«, mit den originalen Insignien schmücken.

Ablaß

Nach katholischer Rechtfertigungslehre kann der Sünder durch Buße aktiv an der Erlangung von Vergebung teilnehmen. Naheliegenderweise kam bald die Praxis auf, daß kirchlich verhängte Bußwerke auch durch Geld abgelöst werden konnten, da nicht jedem die Möglichkeiten gegeben waren, durch geforderte gemeinnützige Tätigkeiten Ablaß (Nachlaß) von Sündenstrafen zu erwerben. Insbesondere galt das für den begehrtesten vollkommenen Ablaß »für alle Sünden«, der erstmals von Papst Urban II. (1088–1099) anläßlich des Ersten Kreuzzugs für dessen Teilnehmer verkündet wurde. Wer nicht mitziehen konnte, erhielt die Möglichkeit, durch entsprechende Zahlung in den Genuß dieses Ablasses zu kommen. Die Praxis der Almosen- oder Spendenablösung von Strafen für bestimmte Sünden erhielt dadurch Auftrieb. Es handelte sich vordergründig um den Erlaß von Kirchenstrafen, die aber in einem höheren Sinn als die zeitlich formulierten ewigkeitlichen Strafen Gottes verstanden wurden. Die Kirche konnte nach Ansicht der scholastischen Theologen einen Ablaß aus dem unerschöpflichen Kirchenschatz (»thesaurus ecclesiae«) gewähren, der ihr durch Christus und die Heiligen zugewachsen sei. Oberste Ablaßinstanz war demnach der Papst. Da er nicht in jedem Einzelfall tätig zu werden vermochte, hatte er die Möglichkeit, besonderen Kirchen das Recht zur Gewährung von Ablaß zeitlicher Sündenstrafen gegen gewisse Summen zu übertragen – selbstverständlich wiederum gegen erhebliche Summen. Der finanzielle Bußersatz rückte damit mehr und mehr in den Vordergrund, die theologische Fundierung geriet an den Rand, ja, das flexibel einsetzbare Geld wurde bald lieber gesehen als gemeinnützige oder andere Bußwerke. Hier lag die Wurzel des Mißbrauchs, an dem wenige Jahrhunderte später die Einheit der Kirchen zerbrechen sollte.

Adela von Vohburg

* Ende 1128, † Kloster Weißenau (bei Ravensburg; ?) nach 1187

Vater Diepold, Markgraf von der Oberpfalz, hatte das Egerland für seine Familie gewonnen. Als er 1146 starb, zog es König *Konrad III.* für das Reich ein und sorgte für die verwaiste Tochter Adela, indem er sie im selben Jahr oder im darauf folgenden mit seinem Neffen Herzog Friedrich III. von Schwaben, dem späteren Kaiser *Friedrich I. Barbarossa*, verheiratete. Diese Fürsorge erwies sich für das Paar nicht als Segen, denn die Ehe blieb nicht nur kinderlos, sondern wurde offenbar auch unglücklich. An der Königskrönung ihres Mannes am 9. März 1152 in Aachen nahm Adela nicht teil, und im Jahr darauf ließ Barbarossa die Ehe durch Bischof Hermann von Konstanz scheiden. Offiziell wurde als Grund »zu nahe Verwandtschaft« genannt, doch geben viele Quellen einen Ehebruch Adelas als Begründung an, wofür manches spricht. Zum einen konnte es sich ein König nicht leisten, als betrogener Ehemann dazustehen, zum anderen hätte Ehebruch allenfalls zu einer Trennung geführt, als Scheidungsgrund hätte er auch bei einer Königin nicht ausgereicht. Das Verwandtschaftsargument war natürlich nur vorgeschoben, denn es war ja schon bei der Eheschließung bekannt und stellte in vielen anderen Fällen kein Hindernis dar. Zudem bemühte sich Barbarossa nach der Scheidung sogleich, allerdings vergebens, um die byzantinische Prinzessin Maria Komnena (*um 1139, †nach 1154), mit der er enger verwandt war als mit Adela. Ein anderer möglicher Scheidungsgrund wäre gewesen, daß die Ehe nicht »vollzogen« worden sei, doch mag das nach fünf Jahren wenig glaubhaft gewesen sein oder doch als Makel auf der königlich-männlichen Ehre gegolten haben. Darauf, daß dem dennoch so gewesen sein könnte, deutet die Tatsache, daß beide einstigen Partner in den nächsten Verbindungen eine Reihe von Nachkommen hatten. Adela verheiratete sich schon sehr bald nach der Scheidung mit dem Ministerialen Dietho von Ravensburg (* um 1130, † nach 1187); und auch diese »Mesalliance« ist wohl ein Beleg für den Tatbestand Ehebruch, denn nur die Macht inniger Liebe vermochte Standesschranken zu überwinden, wie sie die Fürstin Adela vom Dienstmann Dietho trennten. Daß Barbarossa gegen die Neuverheiratung nicht einschritt, ist erstaunlich; gewöhnlich verschwand die verstoßene Ehefrau eines Königs stillschweigend in einem Kloster.

Adolf I., Erzbischof von Köln

* um 1157, † Neuß 15.4.1220

An ihm biß sich Kaiser *Heinrich VI.* die Zähne aus: Adolf, der Sohn des Grafen Eberhard von Altena, hatte es dank der Protektion durch seinen Onkel und Vorgänger Bruno 1193 zum Erzbischof von Köln gebracht und war damit als allein Krönungsberechtigter auf den zweiten Platz (nach dem Mainzer Erzbischof) in der Rangliste der Reichsfürsten vorgerückt. Verärgern durfte der Kaiser ihn nicht, weil er ihn brauchte: bei der gewünschten Erhebung seines Sohnes, des nachmaligen Kaisers *Friedrich II.*, zum deutschen König. Als Adolf I. daher zugunsten des gefangenen *Richard Löwenherz* 1194 bei Heinrich intervenierte, war das zwar für die Freilassung des Briten wohl nicht ausschlaggebend, beförderte sie jedoch gewiß. Adolf bereitete dem kühnen Kreuzfahrer in Köln einen festlichen Empfang und erlangte so für die Kaufleute der Stadt Privilegien in England. Das stärkte sein Selbstbewußtsein dahin gehend, daß er Ende 1195 den Wunsch des Kaisers nach Wahl seines Sohnes zum Nachfolger verweigerte und die schwankenden Kollegen auf seine Seite zog. Auch als Heinrich wenig später den Fürsten seinen *Erbreichsplan* unterbreitete, stieß er vor allem bei den geistlichen Fürsten, allen voran Adolf I. von Köln, auf Widerstand. Immerhin erreichte der Kaiser nun die Wahl des Sohnes, indem er die Idee der Erblichkeit der Krone fallen ließ. Bei Heinrichs Tod 1197 jedoch widerrief Adolf sogleich seine Zustimmung zur Wahl des unmündigen Friedrich, weil sie angeblich durch Zwang zustande gekommen sei. In Wirklichkeit war ihm und manchen seiner Fürstenkollegen die staufische Dynastie einfach zu mächtig geworden; es schien ihm an der Zeit, die günstige Gelegenheit zur Betonung des fürstlichen Wahlrechts zu nutzen. Das wollten andere auch, ohne freilich gleich die Dynastie zu wechseln. Im März 1198 wählten einige Fürsten daher in Thüringen *Philipp von Schwaben*, was Adolf für nichtig erklärte, weil die Wahl ohne die entscheidenden, nämlich ohne die geistlichen Fürsten von Trier, Mainz und Köln erfolgt sei. Der Kölner Erzbischof willigte dagegen ein, den von Richard Löwenherz ins Spiel gebrachten Welfen *Otto IV.* küren zu lassen. Das geschah am 9. Juni 1198, die Krönung durch Adolf folgte am 12. Juli 1198 in Aachen. Diese *Doppelwahl* leitete eine Zeit der Wirren im Reich ein, die schließlich selbst Adolf als eine zu riskante Schwächung der Königsmacht empfand. Obwohl Papst *Innozenz III.* Otto IV. anerkannte, wandte sich der Erzbischof 1204 vom König ab, ging trotz der dynastischen Bedenken zum Staufer über und krönte Philipp am 6. Januar 1205 in Aachen. Otto IV. und der Papst sorgten daher für die Absetzung des selbstherrlichen Kölners. Adolf aber konnte angesichts des wenig später aufbrechenden Konflikts zwischen dem Kaiser und Innozenz III. sein Amt wiedererlangen und es bis 1216 trotz fehlender päpstlicher Anerkennung weiterführen. Dann erst mußte er weichen.

Agnes von Staufen
* um 1176, † Stade (Niederelbe) 7. oder 9.5.1204
In Christian Dietrich Grabbes Drama »Heinrich VI.« (1830) ist Agnes von Staufen das resolute Mädchen, das unbekümmert um die Autoritäten der hohen Politik erst einen Reichstag mit ihrem Anspruch auf Liebesglück in Verblüffung versetzt und dann auch noch, den ängstlichen Bräutigam immer hinter sich herzerrend, am Totenbett *Heinrichs des Löwen* die Versöhnung von *Welfen* und Staufern bewirkt. »Rose, blühen mußt du zwischen Felsen«, sagt der sterbende Herzog zu ihr, und Kaiser *Heinrich VI.* seufzt: »Wer kann der Liebe wehren?« Der Dichter hat kaum übertrieben, nur den Beitrag ausgelassen, den Agnes' Mutter Irmgard dabei spielte. Denn die war es, die bei dem Unternehmen die Fäden zog: Agnes von Staufen, Tochter des Pfalzgrafen bei Rhein, *Konrad*, war schon früh mit dem Sohn Heinrichs des Löwen, Heinrich dem Jüngeren (um 1173–1227), verlobt worden. Ihr Vetter Kaiser Heinrich VI. hatte jedoch andere Pläne mit ihr; sie sollte *Philipp II. August* von Frankreich heiraten. Ehe es dazu kommen konnte, griff die Mutter ein. Sie nutzte eine Abwesenheit ihres Mannes und ließ den Welfen auf die Burg Stahleck kommen. Dort veranstaltete sie am 5. November 1193 eine Hochzeit für die jungen Leute. Als Heinrich VI. davon erfuhr, geriet er in heftigste Wut, fand sich aber bald damit ab, da er einsah, daß sich, wenn nicht außenpolitisch, so doch innerhalb des Reiches einiges aus dem »romantischen Ereignis« (L. v. Ranke) machen ließ. Für den Ausgleich, den er mit dem Löwen in der Pfalz Tilleda im Frühjahr 1194 bewerkstelligte, dürften Agnes und ihr Heinrich mit dem Coup von Stahleck gute Vorarbeit geleistet haben. Der Ehe entstammten zwei Töchter; die jüngere, die gleichfalls Agnes hieß, wurde durch ihre Heirat mit dem Bayernherzog Otto II. zur Stammmutter des Hauses Wittelsbach.

Agnes von Waiblingen
* Ende 1072, † Klosterneuburg (Niederösterreich) 24.9.1143
Zur Belohnung für treue Dienste gab Kaiser Heinrich IV. 1079 seine erst siebenjährige Tochter Agnes von Waiblingen dem Herzog *Friedrich I. von Staufen* zur Frau und begründete damit

den späteren Anspruch der Staufer auf das deutsche Königtum. Die Ehe der jungen Agnes wurde 1086 vollzogen; ihr entstammten der nachfolgende Herzog *Friedrich II. der Einäugige*, der künftige König *Konrad III.* und eine Tochter. So lautet zumindest die Überlieferung, die der 1106 geschlossenen zweiten Ehe der Kaisertochter Agnes mit dem *Babenberger* Leopold III. von Österreich 18 Kinder zuschreibt, und das innerhalb von zwölf Jahren, vom 34. bis zum 46. Lebensjahr der Mutter. Die biologische Unmöglichkeit selbst bei reihenweisen Zwillingsgeburten läßt vermuten, daß einige dieser Nachkommen doch der ersten Ehe zuzurechnen sind. Für die dynastische Frage spielt das eine untergeordnete Rolle, wichtiger ist die durch Agnes begründete enge Verwandtschaft der Babenberger und der Staufer, die vor allem unter *Friedrich I. Barbarossa* politisch – und durch den babenbergischen Agnes-Sohn *Otto von Freising* für die Geschichtsschreibung – bedeutsam wurde. Bemerkenswert vor allem aber ist die 21köpfige Kinderschar der Agnes deshalb, weil sie ein bezeichnendes Licht auf die Frauenschicksale der Zeit wirft. Wie die Lebensdaten vieler jung verstorbener Frauen belegen, so zeigt auch dieser zweifelhafte Kindersegen, daß der weibliche Hauptaufenthalt – und oft auch der letzte – das Wochenbett war. Agnes muß von schier unverwüstlicher Gesundheit gewesen sein. Sie erreichte ein Alter von über 70 Jahren. Zwar sorgte ihre hohe Stellung für höchsten zeitgemäßen Komfort, Bedienstete und gute Pflege, doch die medizinischen Risiken von Schwangerschaften und Geburten waren bei Hoch wie Niedrig enorm. Hinzu kam die psychische Belastung durch den Tod vieler Kinder – mehr als die Hälfte verlor Agnes noch vor dem eigenen Ende –, gemildert freilich durch einen unerschütterlichen Jenseitsglauben.

Albert I., Bischof von Riga

* um 1165, † Riga 17.1.1229

Er gilt als einer der bedeutendsten Missionsbischöfe des 13. Jahrhunderts; bis in die Reformationszeit wurde er in Riga als Heiliger verehrt: Albert I., der aus einer Bremer Ministerialenfamilie stammte, war zunächst Domherr in Bremen. 1199 wurde er zum Bischof von Livland geweiht und begann im folgenden Jahr mit Unterstützung *Philipps von Schwaben* und Papst *Innozenz' III.*

die Mission in den baltischen Ländern. Er gründete 1201 die Stadt Riga und richtete dort seinen Bischofssitz ein. 1207 wurde er mit Livland belehnt und zum Reichsfürsten erhoben. König *Heinrich (VII.)* gab ihm 1225 auch noch Lettland zum Lehen. Allerdings blieb Alberts Landesherrschaft nicht unangefochten, da auch der Anfang des 13. Jahrhunderts gestiftete *Schwertbrüderorden* Rechte in Livland geltend machte. Die Erhebung zum Erzbischof gelang ihm gleichfalls nicht.

Albertus Magnus
* Lauingen (Donau) um 1200, † Köln 15.11.1280
Er war eine der wissenschaftlichen Leuchten seines Jahrhunderts; da blieb nicht aus, daß die Nachwelt ihm bald den Ruf eines Zauberers anhängte. Das schönste Stückchen, das die Sage von ihm erzählt, ist sein Gastmahl für *Wilhelm von Holland*; der Magier bringt es darin fertig, am Dreikönigstag, in Schnee und Eis, in seinem Garten solche Hitze zu erzeugen, daß Sommer herrscht und die Gäste im Freien speisen können. Albertus Magnus, Mitglied des Dominikanerordens, studierte in Padua und lehrte später in verschiedenen deutschen Städten und auch in Paris; sein berühmtester Schüler war Thomas von Aquin (* 1225, † 1274). Als Gutachter und Friedensstifter half Albertus Magnus Streitigkeiten schlichten, unter anderem wirkte er führend am »Großen Schied« zwischen dem Erzbischof und der Stadt Köln (1258) mit. Der »doctor universalis« beherrschte das gesamte philosophische und naturwissenschaftliche Wissen seiner Zeit; aristotelisches, jüdisches und arabisches Gedankengut floß durch ihn ins Denken des christlichen Abendlands ein. Seine naturkundlichen Werke, etwa über Tiere, Pflanzen, Steine, erweisen ihn als selbständigen Beobachter und Denker.

Albrecht der Bär
* um 1100, † Stendal (heute zu Berlin) 18.11.1170
Beinamen entstehen manchmal als Antwort auf andere Beinamen. Das kann, Genaues weiß man nicht, auch beim Askanier Albrecht der Fall gewesen sein: Der Sohn des Markgrafen Otto von Ballenstedt († 1123) entwickelte sich nämlich zu einem zähen Rivalen *Heinrichs des Löwen* in dessen bevorzugtem Aktionsgebiet im Nordosten des Reiches und bei der Gewinnung

von Neubesitz über dessen Ostgrenzen hinaus. Da seine Macht nicht an die des Welfen heranreichte, mußte er durch Geschick wettmachen, was dieser mit Gewalt behauptete und eroberte. Das Gegensatzpaar Löwe–Bär respektive Pranke–Tatze bot sich an. Albrecht konnte zunächst unter Kaiser *Lothar III.* seinen Anspruch auf Sachsen, damals von der unteren Elbe bis ins heutige Kerngebiet reichend, nicht durchsetzen. Erst nach der Wahl des Staufers *Konrad III.* erhielt er das den Welfen genommene Herzogtum 1138 zugesprochen. 1142 verzichtete er jedoch wieder zugunsten Heinrichs des Löwen, gegen den er sich nicht zu behaupten vermochte. Auch später, als Anführer einer Fürstenopposition gegen den Löwen, mußte er klein beigeben, weil Kaiser *Friedrich I. Barbarossa* die Verständigung mit Heinrich wichtiger war als die Klagen der von diesem bedrängten Kleinherrscher. Mehr war Albrecht zunächst auch nicht. Doch seine konsequenten Bemühungen um eine Osterweiterung seines Herrschaftsgebiets zahlten sich aus: Schon 1123 hatte er die sächsische Ostmark und die Niederlausitz erhalten, 1134 sicherte er sich die Nordmark, 1135 gewann er Vorpommern, 1150 erbte er von einem bekehrten slawischen Fürsten das Havelland – alles Gebiete, die erst durch ausdauernde Kolonisation unter energischer Hilfe der *Prämonstratenser* dauerhaft an das Reich gebunden werden konnten und zusammen schließlich die Mark *Brandenburg* bildeten. Als deren Markgraf schuf Albrecht – trotz der stiefmütterlichen Behandlung durch Barbarossa stets loyal – mit Städtegründungen, Vergabe von Marktrechten, Burgenbau und Werbung von deutschen Siedlern die Basis für die spätere Herrschaft der Hohenzollern.

Alessandria

Was zuerst war, das Interesse des *Lombardischen Bundes* an ihr oder die Ortschaft selbst, muß unentschieden bleiben: Fest steht, daß sich am unteren Tanaro, einem rechten Nebenfluß des Po, Ende der sechziger Jahre des 12. Jahrhunderts ein militärischer Stützpunkt gebildet hatte, vermutlich als Reaktion auf Gebietsforderungen *Friedrichs I. Barbarossa* und des von ihm per Kaiserdiplom zur Durchsetzung ermächtigten Markgrafen von Montferrat. Am 3. Mai 1168 erklärten Konsuln dieser »neuen Bürgerschaft Alexandria« (italienisch Alessandria) ihren Beitritt zum Bund und leisteten 1170 dem regulären Papst *Alexander III.* den Treueid. Ihm zu Ehren hatte die neue Stadt ihren Namen angenommen, der sie für den Kaiser zum roten Tuch machte. Das ging so weit, daß er 1174 nach großen Erfolgen in Oberitalien nicht den logischen Schlußpunkt mit einem Angriff gegen Mailand, das gegnerische Herz, setzte, sondern sich gegen Alessandria wandte. Er wollte mit der Vernichtung dieser ausdrücklich gegen ihn gegründeten Bastion seine Entschlossenheit demonstrieren. Dazu verleiteten Friedrich auch die scheinbar leicht zu überwindenden Befestigungen der Stadt: Alessandria hatte keine Mauern und war nur durch Wälle und Gräben geschützt. Dennoch scheiterte der erste Sturmangriff, so daß der Kaiser am 27. Oktober 1174 zur Belagerung übergehen mußte. Sie entwickelte sich zu einer schier unendlichen Leidenszeit, denn Herbststürme und Dauerregen verwandelten das Vorfeld Alessandrias in einen bodenlosen Morast. In der Stadt und vor ihr wurde gehungert. Der Kaiser aber hielt unbeirrbar an seinem Eroberungsplan fest, ließ Belagerungsgeräte bauen und die Wälle untergraben und versuchte die Verteidiger durch demonstrativen Terror psychologisch zu bearbeiten: Mehrere Gefangene befahl er zu blenden und schickte die vor Schmerzen wimmernden Blinden zu den Belagerten zurück. Der Erfolg aber blieb aus, und im Frühjahr 1175 trat ein Heer des Lombardenbunds auf, das Anstalten machte, die Kaiserlichen im Rükken zu fassen. Mit einem verzweifelten Kommandounternehmen wollte Friedrich das Blatt in letzter Minute wenden: 300 Elitesoldaten drangen durch monatelang vorgetriebene Gänge unter die Stadt vor, wurden aber vorzeitig entdeckt. Die Verteidiger erschlugen die ersten Auftauchenden, die Nachdrängenden wurden in den Stollen lebendig begraben. Der Kaiser mußte abziehen. Die Erbitterung darüber führte dann letztlich zum Scheitern der Verhandlungen von *Montebello* und belastete auch die Gespräche über den Vorfrieden von *Anagni* und den Frieden von *Venedig*. 1178 konnte der Markgraf von Monferrat die Stadt endlich in Besitz nehmen, die den Kaiser 1182 durch vorübergehende Umbenennung in Cesarea (nach lat. Caesar) zu besänftigen vermochte.

Alexander III., Papst
† Civita Castellana (Latium) 30.8.1181
Er war einer der Gesandten *Hadrians IV.*, die beim turbulenten Reichstag von *Besançon* im Oktober 1157 fast totgeschlagen worden wären: Roland (Orlando) Bandinelli aus Siena, ein Jurist, der in Bologna studiert hatte und 1150 zum Kardinal ernannt worden war, diente seit 1153 als Kanzler der römischen Kirche. Wenige Tage nach dem Tod Hadrians wurde er von der Kardinalsmehrheit, die die antikaiserliche Politik fortgesetzt zu sehen wünschte, am 7. September 1159 zum Nachfolger erhoben und wählte den Papstnamen Alexander III. Er mußte sich sofort mit einem Kardinal namens Oktavian (dem späteren *Viktor IV.*) auseinandersetzen, den die kaiserfreundliche Minderheit gewählt hatte und der im Senat und Volk von Rom einigen Anhang besaß. Es kam zu krassen Szenen: Ein Papst riß dem anderen den Mantel von den Schultern, Bewaffnete mischten sich ein, Alexander und die Seinen verschanzten sich schließlich im Vatikan. Die Weihen mußten außerhalb Roms vollzogen werden – die Alexanders in Ninfa südöstlich von Velletri am 20. September, die seines Gegners in Farfa nordöstlich von Rom am 4. Oktober 1159. Das Schisma dauerte 18 Jahre, für Viktor traten nach seinem Tod (1164) noch weitere Gegenpäpste ein. Kaiser *Friedrich I. Barbarossa* kam die Doppelwahl natürlich gerade recht; er berief im Februar 1160 ein Konzil nach Pavia ein, das Viktor als Papst bestätigte und Alexander exkommunizierte. Dieser antwortete seinerseits mit dem Kirchenbann über den Konkurrenten und den Kaiser. Da er sich in Italien vorerst nicht halten konnte, ging Alexander nach Frankreich und baute von dort durch Kontakte zu den meisten westlichen Staaten seine Stellung aus. 1165 zurückgekehrt, nahm er in Benevent Quartier und verhandelte – allerdings ohne Ergebnis – mit dem byzantinischen Kaiser *Manuel I.* Inzwischen führte ihm Barbarossas harte Politik gegen die oberitalienischen Städte neue Bundesgenossen zu. Ihm zu Ehren wurde die neu gegründete Trutzburg des lombardischen Städtebunds *Alessandria* getauft. Nach der schweren Niederlage bei *Legnano* (1176) zeigte sich der deutsche Kaiser verhandlungsbereit. Im Vorfrieden von *Anagni* und endgültig im Frieden von *Venedig* (1177), der den Krieg in Italien beendete, erhielt Alex-

ander die volle Anerkennung als Papst, die auf dem 3. Laterankonzil (5.–19. März 1179) feierlich bestätigt wurde. In Rom jedoch blieben die Probleme bestehen: Die Kommune warf den Papst bald nach dem Konzil hinaus, und er verbrachte seine letzten beiden Lebensjahre an wechselnden Orten innerhalb des Kirchenstaats.

Alexandrinisches Schisma
Nach dem Tod Papst *Hadrians IV.* 1159 wählte die Mehrheit der Kardinäle seinen Anhänger Roland Bandinelli als *Alexander III.* zum Nachfolger, während sich eine Minderheit auf Oktavian von Monticelli verständigte, der sich den Papstnamen *Viktor IV.* gab. Mit einigem guten Willen wäre das damit entstandene Schisma kaiserlicherseits zu heilen gewesen, doch eben daran fehlte es. *Friedrich I. Barbarossa*, der schon die Wahl Viktors durch seinen Gesandten Otto von Wittelsbach (den späteren Herzog *Otto I. von Bayern*) hatte begünstigen lassen, hielt am Minderheitspapst fest und vertiefte damit die nach dem Kontrahenten Alexander benannte Kirchenspaltung. Dessen Langlebigkeit und Unbeugsamkeit im Verein mit Barbarossas Starrsinn führten dazu, daß es erst nach fast zwei Jahrzehnten im Frieden von *Venedig* zur Überwindung des Konflikts kam. Nachdem sich Alexander 1177 durchgesetzt hatte, verfügte er daher, daß künftig nur der Kandidat rechtmäßig zum Papst gewählt sei, der zwei Drittel der Stimmen des Heiligen Kollegiums auf sich hatte vereinigen können.

Anagni, Vorfrieden von
Seit 17 Jahren war *Alexander III.* Papst, und genausolange dauerte schon das *Schisma*, weil Kaiser *Friedrich I. Barbarossa* ihn nicht anerkannt und ihn immer wieder mit Gegenpäpsten konfrontiert hatte. In dieser langen Zeit war es aber dem Kaiser nicht gelungen, mehr als das Reich und seine Fürsten auf seine antipäpstliche Linie zu bringen. Insbesondere die lombardischen Städte ließen sich in ihrer Reichsfeindschaft nicht von Alexander trennen, sondern nutzten den Konflikt zu immer neuen Versuchen, die kaiserlichen Fesseln zu sprengen, was zu mehreren verlustreichen Waffengängen und schließlich zur Niederlage Barbarossas bei *Legnano* 1176 geführt hatte. Zwar hätte

sich die Scharte durchaus erneut militärisch auswetzen lassen, doch der tiefe Fall hatte den Kaiser erkennen lassen, daß nur Verständigung der fortgesetzten Opferung von Menschenleben und der Vergeudung von dringend anderweitig benötigten Mitteln ein Ende machen würde. Er bot daher dem Mann die Friedenshand, mit dem er über anderthalb Jahrzehnte lang nur im Ton von Verwünschungen und Bannflüchen verkehrt hatte. Zum Erstaunen der Welt und zum Schrecken vor allem der lombardischen Konfliktgewinnler bewies auch der Papst Einsicht und ging auf das Verhandlungsangebot ein. Zwei hochrangige Delegationen einigten sich am päpstlichen Hof im November 1176 auf den Vorfrieden von Anagni, der den Weg zu einer endgültigen Einigung frei machte. Eckpfeiler der Vereinbarung war die Anerkennung Alexanders durch Kaiser und Reich, die feierlich zugesagt wurde. Ebenso versprach Friedrich die Rückgabe kirchlichen Besitzes, darunter der einträglichen *Mathildischen Güter*, und den Friedensschluß auch mit dem *Lombardenbund* und Sizilien. Es gelang dem Kaiser aber, diese als Signatarmächte aus dem Vertragswerk herauszuhalten. Im Gegenzug anerkannte der Papst fast alle der inzwischen vom Kaiser eingesetzten Bischöfe wie *Christian I. von Mainz* oder *Philipp von Heinsberg*. Der letzte Gegenpapst *Kalixt III.* wurde mit einer Abtei abgefunden. Der Vorfriede von Anagni löste in Oberitalien und auch in Frankreich erhebliche Unruhe aus, weil man dort fürchten mußte, daß der Kaiser bei der neuen Rückenfreiheit gegen sie offensiv werden könne. Während der Papst abzuwiegeln bemüht war, streute die kaiserliche Diplomatie bewußt Gerüchte aus, was um ein Haar den endgültigen Frieden von *Venedig* in Gefahr gebracht hätte.

Antichrist
Schon im Neuen Testament, im ersten Brief des Johannes (2,18ff.), ist die Rede vom Wider- oder Antichrist als Leugner der Gottessohnschaft Jesu. Daraus entwickelte sich die Lehre: Parallel zur Fleischwerdung des Herrn werde der Antichrist als Inkarnation Satans wiederkommen und damit das nahende Jüngste Gericht ankündigen. In der Zeit seiner bis dahin währenden Herrschaft werde er die Menschheit grausam quälen und vom Glauben abzubringen versuchen, ehe er anläßlich des

Gerichts dann selbst von Christus vernichtet werde. Diese personale Sicht legte eine Identifizierung des Antichrist mit realen Personen oder Institutionen nahe, und so wurden schon Nero, der Kaiser der Christenverfolgungen im 1. Jahrhundert, und sein heidnisches Reich in dieser Rolle gesehen. In der Zeit der *Kreuzzüge* erhielt das Schreckgespenst neuen Auftrieb durch die islamischen Angriffe auf die heiligen Stätten der Christenheit. Die Türken wurden als die Vorboten des Antichrist hingestellt, dessen es sich zu erwehren gelte, auf daß man nicht selbst bei der Wiederkehr des Gottessohns ewiger Verdammnis anheimfalle. Im Kampf zwischen Papst und Kaiser während der Stauferzeit fehlte es auch abendlandintern nicht an derartigen gegenseitigen Verfluchungen: Man verketzerte einander im Wortsinn, indem die Kurie den Kaiser als Handlanger des Antichrist oder gar als dessen perfide Personifizierung verdammte oder indem von kaiserlicher Seite behauptet wurde, der Antichrist habe auf dem Stuhl Petri Platz genommen. Diese Propaganda erreichte im Kampf der Päpste gegen *Friedrich II.* einen kaum noch zu überbietenden Höhepunkt. Als wortgewaltigster antikaiserlicher Prediger erwies sich dabei Kardinal Rainer von Viterbo, der auf dem Konzil von *Lyon* (1245), das die Absetzung Friedrichs beschloß, eine Flut von Beschimpfungen gegen ihn ausgoß: Der Kaiser sei »der Tyrannei Fürst, der Umstülper des Glaubens, der Grausamkeit Meister, der Verwirrer des Erdrunds«, der dem »abgefallenen Engel« gleiche. Friedrich hatte dafür nur Verachtung übrig und äußerte sich dahin gehend, daß Gott, wäre er auch größer als der größte Berg, längst von solchen Priestern aufgezehrt sein müsse.

Apulien

Der Absatz des italienischen Stiefels, nach den ursprünglichen Bewohnern Apulien genannt, weist nach Osten und bildete daher schon in der römischen Antike eine Brücke zum griechisch-orientalischen Wirtschafts- und Kulturraum. Entsprechend multikulturell geprägt, reich, begehrt und politisch instabil war die Region, die bis ins 11. Jahrhundert von *Byzanz* beherrscht wurde. Dann übernahmen die *Normannen* unter König Roger II. (1130–1154) die Macht und bündelten die zentrifugalen Kräfte. Unter dem seit 1166 regierenden Wilhelm II. erlebte das Land, das seit 1059 formal päpstliches Lehen war, eine Friedenszeit. Tatsächlichen Einfluß hatte die Kurie jedoch kaum, und als Wilhelm 1189 ohne männlichen Erben starb, erhoben die Feudalherren von Apulien *Tankred von Lecce* zum Nachfolger. Dagegen machten Wilhelms Tante *Konstanze* und ihr Mann Kaiser *Heinrich VI.* Erbansprüche geltend, die deutscherseits bis 1194 mit Gewalt durchgesetzt wurden. Heinrichs hartes Regiment ließ das Königreich und besonders Apulien bei seinem Tod 1197 aufatmen und nach Mitteln suchen, die Stauferherrschaft abzuschütteln. Doch *Friedrich II.*, der minderjährige Sohn Konstanzes, konnte sich, gestützt auf Papst *Innozenz III.*, seinen Vormund, halten und Apulien (mittelhochdeutsch: Pülle) zu einem Zentrum seiner Politik machen. Hier hielt er sich gerade wegen der sich kreuzenden vielfältigen Kulturströmungen gern auf, ließ zahlreiche Burgen errichten, unter anderem *Castel del Monte*, rief neue Städte ins Leben und stationierte auch seine sarazenischen Bogenschützen in Apulien. Durch die Auseinandersetzung mit den Päpsten schlug die Stimmung jedoch um: Opponenten nutzten den Kirchenbann zum Schüren antistaufischer Emotionen. Trotz des Gewinns des Königreichs *Jerusalem* 1229 wurde der Kaiser als »ungläubig« gebrandmarkt und mußte seine Herrschaft mit Waffengewalt gegen die apulischen Städte behaupten. Er tat das mit großer Härte, ließ die Mauern der besiegten Kommunen schleifen, erlegte ihnen hohe Steuern auf und bestrafte die von ihm ausgemachten Rädelsführer der Aufstände grausam. Kein Wunder, daß die Päpste nach dem Tod des Kaisers 1250 auch ein Ende der Stauferherrschaft in Süditalien anstrebten, doch konnte sich Friedrichs unehelicher Sohn *Manfred* zunächst durchsetzen. Bei der Niederlage von *Benevent* gegen den vom Papst mit dem Königreich *Sizilien* belehnten *Karl von Anjou* erfüllte sich allerdings 1266 Manfreds tragisches Geschick.

Archipoeta

* um 1130, † nach 1165

Ehe die ersten Minnesangstrophen erklangen, sang ein begabter Vagant bei Hofe: Sein Name ist nicht überliefert, doch lassen sich zehn lateinische Gedichte der fünfziger bis sechziger Jahre des 12. Jahrhunderts als zu einem Sänger gehörig identifizieren, der sieben davon mit »Archipoeta« (Erzdichter) überschrieben hat. Damit spielte er wohl auf den Titel seines Gönners *Rainald von Dassel* als Erzkanzler des Reiches und Erzbischof von Köln an. Rainald steht in acht der Gedichte auch im Mittelpunkt: als Adressat von Bitten um Geld, Kleidung und Nahrung (»Heischegedichte«) und als verehrter Wegbereiter Kaiser *Friedrichs I. Barbarossa* und Exekutor der staufischen Politik einer Erneuerung des Reiches (»Renovatio Imperii Romanorum«). Der Archipoeta, der sich auch als Seher (»vates«) verstand und bezeichnete, erweist sich in seinen Gedichten als einer der begabtesten Vagantenlyriker der Zeit. Er verstand es, Schmeicheleien, ironische Anspielungen, Parodistisches und Derbes virtuos zu mischen und mit seinen für den mündlichen Vortrag gedachten gereimten Strophen ein höfisches Publikum zu unterhalten. Zwar ließ er sich von Rainald nicht zur Abfassung eines Epos über die Ruhmestaten des Kaisers bewegen, wohl weil ihm diese dichterische Großform nicht lag, doch schuf er einen Hymnus in 34 Strophen über Barbarossa als Inkarnation des Kaisertums und Garanten von Frieden und Recht. Dieses Gedicht wurde dem Kaiser vermutlich 1163 in Novara vorgetragen. Weniger für allerhöchste Ohren hingegen dürften die Strophen gedacht gewesen sein, in denen der Archipoeta seine Neigung zu erotischen Eskapaden, Zechgelagen und Glücksspiel trutzig gegen die Kritik von Tugendwächtern verteidigt.

Arelat →Burgund

Arnold II., Erzbischof von Köln
* um 1098, † Xanten (Niederrhein) 14.5.1156
Geistliche Würdenträger hatten einen unschätzbaren Vorzug für die Herrscher: Ihre Ämter erledigten sich mit dem Tod und standen für die Neuvergabe zur Verfügung. Könige und Kaiser beriefen daher gern Kirchenmänner in Schlüsselpositionen. Und die Berufenen erwiesen sich meist auch als besonders zuverlässig, weil sie solche Karrieren sonst kaum gemacht hätten. Das trifft auch auf Arnold zu, Sproß des rheinischen Grafengeschlechts von Wied, der 1122 als Propst in Limburg und 1127 als Dompropst in Köln tätig wurde. *Konrad III.* ernannte ihn 1138 zum Kanzler und betraute ihn vor allem mit Aufgaben in

Lothringen und Italien. Auch auf den *Zweiten Kreuzzug* nahm er ihn 1147/1148 mit. Nach der Rückkehr beteiligte sich Arnold an der Opposition gegen den beim Papst in Ungnade gefallenen und offenbar amtsunfähig gewordenen Erzbischof von Köln, Arnold I., und wurde nach dessen Tod im April 1151 von Geistlichkeit und Volk zum Nachfolger gewählt. Mit der Weihe durch Papst *Eugen III.* am 6. Januar 1152 in die obersten Fürstenränge des Reiches gerückt, betrieb er die Wahl *Friedrichs I. Barbarossa* zum Nachfolger seines Gönners Konrad. Die Kür gelang, Arnold krönte den neuen König am 9. März 1151 in Aachen und war fortan auch in seinem Beraterstab zu finden. 1154/1155 begleitete er Barbarossa nach Italien und vermittelte erfolgreich zwischen Papst *Hadrian IV.* und seinem König, so daß es trotz mancher Differenzen zu dessen Kaiserkrönung kam. Obwohl sich Arnold nicht viel um seine erzbischöflichen Pflichten kümmern konnte, gelang ihm dank seines Rückhalts beim Kaiser eine Konsolidierung der Kölner Verhältnisse.

Arnold, Erzbischof von Mainz

* um 1100, † 24.6.1160

Aus einer Mainzer Ministerialenfamilie stammend, wurde Arnold, der gute Beziehungen zu den Staufern unterhielt, von *Konrad III.* 1138 zum Leiter der Hofkapelle und Propst des Aachener Marienstifts ernannt. Als Reichskanzler (seit 1151) erlebte er den Regierungswechsel von Konrad zu *Friedrich I. Barbarossa* im Frühjahr 1152. Der neue König machte ihn im folgenden Jahr anstelle des abgesetzten Heinrich I. zum Erzbischof in Mainz. Klerus und Ministerialität dort waren jedoch mit dem Wechsel nicht einverstanden. Vor allem die Steuerforderungen Arnolds (um Barbarossas Kriege zu finanzieren) stießen auf Unwillen. Jähzorn und Härte des neuen Erzbischofs taten ein übriges, um die Stimmung zu vergiften. Am Johannistag 1160 wurde Arnold im Jakobskloster vor den Toren von Mainz ermordet; den Leichnam warfen die Verschwörer in eine Mistgrube. Erst drei Tage später konnten seine Anhänger ihn bergen und in der Mainzer Kirche Sankt Maria ad gradus bestatten. Im März 1163 erfolgte ein Strafgericht des Kaisers über die Täter. Aus Angst, vernommen zu werden, sprangen mehrere Mönche des Jakobsklosters aus dem Fenster, und der Abt mußte die Stadt verlassen. Die Stadt verlor ihre Privilegien, ihre Befestigungen wurden niedergerissen. Mainz gewann allerdings bald wieder die Gunst des Kaisers zurück, das zeigte sich 1184 bei der glanzvollen Ausrichtung des *Mainzer Pfingstfestes*.

Arnold von Brescia

* Brescia um 1100, † bei Rom um 1155

Ein Mann, dem die Reform der Kirche über alles ging: Arnold, Kanoniker an der Kirche San Pietro in Ripa in Brescia, legte sich schon früh mit den kirchlichen Obrigkeiten an. So nahm er Partei für die Bevölkerung seiner Heimatstadt, als diese von ihrem Bischof und seinem Klerus einen frommeren Lebenswandel sowie Besinnung auf das Hirtenamt verlangte. Im Verlauf der Auseinandersetzungen wurde er bei Papst Innozenz II. (1130–1143) angeklagt und mußte das Land verlassen. Er ging nach Paris, wo er Schüler Abälards (* 1079, † 1142) wurde und, als dieser Paris verließ, das Werk seines Meisters als Lehrer fortsetzte. Arnold lebte in der französischen Hauptstadt in bitterster Armut; mit seinen Schülern zog er von Tür zu Tür und bettelte um Almosen. Auch sonst hatte er es nicht leicht, denn Angriffe *Bernhards von Clairvaux* setzten ihm zu. Dieser, ein alter Feind Abälards, verfolgte den Nachfolger nicht anders, als er schon Abälard selbst verfolgt hatte. Arnold mußte nach Zürich fliehen. Von dort gelangte er dank Fürsprache des Kardinals Guido di Castello nach *Rom*. Er kam in die Ewige Stadt just zu der Zeit (1144), da eine kommunale Bewegung gegen die weltliche Herrschaft des Papstes auftrat und die Proteste sich in wilden Volksaufständen Luft machten. Für seine reformerischen Forderungen fand Arnold sofort ein geeignetes Forum. Jahrelang predigte er gegen die Päpste und die Kardinäle, die die Lehren der Apostel vergessen hätten, ihr Fleisch mästeten und ihre Kassen mit fremdem Gut füllten. Der Senat schützte ihn, und das Volk vergötterte ihn. Sein Stern sank, als *Hadrian IV.* zu Ostern 1155 nach einem Mordanschlag gegen einen Kardinal den Kirchenbann über Rom verhängte. Bereits nach wenigen Tagen brach der Widerstand zusammen, und Arnold von Brescia erfuhr das Los, das Propheten häufig trifft: Das Volk wandte sich von ihm ab, Arnold mußte fliehen. Er fiel *Friedrich I. Barbarossa* in die Hände, der gerade gegen Rom zog. Der deutsche König, dem an einem guten Einvernehmen mit dem Papst gelegen war, ließ den Agitator hinrichten.

Augsburg
Im Dreieck zwischen Wertach und Lech und an mehreren hier sich kreuzenden Handelsstraßen gelegen, war die römische Gründung Augsburg (Augusta Vindelicorum) auch in staufischer Zeit ökonomisch und politisch bedeutsam. Das geht schon daraus hervor, daß sich allein Kaiser *Friedrich I. Barbarossa* zehnmal in der Stadt aufhielt, deren Bischof er 1156 eine Stadtrechtsurkunde ausstellte. Von Augsburg brach er 1158 zu seinem zweiten Italienzug auf, 1179 fanden in der Stadt die entscheidenden Beratungen über die Sanktionen gegen *Heinrich den Löwen* statt. Hier ließ der Kaiser 1184 die Verlobung seines Sohnes *Heinrich VI.* mit *Konstanze von Sizilien* feiern, und hier nahm er 1187 an der Weihe der Ulrichskirche teil. Heinrichs Bruder Philipp von Schwaben nahm sich an dessen Vorbild ein Beispiel und heiratete am 25. Mai 1197 (Pfingsten) in Augsburg die 17jährige byzantinische Prinzessin *Irene* (in Deutschland Maria genannt), die ihm nach anderen Angaben schon zwei Jahre zuvor in Bari angetraut worden war. *Friedrich II.* förderte die Stadt auch noch nach dem Sturz seines widersetzlichen Sohnes *Heinrich (VII.)*, der sie als Stützpunkt genutzt hatte. *Konradin* verpfändete die Stadtvogtei 1268 an Herzog Ludwig II. von Bayern, der hier nach dem Tod des letzten Staufers endgültig die Macht zu übernehmen suchte, aber am Widerstand von Stadt und Bistum scheiterte.

Babenberger
Seit 976 in der bayerischen Ostmark nachweisbar, erlebte die Familie der Babenberger einen kontinuierlichen Aufstieg durch geschickte Heiratspolitik, königliche Schenkungen und Arrondierung ihres Gebietes nach Osten und Norden. Der Name der Dynastie rührt möglicherweise von der Verwandtschaft mit einem Grafengeschlecht aus dem Bambergischen her. Der entscheidende Durchbruch gelang dem Babenberger Leopold III.(† 1136), der *Agnes von Waiblingen*, die Witwe *Friedrichs I. von Staufen* und Tochter Kaiser *Heinrichs IV.*, heiratete und mit ihr eine große Kinderschar hatte. Einem der Söhne, *Heinrich II. Jasomirgott*, gelang der Aufstieg zum Herzog, als sein Halbbruder König *Konrad III.* den Welfen 1141 das Herzogtum Bayern entzog und ihn damit belehnte. Auf Dauer aber vermochten die Babenberger Bayern gegen den welfischen Rückgabedruck nicht zu halten, weil *Friedrich I. Barbarossa* den Ausgleich mit dem mächtigen *Heinrich dem Löwen* suchte. 1156 kam es zu einer Einigung im *Privilegium minus*, als der Kaiser die Ostmark als selbständiges Herzogtum von Bayern abtrennte und es Heinrich II. Jasomirgott unter weiteren Zugeständnissen anvertraute: Dazu gehörte die Zusicherung der Erbfolge in männlicher und weiblicher Linie, das Recht, bei Kinderlosigkeit die Nachfolge selbst zu regeln, sowie die Einschränkung der Heerfolge auf bewaffnete Konflikte mit den Nachbarländern. Durch Erbe zahlreicher Besitzungen von ausgestorbenen Adelsgeschlechtern konnten die Babenberger schließlich über einen geschlossenen Territorialbesitz verfügen, 1192 die Steiermark erwerben und ihre Residenz unter Leopold VI. (1198–1230) zu einem glanzvollen kulturellen Mittelpunkt und zu einer Heimstatt des *Minnesangs* entwickeln. Die Herrschaft der Babenberger näherte sich trotz der Nachfolgeregelung dem Ende, als sie mit Leopolds Sohn und Nachfolger Friedrich II. dem Streitbaren 1246 in männlicher Linie ausstarben. Seine Nichte Gertrud konnte sich nicht durchsetzen, und deren Sohn Friedrich teilte das Schicksal des letzten Staufers *Konradin* in Neapel auf dem Richtplatz. Österreich fiel nach vielen Wirren 1282 an das Haus Habsburg.

Bamberger Reiter
Das wohl berühmteste Werk der Bildhauerkunst der Stauferzeit steht neben der Treppe zum Georgenchor im spätromanischen und frühgotischen Bamberger Dom: ein König zu Pferd – den Rang dokumentiert die Krone – in Lebensgröße, der Bamberger Reiter. Der bart- und waffenlose schlanke Mann in auffallend schlichtem, bis zu den Unterschenkeln reichendem Gewand mit kunstvollem Faltenwurf hält mit dem spitz angewinkelten rechten Arm die Schnur eines Umhangs und blickt aus tiefliegenden Augen energisch in die Ferne. Über der Krone auf dem gelockten Haupt betont ein Baldachin die hohe Würde des Dargestellten. Er hat offenbar soeben sein Pferd angehalten, das noch feurig nach vorn strebt und den linken Hinterhuf tänzelnd erhoben hat. Die Ohren des Pferdes sind aufmerksam aufgerichtet in Erwartung der Fortsetzung des Rittes. Diese Anspannung ist heute nicht mehr so deutlich nachzuspüren, weil die im Verlauf der Jahrhunderte mehrfach ersetzten Zügel, die der Reiter mit der Linken hält, durchhängen; ursprünglich waren sie straff gespannt zur Unterstreichung des Haltbefehls. Die aus vier Blöcken gehauene Figur steht auf einem Sockel mit Rankenwerk und ist fest mit der Architektur der Kirchenwand verbunden. In der lebensnahen Darstellung und der offenbar nach genauem Naturstudium entworfenen Gestaltung zeigt sich französischer Einfluß, und möglicherweise stammte der Künstler sogar aus der Bauhütte von Reims, wo ähnlich ausgeführte Gruppen die Kathedrale schmücken. Verglichen mit den typisierenden Skulpturen noch wenige Jahrzehnte zuvor, weist dieses Meisterwerk der ausgehenden staufischen Epoche eine hohe individuelle Verfeinerung auf, an der freilich der Zahn der Zeit sichtbarlich genagt hat: Sämtliche Zacken der Krone sind abgebrochen, kleinere Stücke der Skulptur sind spätere Ausbesserungen, die Oberfläche hat nicht nur die kaum rekonstruierbare Farbigkeit eingebüßt, sondern ist auch von Luftfeuchtigkeit und Schadstoffen angegriffen, so daß etwa die Züge des Königs weicher erscheinen, als es zur Entstehungszeit vor der Weihe des Domes 1237 der Fall gewesen sein dürfte. Es ist viel spekuliert worden, wen der Reiter darstellen soll, und nicht wenige haben in ihm einen der staufischen Herrscher sehen wollen. Dafür aber gibt es ebensowenig Belege wie für die erst im 18. Jahrhundert

aufgekommene Benennung des Königs als Stephan, den heiliggesprochenen Herrscher der Ungarn (1000–1038) und Schwager Heinrichs II. (Kaiser 1002–1024). Auch Heinrich II. selbst wurde als Stifter des Bistums Bamberg oft mit der Figur in Verbindung gebracht, doch wird er sonst stets bärtig dargestellt. Man hat den Bamberger Reiter außerdem als einen der Heiligen Drei Könige gedeutet oder als Konstantin den Großen, doch sprechen gegen solche Widmungen ebenfalls gewichtige Gründe. So gewinnt der Reiter trotz der fast porträtartigen Ausführung doch wieder Bedeutung als Typus, sozusagen als hochmittelalterlicher König an sich.

Bayern
Im Jahr 1070 wurde Welf IV. († 1101) mit Bayern belehnt. Damit begann in dem süddeutschen Herzogtum, das eine weit größere Ausdehnung besaß als das heutige Bundesland Bayern, die mehr als ein Jahrhundert dauernde Herrschaft der *Welfen.* Lediglich 1139 bis 1156 regierte ein anderes Geschlecht, die *Babenberger.* Diese wurden 1156 mit der bayerischen Ostmark abgefunden, die den Status eines eigenen Herzogtums *(Österreich)* bekam. Nach der Ächtung *Heinrichs des Löwen* 1180 fiel Bayern an Otto von Wittelsbach, der nun zu *Otto I., Herzog von Bayern* wurde: Eine neue Dynastie, die Wittelsbacher, bestimmte fortan die Geschicke Bayerns (bis 1918), aus dem Stammesherzogtum wurde ein Territorialstaat. Die Anfänge waren schwierig, die Herzöge hatten sich mit zentrifugalen Tendenzen des Hochadels und der geistlichen Fürsten auseinanderzusetzen. Unter Ludwig I. (1183–1241) konnte jedoch die Belehnung mit der Pfalzgrafschaft bei Rhein erreicht werden, was die Stellung Bayerns im Reich bedeutend hob. Dem entsprach eine Blüte der Kultur. Schon in den Tagen der Karolinger waren die bayerischen Klöster Zentren des Geistes und der Gelehrsamkeit gewesen. Im 11. Jahrhundert fand die kluniazensische Reform hier starken Widerhall, im 12. Jahrhundert die Frühscholastik. Männer der Kirche wie *Otto von Freising* und Gerhoh von Reichersberg (* 1093/94, † 1169) stehen als Zeugen für das rege geistige Leben. Seit dem 12. Jahrhundert nun beteiligte sich auch der Adel; an den Höfen wurden ritterliche Lieder und Heldendichtungen geschaffen. Das bayerische Donau-

land ist die eigentliche Heimat der frühhöfischen Lyrik: Was Rang und Namen in der Zunft hatte – Dietmar von Aist, der »Kürenberger«, Reinmar der Alte, Neithart von Reuental oder *Walther von der Vogelweide* –, war irgendwann in Bayern tätig, und im Donauland entstand auch das Nibelungenlied (um 1200). Vermutlich am Hof des Bischofs von Seckau in der Steiermark wurde die Sammlung lateinischer und deutscher Lieder aufgezeichnet, die später als »Carmina Burana« (so benannt nach dem Fundort Benediktbeuern) Literaturgeschichte und in der bekannten Vertonung von Carl Orff auch Musikgeschichte machte.

Beatrix von Burgund
* um 1144, † 15.11.1184
Nicht so schnell wie seine erste Frau *Adela von Vohburg* tröstete sich *Friedrich I. Barbarossa* nach dem Scheitern der ersten Ehe. Erst drei Jahre nach der Scheidung entschied er sich für Beatrix, einzige Tochter des Grafen Rainald III. von Burgund. Die blutjunge Braut wurde ihm im Juli 1156 in Würzburg angetraut und am 9. Oktober desselben Jahres vom Erzbischof von Trier zur Königin gekrönt. Ihre weithin gerühmte Schönheit dürfte bei der Wahl zur Ehefrau mithin keine Rolle gespielt haben, denn Beatrix war noch ein halbes Kind. Später mag der Liebreiz seiner Frau eher von Bedeutung gewesen sein, denn Barbarossa erwarb sich durch sein zuvorkommendes Verhalten ihr gegenüber den Ruf eines »vir uxoris«, was sich als Frauen-, hier aber eher als Pantoffelheld verdeutschen läßt. Das dürfte den Kaiser kaum gekümmert haben, wenn Beatrix wirklich so vollkommen war, wie es die Chronisten überliefert haben: Sie war danach »von mittlerer Gestalt, hatte glänzendes und goldenes Haar, ein sehr schönes Antlitz, weiße und schön gebildete Zähne; sie ging aufrecht, hatte einen kleinen Mund, züchtigen Blick, leuchtende Augen, war zurückhaltend bei freundlichen und verführerischen Reden, besaß sehr schöne Hände; ihrem Manne war sie völlig ergeben, fürchtete ihn als Herrn und liebte ihn in jeder Weise als ihren Mann; sie war gebildet und verehrte Gott, und so wie sie die Glückselige mit Namen hieß, so war sie in der Tat«. Außerdem brachte Beatrix ein unschätzbares Erbe in die Ehe und schenkte dem Kaiser elf (vielleicht sogar zwölf) Kinder –

sicher nicht nur ein Indiz für enge eheliche Bande, sondern auch ein Grund für ihren frühen Tod. Die am 1. August 1167 in Rom zur Kaiserin gekrönte Beatrix war die Mutter *Heinrichs VI.* und *Philipps von Schwaben*. Ihre territoriale Mitgift, *Burgund* zwischen dem schweizerischen Jura, Savoyen und der Saône, dazu das Arelat und die Provence, bedeutete einen erheblichen Machtzuwachs für Barbarossa, denn nun hatte er einen wichtigen Zugang nach Italien, dem Zentrum seiner politischen Interessen. Außerdem waren die Erblande der Beatrix reich und erlaubten dem Kaiser eine Vergrößerung seiner militärischen Macht. Einen gewissen Einfluß auf die Politik ihres Mannes wird sie sicher im Hintergrund gehabt haben – in einer Kaiserurkunde wird sie »Genossin seiner Macht« genannt –, doch öffentliche Einflußnahme, wie angeblich 1176 in *Chiavenna*, dürfte Legende sein.

Beatrix die Ältere und Beatrix die Jüngere

* Worms (?) April/Juni 1198, † Nordhausen 11.8.1212 bzw.
* Nürnberg März/Mai 1205, † in Kastilien 1235

Gekränkte Ehre wird als Motiv für die Ermordung *Philipps von Schwaben* durch den Pfalzgrafen Otto von Wittelsbach (* 1180, † 1209) angegeben. Otto rächte sich dafür, daß ihm die Eheschließung mit Philipps Tochter Beatrix verweigert wurde. Fragt sich nur, um welche Beatrix es dabei ging, denn Philipp besaß zwei Töchter dieses Namens. Mit der älteren verlobte sich Otto 1203, die Verbindung wurde später gelöst. Um 1207/1208, kurz vor dem Mord (21.6.1208) also, sollen aber die Heiratspläne kurzzeitig wiederaufgenommen worden sein, diesmal mit der jüngeren Schwester – wobei zu bemerken ist, daß die Pläne sich jedesmal auf Mädchen im Kleinkindalter bezogen, auf den Vollzug der Ehe hätte der Bräutigam noch lange warten müssen. Beatrix die Ältere heiratete am 22. Juli 1212, inzwischen 14 Jahre alt, Kaiser *Otto IV.*, sie überlebte den Tag der Hochzeit jedoch nur um drei Wochen. Beatrix die Jüngere (später auch Elisabeth und Isabella genannt) wurde 1219 Ferdinand III., dem König von Kastilien, angetraut. Ihr Sohn Alfons X. von Kastilien (* 1221, † 1284) erhob 1255 Anspruch auf das Herzogtum Schwaben als mütterliches Erbteil und ließ sich 1257 während des *Interregnums* zum deutschen König wählen. Er betrat allerdings nie deutschen Boden und verzichtete 1275 zugunsten des Grafen Rudolf von Habsburg auf den Thron.

Belagerungswesen

Die Kriege der Stauferzeit waren zu einem nicht geringen Teil Festungskriege, denn es galt immer wieder, befestigte Städte einzunehmen oder umgekehrt durch den Bau starker *Burgen* Feinden den Weg zu verlegen und Machtzentren zu schaffen. Das Belagerungswesen in Europa, seit der Römerzeit wenig entwickelt, erhielt durch die *Kreuzzüge* erheblichen Auftrieb. Die Ritter lernten nämlich schnell: Sie eigneten sich das Wissen und die Techniken der sarazenischen und armenischen Belagerungsexperten an und übertrafen ihre Lehrmeister bald. Die hohen Mauern der Festungen waren im Direktangriff, mit Leitern oder ähnlichem, kaum zu überwinden. A und O der Belagerungstechnik blieb daher, Mittel zu finden, mit denen Mauern geöffnet oder flachgelegt werden konnten. Eine Methode war der Beschuß mit der »Artillerie« jener Zeit, den Wurfgeschützen (Schleudern, Katapulten, Großarmbrüsten), eine weitere der Minen- oder Sappenbau. Dabei wurden gedeckte Gräben (Sappen) oder tiefe Stollen gegen die Mauern vorgetrieben und unter den Fundamenten der Mauern Hohlräume ausgehoben, die nach oben mit Holzbalken abgestützt waren; anschließend legte man Feuer, das auch die Balken verzehrte und den Einsturz der Mauer bewirkte. Eine andere Methode, Mauerwerk zu lockern, war der Einsatz von Mauerbohrern, überdimensionalen Speeren, die sich, mit Winden oder Bogen in Drehbewegung versetzt, in den Steinverbund hineinfraßen. Mit Rammböcken oder »Widdern« rückte man ebenfalls Mauern oder Toren zu Leibe: Ein langer Balken oder Mast, der waagerecht in ein Gerüst eingehängt war, wurde zum Pendeln gebracht und erreichte so eine enorme Kraft. Als Plattform für kleinere Wurfmaschinen oder Bogenschützen dienten Belagerungstürme, also Holzbauwerke mit mehreren Stockwerken, die auf Rädern oder Rollen vorwärts bewegt wurden; mit Winden konnten von solchen Türmen Enterbrücken für die Sturmtruppen herabgelassen werden. Die Festungsbesatzungen versuchten die Aufstellung der Belagerungsmaschinen mit Wurfgeschossen aller Art, vor allem Brandsätzen, zu verhindern, wogegen die Angreifer ihre

Mannschaften und Geräte mit Schutzwehren und Dächern aus schwer entflammbarem Material (Eisenplatten, nasse Tierhäute und ähnliches) umgaben. Unter der Erde bauten die Verteidiger Gegenminen oder Ausfallgänge für Überraschungsangriffe und sicherten die Mauern durch Vertiefung und Verbreiterung ihrer Fundamente. Belagerungen konnten sich Monate hinziehen, es kam dann mitunter zum Bau von Gegenburgen, das heißt, der Belagerer errichtete eine Festung, in die er sich bei Ausfällen der Belagerten oder Angriffen eines Entsatzheers zurückziehen konnte. Es kam vor, daß alle Belagerungsmittel versagten – dann blieb noch das Aushungern; zumeist war es Wassermangel, der die Belagerten zur Aufgabe zwang. Vielfach aber mußten auch die Belagerer abziehen, denn die Heere der Zeit waren kurzfristig, sozusagen für eine »Saison«, aufgestellt und ließen sich nie lange zusammenhalten.

Benevent, Frieden von

Bereits drei Jahre nach Abschluß des Vertrags von *Konstanz* (1153), in dem Papst und deutscher König unter anderem vereinbart hatten, keinen Frieden mit dem normannischen Königreich in Süditalien und auf Sizilien zu machen, änderte sich die päpstliche Politik radikal. Der Grund war, daß *Friedrich I. Barbarossa* den geplanten Feldzug nach Unteritalien aufgegeben hatte und es dem König von Sizilien, Wilhelm I. (1154–1166), wider Erwarten gelungen war, Aufstände in Apulien niederzuschlagen. Der Normannenherrscher stand vor Benevent und machte Miene, Papst *Hadrian IV.*, der dorthin aus Rom geflohen war, auszuheben. In dieser Situation fand es Hadrian besser, sich mit den Normannen zu einigen. Der im Juni 1156 in Benevent abgeschlossene Friedensvertrag schrieb den territorialen Status quo fest, das heißt die Normannen konnten die Gebiete behalten, die sie dem Papst abgenommen hatten, und mußten nur Zins dafür zahlen. Neapel, Amalfi und Salerno wurden ihnen zugesprochen. Der Papst behielt die Lehensherrschaft über Sizilien, machte aber bedeutende Zugeständnisse, was die Selbständigkeit der sizilianischen Kirche betraf. Die Allianz zwischen Heiligem Stuhl und dem Königreich Sizilien hielt so lange, bis dieses an die Staufer fiel (Einzug *Heinrichs VI.* in Palermo 1194).

Benevent, Schlacht bei

Solange *Friedrich II.* lebte, war an der staufischen Herrschaft in Sizilien nicht zu rütteln gewesen. Danach aber setzten die Päpste alles daran, den Kirchenstaat aus der Stauferklammer zu befreien. Schon *Innozenz IV.* hatte angeboten, *Karl von Anjou* mit dem Königreich Sizilien zu belehnen, doch war das zunächst am Widerstand von dessen Bruder, dem französischen König, gescheitert. Nachdem Urban IV. (Pontifikat 1261–1264) das Angebot erneuert hatte, machte sich Karl tatsächlich nach Italien auf, wurde am 9. Januar 1266 von Urbans Nachfolger Klemens IV. (1265–1268) zum König gekrönt und zog zehn Tage später nach Süden, um *Manfred*, dem illegitimen staufischen Erben, die sizilische Krone zu entreißen. Der bei Capua lagernde Manfred wich zunächst nach Benevent (Kampanien) aus, stellte sich dort aber zur Schlacht und griff, nach befehlswidriger Eröffnung der Feindseligkeiten durch seine sarazenischen Bogenschützen, am 26. Februar 1266 mit seiner Hauptstreitmacht Karls Heer an. Sein Pech wollte es, daß sich die Kämpfe für ihn und seine deutschen Ritter zunächst sehr günstig entwickelten. Als nämlich Karl angesichts der drohenden Niederlage seine Reserven ins Treffen schickte, hatten Manfreds bisher zurückgehaltene Kämpfer in Erwartung des scheinbar sicheren Sieges zum großen Teil schon das Schlachtfeld verlassen. Der verbliebene Rest vermochte der gegnerischen Offensive nicht standzuhalten. Die Franzosen und ihre italienischen Helfer gewannen bald die Oberhand und konnten das staufische Heer in die Flucht schlagen. Karl ließ die Gefallenen zusammentragen, unter denen sich auch Manfred befand. Ein Chronist des Geschehens berichtet, daß der Sieger die Leiche des Gegners habe waschen, kostbar kleiden und mit allen Ehren beisetzen lassen. Karl konnte sich Großmut leisten, denn ernsthafte Gefahr schien seiner Machtübernahme in Sizilien nicht mehr zu drohen; der letzte staufische Thronprätendent *Konradin* war noch ein halbes Kind, dessen Schicksal sich zwei Jahre später erfüllen sollte.

Bernhard von Clairvaux

* Fontaines-les-Dijon (Burgund) um 1190, † Clairvaux (bei Bar-sur-Aube) 20.8.1153

»Unsere Sünden haben es vermocht, daß die Feinde des Kreuzes ihr verruchtes Haupt erhoben haben; mit der Schärfe ihres Schwertes verheeren sie das Land der Verheißung … zerstören die Stätten unserer Erlösung und besudeln die heiligen Orte, wo das fleckenlose Lamm sein purpurnes Blut ließ. Und was tut ihr, tapfere Männer? Wollt ihr das Heiligtum den Hunden und die Perlen den Säuen geben?« So donnert zu Weihnachten 1146 der Zisterzienserabt Bernhard von Clairvaux den deutschen Fürsten und Rittern ins Gewissen, das Kreuz zu nehmen und Christi Heimat gegen den »Heidenunrat« zu verteidigen. *Konrad III.* blieb angesichts der Wortgewalt dieses im ganzen Abendland verehrten Mönches keine Wahl; der deutsche König und sein französischer Kollege *Ludwig VII.* sammelten ein Heer und unternahmen den *Zweiten Kreuzzug*. Daß er kläglich scheiterte, war nicht die Schuld des machtvollen Predigers, der bei aller Verehrung, die er genoß, bescheiden geblieben war. Er stammte aus einer frommen Adelsfamilie und war 1112 mit 30 Gefährten, darunter vier seiner Brüder, in das Kloster Cîteaux südlich von Dijon eingetreten. Drei Jahre später hatte ihn der Abt mit zwölf weiteren Brüdern nach Clairvaux westlich von Troyes beordert, wo Bernhard sein erstes Zisterzienserkloster gründete, dem noch 69 weitere folgen sollten. Schon damit prägte er nachhaltig das geistliche Klima der Zeit, der er als begnadeter Redner auch politische Impulse gab. So bewegte er Kaiser *Lothar III.* zum Eingreifen zugunsten von Papst Innozenz II. (1130–1143) im Konflikt mit dem Gegenpapst Anaklet II., der ebenfalls seit 1130 amtierte. Als 1145 sein Schüler *Eugen III.* den Thron Petri bestieg, wurde Bernhard vollends zur Schlüsselfigur in der Kirchen- und Reichspolitik. Erst die Enttäuschung über den Untergang des Kreuzfahrerheers 1148 untergrub die Kräfte des Abtes, der nach einigen Jahren einem schweren Magenleiden erlag. Papst *Alexander III.*, der große Gegenspieler Kaiser *Friedrichs I. Barbarossa*, sprach den »doctor mellifluus« (= honigfließender Gelehrter) 1174 heilig, so genannt wegen seiner aufrüttelnden Predigten und seiner einflußreichen theologischen Werke. Pius VIII. erhob Bernhard

1830 zum Kirchenlehrer. Nach ihm bezeichnet man das zweite Viertel des 12. Jahrhunderts auch als Bernhardinisches Zeitalter. Der Heilige gilt als Patron der *Zisterzienser* und der Bienenzüchter; Bilder zeigen ihn mit Hund, Bienenkorb und Schreibutensilien; sein Festtag ist der 20. August.

Berthold II., IV., V., Herzöge von Burgund →Zähringer

Besançon, Reichstag von

»Kanzler gegen Kanzler« könnte man den ersten ernsthaften Zusammenstoß von Kaiser und Kurie in der Stauferzeit überschreiben: Im Oktober 1157 zog *Friedrich I. Barbarossa* nach der Eheschließung mit *Beatrix von Burgund* in das von ihr ins staufische Haus gebrachte Land, um sich von den Großen huldigen zu lassen. Dort erwartete ihn bereits eine päpstliche Gesandtschaft, deren führende Figur Orlando Bandinelli war, Kanzler der römischen Kirche und nachmaliger Papst *Alexander III.* Er sollte auf dem nun abgehaltenen Reichstag von Besançon in Barbarossas Kanzler *Rainald von Dassel* seinen härtesten Gegner finden. Die ohnedies gespannten Beziehungen zwischen Rom und Reich waren auf einem neuen Tiefpunkt angekommen, weil Papst *Hadrian IV.* ohne Konsultation den Erzbischof von Lund zum Primas der skandinavischen Länder ernannt hatte, die seit der Missionierung durch den heiligen Ansgar († 865) dem Erzbistum Hamburg-Bremen unterstanden. Der Papst versuchte offenbar, die nordische Kirche aus dem deutschen Einfluß zu lösen, was – sicher nicht ohne Mitwissen des Kaisers – zur Gefangennahme des Erzbischofs von Lund geführt hatte, als dieser durch Burgund nach Norden hatte reisen wollen. Dagegen überbrachten die päpstlichen Gesandten einen Protestbrief. Sie traten in der Kapelle vor den Kaiser und lösten gleich den ersten Eklat aus, als sie ihn mit der Anrede brüskierten: »Es grüßt euch unser heiligster Vater, Papst Hadrian, und die Gesamtheit der Kardinäle der heiligen römischen Kirche, jener als euer Vater, diese als eure Brüder.« Indem sich die Kardinäle mit dem Kaiser auf eine Stufe stellten und ihn damit als Untergebenen des Papstes ansprachen, war das Scheitern des Gesprächs programmiert. Rainald von Dassel sorgte dann auch dafür, indem er eine Passage des Papstschreibens bewußt provozierend übersetzte: Schon die Anwürfe wegen der »fluchwürdigen Tat« waren starker Tobak. Kaum verhüllt wurde sie Friedrich persönlich zur Last gelegt und als Undank angesichts der »Benefizien« hingestellt, die er vom Papst in Gestalt des Kaisertums empfangen habe. Rainald übersetzte das Schlüsselwort »Benefizien« mit »Lehen«, obwohl es unbestimmte »Wohltaten« bezeichnete. Der Kaiser als Vasall des Papstes! Die Wogen der Wut bei den deutschen Fürsten gingen hoch, und Otto von Wittelsbach (der spätere *Otto I., Herzog von Bayern*) bedrohte die Legaten des Papstes sogar mit gezücktem Schwert. Friedrich mußte sich ins Mittel legen, damit nicht Blut floß. Er ließ die Gesandten abführen und des Landes verweisen. In einem Rundschreiben erläuterte er seine Position: Sein Kaisertum habe er durch die Wahl der deutschen Fürsten von Gott, das Imperium stehe gleichrangig neben dem Sacerdotium (dem höchsten Priestertum). Der Versuch Hadrians, dagegen die deutschen Bischöfe zu mobilisieren, mißlang, so daß die Kurie schließlich zurückruderte. Im Juni 1158 erhielt Friedrich ein päpstliches Schreiben: Mit dem »beneficium« sei nur gemeint gewesen, daß die heilige Kirche mit der Krönung dem Kaiser Gutes (bonum) getan und ihm nicht etwa das Reich zu Lehen (feudum) gegeben habe. Kanzler Orlando aber vergaß auch als Papst nicht die Schmach von Besançon, und hierin liegt sicher ein Grund für seine unversöhnliche Feindschaft mit Kanzler Rainald, die die kommenden Jahre belasten sollte.

Bettelorden

Im 13. Jahrhundert bildete sich eine neue Form des Ordenslebens heraus, die Bettelorden. Sie unterschieden sich vom hergebrachten Mönch- und Kanonikertum durch eine größere Nähe zu den spirituellen und sozialreligiösen Bewegungen des Hochmittelalters. Die Bettelorden, zu denen Dominikaner, Franziskaner, Karmeliter und Augustiner-Eremiten sowie noch eine Reihe kleinerer Gemeinschaften gehörten, wollten die Forderungen des Evangeliums erfüllen, in der Nachfolge Jesu und der Apostel leben und sich der Verbreitung von Gottes Wort widmen. Voraussetzung für ihre Entstehung war der soziale und ökonomische Wandel, der sich im 12. und 13. Jahrhundert vollzog und eine Intensivierung der Geldwirtschaft und Zunahme der gewerblichen Produktion mit sich brachte. In den wirtschaftlich prosperierenden Städten mit ihrer stetig wachsenden Bevölkerung fanden die Bettelorden passende Wirkungsfelder. Im Anschluß an die Armutsbewegung des Hochmittelalters forderten die Bettelorden nicht bloß die individuelle Armut ihrer Mitglieder, sondern auch den Verzicht der klösterlichen Gemeinschaft auf Besitz. Der Unterhalt wurde durch Bettelei auf den Straßen gewonnen. Der Kirche waren die Bettelorden hochwillkommen, sie bediente sich ihrer zur Seelsorge und Mission. Bettelmönche trugen als Wanderprediger die Aufrufe der Päpste zum Kreuzzug weiter; in einer noch weitgehend schriftlosen Zeit verkündeten sie dem Volk die Meinungen und Absichten der geistlichen Herren. Der Kampf der Päpste gegen *Friedrich II.* und seine Söhne wurde unter Einsatz ganzer Scharen von Bettelmönchen geführt, die die päpstliche Propaganda gegen die »gottlosen Staufer« verbreiteten. Auch in der Ketzerbekämpfung erwiesen sich die Bettelorden als brauchbare Instrumente. So gewannen die Dominikaner in der Auseinandersetzung mit den Albigensern in Südfrankreich im ersten Drittel des 13. Jahrhunderts ihr eigentliches Profil als »domini canes«, Wachhunde des Herrn, das sie zu Trägern der Inquisition werden ließ.

Bewaffnung

Die Ritter der Stauferzeit, wie wir sie von Miniaturen und aus Beschreibungen in der höfischen Literatur kennen, müssen einen eindrucksvollen Anblick geboten haben. Die Pracht aber täuscht leicht über die Härten dieses dem Adel vorbehaltenen Berufs hinweg. Nicht nur in der Schlacht nämlich trugen die Kämpfer ihre Haut zu Markte, sondern auch die Ausbildung und – modern gesagt – das alltägliche Training erforderten Fleiß, Kondition und nicht unerhebliche Körperkräfte. Das lag vor allem an der Defensivbewaffnung, also am Aufwand an Panzerung zum Schutz vor feindlichen Attacken. Im Prinzip hatte sich diese immer nur in Details geändert und wandelte sich im 12./13. Jahrhundert auch eher auf dem modischen als auf dem technischen Sektor. Herzstück der Rüstung war die Brünne, ein kurzärmliges gegürtetes Panzerhemd aus ineinander verflochtenen genieteten Eisenringen, das bis zu den Knien reichte. Es war gewöhnlich wegen leichterer Pflege (Entrosten, Einfetten u. a.) ungefüttert, wurde über gepolsterter Unterkleidung getragen und endete oben in einer Kapuze, über die der Helm gesetzt wurde. Von diesem wiederum hing als Halsschutz ein Kettenlatz auf den Rücken herab; das Gesicht wurde vom Naseneisen mit Sehschlitzen und Lüftungslöchern geschützt, das den Helm vorn fortsetzte. Als Leibschutz diente der Schild, der oft prächtig geschmückt war und an Bügeln oder Schildriemen meist mit dem linken Unterarm gehalten wurde. Die aufgemalten Wappen oder geschnitzten Reliefs, Noppen und Beschläge hatten auch Erkennungsfunktion im Getümmel der Schlacht. Nach unten folgten Kettenstrümpfe und Beinschienen, die an der Wade verschnürt und später auch als klappbare Ganzbeinröhren getragen wurden, und schließlich die Sporen, zunächst in Stachel-, später in Radform. – In der Angriffsbewaffnung blieb es bei Lanze (Speer) und Schwert, in späterer Zeit ergänzt durch einen Dolch, das »misericord« – so benannt, weil damit Verwundeten der eigenen wie der feindlichen Seite der »Gnadenstoß« gegeben werden konnte. Das gerade Schwert mit Doppelklinge, breiter Blutrinne, kurzem Griff, geraden Parierstangen und Scheibenknauf war unten abgerundet und wurde nur für den Kampf in oft feingestalteter Scheide umgegürtet, sonst aber von Knappen getragen. Den Angriff eröffnete der Ritter jedoch zunächst mit dem unter dem Arm eingelegten Speer, an dem eine Fahne als Mittel zur Orientierung hing. Muß man sich schon das Anlegen der Rüstung als ungemein aufwendig vorstellen, so kam noch die Panzerung des Pferdes hinzu. Sie hieß ursprünglich nach dem französischen Wort »harnais«: »Harnisch«, was später auf die menschliche Rüstung übertragen wurde. Beide hatten nicht zuletzt Imponierfunktion: Überbreite Schulterschienen täuschten eine kräftigere Figur vor, bunter, wehender Helmzier signalisierte Siegesgewißheit, leuchtend gefärbte Satteldecken kündeten ebenso vom Reichtum des Ritters wie vergoldete Sporen und prunkvolle Waffenröcke, die vor allem nach 1190 über der Brünne getragen wurden; vorher dominierte das metallblinkende pure Panzerhemd. Überhaupt ging der Trend vor allem nach dem verlustreichen *Zweiten Kreuzzug* (1147–1149) und unter mediterranem Einfluß hin zu orientalischer Prachtentfaltung und zur (ebenfalls aus dem

Osten übernommenen) immer stärkeren Verhüllung von Reiter und Pferd, so daß Feldzeichen – auch diese zunehmend phantasievoller – unumgänglich wurden. Die Kampfmaschinen aus Roß und Ritter setzten auf den ersten Anprall und auf Nahkampf, denn zu schneller Verfolgung oder geschmeidigen Finten eigneten sie sich nicht, wie denn das hohe Gewicht auch den Aktionsradius stark einschränkte. Ritterheere kämpften daher gewöhnlich im Verband mit Fußtruppen, die mit Hiebwaffen (Axt, Säbel), Stichwaffen (Dolch) und Stangenwaffen (Spieß) ausgerüstet waren. Vor allem unter *Friedrich II.* kamen Bogenschützen zu Pferde und als Infanterie hinzu.

Bianca Lancia

* um 1210, † 1233/1234

Sie muß eine herausragende Persönlichkeit gewesen sein, denn die Genealogen, die *Friedrichs II.* zahlreiche Ehen und außerehelichen Beziehungen zu sortieren unternommen haben, konstatieren mit Anerkennung, daß in der Zeit, da Markgräfin Bianca Lancia Favoritin des Kaisers war (von 1227 bis zu ihrem Tod 1233 oder 1234), weder Seitensprünge noch neue Eheschließungen vorkommen. Bianca hatte, spätestens nachdem *Jolande von Jerusalem* 1228 im Wochenbett gestorben war, ihren Friedrich für sich allein. Drei ihrer Kinder überlebten: Konstanze (um 1230–1307, später Gattin des Kaisers von Nizäa, Johannes III. Dukas Vatatzes), *Manfred* und Violante (spätestens 1233–nach Sommer 1264). Sie wurden durch die Trauung Friedrichs und Biancas kurz vor deren Tod legitimiert. Die Markgräfin starb möglicherweise im apulischen Ort Gioia del Colle (bei Tarent), so jedenfalls die örtliche Überlieferung, die noch im 17. Jahrhundert Biancas Grab in der Hauptpfarrkirche lokalisierte.

Böhmen

Seit der Jahrtausendwende galt Böhmen als Reichslehen, und seine Herzöge (seit dem 10. Jahrhundert aus dem Geschlecht der Přemysliden) hatten als Reichsfürsten Heer- und Hoffahrtspflicht zu leisten. Nach 1164 bekleidete der Böhmenherrscher das Hofamt des Schenken. Während des Investiturstreits versicherte sich *Heinrich IV.* böhmischer Hilfe, indem er Wartislaw I. (1061–1092) die Königswürde verlieh. Ebenso hielt es *Friedrich I. Barbarossa*, der Wladislaw II. (1140–1173) mit dem böhmischen Königstitel zur Teilnahme an seinen Italienzügen zu bewegen wußte. Ottokar I. (1192–1230) erlangte von *Philipp von Schwaben* die erbliche Königswürde und ließ sich 1212 von *Friedrich II.* die böhmischen Privilegien bestätigen. Sein Sohn Wenzel I. (1228–1253) förderte die deutsche Siedlung im Land; bislang war diese auf Niederlassungen deutscher Kaufleute in den Städten, vor allem in Prag, beschränkt gewesen. Auch die ersten deutschen Bergstädte entstanden in dieser Zeit. Der Griff Ottokars II. (1253–1278) nach der deutschen Königskrone allerdings mißlang: Der Böhme unterlag bei der Königswahl 1273 Rudolf von Habsburg und wurde, als er das Wahlergebnis nicht anerkannte, 1275 in die Acht erklärt. Er verlor sein Leben in der Schlacht von Dürnkrut auf dem Marchfeld (26.8.1278). Unter Wenzel II. (1283–1305) gewann Böhmen seine alte Machtstellung zurück.

Bornhöved, Schlacht bei

Nach dem Sturz *Heinrichs des Löwen* und der *Doppelwahl von 1198* war Dänemark zur beherrschenden Ostseemacht aufgestiegen. 1214 erhielt der dänische König Waldemar II. der Sieger (1202–1241) von *Friedrich II.*, dem er als Bundesgenosse gegen die *Welfen* willkommen war, das Land nördlich der Elbe zugesprochen. Der dänischen Expansion trat jedoch eine Koalition norddeutscher Fürsten entgegen. Graf Heinrich von Schwerin gelang es, 1223 den Dänenkönig bei der Jagd im Handstreich gefangenzunehmen. Gegen hohes Lösegeld und einen feierlichen Schwur, auf das Land zwischen Elbe und Eider zu verzichten, erlangte Waldemar seine Freiheit wieder. Er ließ jedoch den erzwungenen Eid von Papst *Honorius III.* für ungültig erklären und versuchte mit Waffengewalt, das verlorene Terrain wieder in seinen Besitz zu bringen. Am 22. Juli 1227 kam es bei Bornhöved (bei Bad Segeberg) zur Schlacht. Die Dänen wurden von einem Aufgebot der Holsteiner und Schweriner Grafen, des Erzbischofs von Hamburg-Bremen, des Herzogs von Sachsen, der Fürsten von Mecklenburg sowie der Stadt Lübeck besiegt. Zum Erfolg der Koalition soll beigetragen haben, daß mitten in der Schlacht die Dithmarscher, die Waldemar kürzlich unterworfen und zur Heeresfolge genötigt hatte, ihrem Gebieter den Gehorsam aufkündigten und die Waffen gegen ihn wandten. Die Schlacht von Bornhöved markiert einen Wendepunkt in der nordeuropäischen Geschichte: Das dänische Ostseeimperium war zurückgedrängt, die deutsche *Ostsiedlung* konnte sich entfalten. Graf Adolf IV. von Schauenburg (1225–1239), der das Koalitionsheer geführt hatte, stiftete als Dank für den Sieg das Magdalenenkloster in Hamburg, in das er später als Mönch eintrat. An die fromme Schenkung knüpft die Sage an, Graf Adolf habe, als die Schlacht schlecht für ihn stand und seine Männer unter der stechenden Sonne litten und schon aufgeben wollten, die heilige Magdalena um Hilfe angerufen. Diese habe ihren Mantel vor die Sonne gezogen, und das Wunder habe Adolfs Kämpfer mit frischem Mut erfüllt, so daß sie der Dänen Herr werden konnten.

Bouvines, Schlacht bei

Zehn Jahre hatte der staufisch-welfische Konflikt nach der *Doppelwahl* von 1198 geschwelt, als mit der Ermordung *Philipps von Schwaben* 1208 der Machtkampf zugunsten des *Welfen Otto IV.* entschieden schien. Doch kam es zum Bruch mit Papst *Innozenz III.*, der Otto gegen den Staufer gestützt hatte und ihn noch 1209 zum Kaiser krönte. Geschickt den staufischen Nimbus nutzend, sorgte nun Innozenz dafür, daß sein Mündel *Friedrich II.*, Sohn Kaiser *Heinrichs VI.*, von einer kleinen Gruppe deutscher Fürsten zum König gewählt wurde und dem Welfen die Herrschaft streitig machte. Allein wäre der junge Staufer gegen den mit seinem Onkel König *Johann Ohneland* von England verbündeten Otto nicht aufgekommen, doch erkannte der französische König *Philipp II. August* 1214 die Chance, die ihm ständig drohende englische Gefahr dadurch abzuwenden, daß er sich auf die päpstlich-staufische Seite schlug. Gut sah es zunächst dennoch nicht aus, weil der englische König in La Rochelle Invasionstruppen landete, die zügig durch das Poitou auf das Herz Frankreichs, die Île de France, vorstießen. Von Nordwesten kam das Heer Ottos IV. heran, verstärkt durch Einheiten des Herzogs von Brabant und der Grafen Ferdinand von Flandern und Rainald von Boulogne. Die südliche Gefahr wurde gebannt durch einen Sieg des französischen Thronfolgers Ludwig über die Engländer an der Loire am 2. Juli 1214, so daß der König den Rücken frei hatte. Philipp II. August, der – von Tournai kommend – gerade in dem kleinen Ort Bouvines (13 Kilometer südöstlich von Lille) weilte, überquerte am Sonntag, dem 27. Juli 1214, arglos die Brücke über die Marcq, da er am Feiertag Feindseligkeiten für unwahrscheinlich hielt. Als seine Nachhut plötzlich von kaiserlichen Truppen angegriffen wurde, befahl er in aller Eile die Kehrtwende, warf mit starkem rechten Flügel die flandrischen Söldner und nahm Graf Ferdinand gefangen. Es gelang aber den Kaiserlichen, unterdessen das französische Zentrum einzuschließen. Der französische König verlor sein Pferd und entging nur knapp dem Tod. Im Gegenzug stieß die französische Reiterei bis zum Hauptquartier des Gegners vor, eroberte die Kaiseradler und zwang Otto zur Flucht. Erbitterten Widerstand leistete schließlich nur noch der linke kaiserliche Flügel unter Graf Rainald, dessen Gefangennahme die Schlacht entschied. Und mehr als das: In England nutzten die Barone die Schlappe des Königs zur Durchsetzung des großen Freiheitsbriefs der Magna Charta (12.6.1215), und in Frankreich ließ der Erfolg des Königs die Adelsopposition verstummen. Im deutschen Reich war die Rolle Ottos IV. endgültig ausgespielt: Auch wenn Friedrich II. keinen persönlichen Anteil am Sieg hatte, so war er doch der Hauptnutznießer; er ließ sich 1215 in Aachen zum nunmehr unbestrittenen deutschen König krönen. Daß er dies aber im Grunde nur dank französischer Hilfe konnte, markierte eine Wende: »In jener Zeit verloren die Deutschen ihr Ansehen bei den Franzosen«, heißt es in einer Chronik der Zeit.

Brandenburg

Das Bistum Brandenburg war bereits 948 auf einer Insel in der Havel gegründet worden. Nach dem großen Slawenaufstand 983 war aber nicht mehr viel von ihm übriggeblieben. Im Zuge der Eroberung, Kolonisierung und Missionierung unter dem Grafengeschlecht der Askanier erfolgte 1161 die Wiederbegründung. Das Bistum gab der Mark, die *Albrecht der Bär* im Havelgebiet einrichtete (ursprünglich hieß sie Nordmark), den Namen: Der Askanier nannte sich seit 1157 »marchio Brandenburgensis«, Markgraf von Brandenburg. Unter seinen Nachfolgern konnte das Territorium vergrößert werden; neben der Altmark gehörten bald auch Prignitz und Teile der Uckermark zu Brandenburg, und *Pommern* mußte die brandenburgische Lehenshoheit anerkennen. Die Markgrafen stiegen in den Kreis der bedeutendsten Reichsfürsten auf, 1252 übte erstmals einer von ihnen das Amt des Kurfürsten aus. Bis zum Aussterben der Askanier (1320) wurde Brandenburg noch durch den Erwerb von Ober- und Niederlausitz und von kolonisierten Gebieten in der Neumark abgerundet.

Burgen

Stauferzeit – Burgenzeit. Diese Gleichung gilt uneingeschränkt, wenn auch in den Anfängen des 11. Jahrhunderts weniger befestigte Adelssitze entstanden als in der Spätzeit; auch der fortifikatorische Aufwand wuchs mit den Jahrzehnten. Ausgelöst hatte den Burgenboom unter *Heinrich IV.* die Schwäche des Königtums, dem eigentlich allein das Recht zum Bau von militärischen Einrichtungen zukam und das immer auch über eine Kette eigener Burgen verfügte, die von Beauftragten des Herrschers verwaltet wurden. Wichtigen Vasallen aber mußte er das Recht zum Bau einer oder auch mehrerer Burgen einräumen, und Gegenkönige wie Rudolf von Rheinfelden (1077–1080) taten es ebenfalls zur Mehrung ihres Anhangs. Aus dem gleichen Grund kam es auch nach 1125 (im Anschluß an die strittige Wahl *Lothars III.* gegen den Staufer *Konrad III.*) und erneut in der Zeit der deutschen Wirren nach der *Doppelwahl von 1198* zu vermehrtem Burgenbau. Er setzte sich unter dem fast ständig vom Reich abwesenden *Friedrich II.* fort, da der Kaiser sich und den von ihm als Statthalter eingesetzten Söhnen mit der Vergabe von Burgenbaurechten die Loyalität von Fürsten und Ministerialen sicherte. Die Burgen wurden damit zu weithin sichtbar ragenden Symbolen für die gewachsene Macht des Adels und für seine zunehmende Entfremdung vom einfachen Volk. Burgherren setzten mit der Verlegung ihrer Residenzen aus Dörfern und Städten auf Bergrücken, Hügel und Inseln Zeichen für die von ihnen beanspruchte Besonderheit, ja Auserwähltheit zur Herrschaft, die sie nun buchstäblich von oben herab ausübten. Zahlreiche große Familien und Dynastien tragen daher bis heute den Begriff »Burg« im Namen: Habsburg, Luxemburg,

Oldenburg und viele andere. Die Burgen hatten mithin mehrere Funktionen: Sie waren Befestigungen und Schutzräume gegen Feinde, Machtzentren und zugleich Wohnsitze ihrer Herren mit Familie und Gesinde, zu dem auch die bewaffneten Wachen gehörten. Je nach Überwiegen der einen oder anderen Funktion richtete sich die bauliche Gestaltung und Stärke der Befestigungen, wobei natürlich auch die Lage von Bedeutung war. Meist wurden einzeln stehende Gipfel der Mittelgebirge, Spornlagen mit drei steil abfallenden Hangseiten, Felsvorsprünge, natürliche oder künstliche Inseln als Standorte gewählt. Schon dies – wie auch der hohe Aufwand für die meterdicken Außen- und Gebäudemauern – beschränkte die Größe des zu befestigenden Areals. Das war zudem ganz im Sinn der Abschottung der aristokratischen Burgherren, die ihre Anlagen keinesfalls als Fluchtburgen für die Bevölkerung verstanden wissen wollten und für weitgehende Autarkie sorgten. Groß dimensioniert waren daher die Vorratslager, denn Landwirtschaft ließ sich in der unmittelbaren Nähe oder gar auf dem Gelände kaum treiben. Allenfalls beschränkte Viehhaltung und Gartenbau konnten den Unterhalt ergänzen oder ihn bei Belagerungen nach Verbrauch der Vorräte eine Zeitlang ersetzen. Nur in der Wasserversorgung war man ganz auf eigene Quellen angewiesen und legte teils erstaunlich aufwendige Tiefbrunnen an. Sie mußten eigens geschützt werden, da eine Unterbrechung der Wasserzufuhr in kurzer Zeit zur Kapitulation zwang. So schier uneinnehmbar manche Burgen mit ihren Doppelummauerungen, Pechnasen, Zinnen, Wehrgängen, Grabensystemen, Fallgittern und -brücken wirken – das *Belagerungswesen* entwickelte sich parallel zu ihnen weiter und ließ eine hundertprozentige Sicherheit nie zu: »Was die Hand kann machen, kann die Hand zerbrechen«, lautete die Maxime. Waren die äußeren Mauern überwunden, so gab es kaum noch Verteidigungsmöglichkeiten für die zahlenmäßig natürlich immer unterlegene Besatzung. Verschanzung im Bergfried nämlich, dem Wahrzeichen der allermeisten Burgen, konnte nur eine vorübergehende Abhilfe sein. Der Turm diente eher als Droh- und Machtzeichen und hatte höchstens als Ausguck eine nennenswerte militärische Funktion. Den Wettlauf mit den Angreifern verloren die Burgenbauer spätestens mit Aufkommen der Pulverwaffen im Spätmittelalter, doch auch schon gegen Ende der Stauferzeit ließ der Trend zum teuren Bau der Privatfestungen aus wirtschaftlichen Gründen nach. Hinzu kam, daß die aufsteigenden Städte keine Burgen in ihrer Nähe schätzten oder sie gar inzwischen umschlossen und schließlich im Wortsinn eingemeindet hatten.

Burgfrieden

Zwar waren die *Burgen* keine rechtsfreien Räume, aber immerhin Gebiete eigenen Rechts. Wurde eine Burg erbaut, entstand ein besonderer immuner Rechtsbezirk, in dem einzig die Hausordnung des Burgherrn galt. Aus der Immunität entwickelte sich bis zum 13. Jahrhundert der Burgfrieden als oberstes Rechtsgut, dem alle im Bereich der Anlage sich aufhaltenden Personen unterworfen waren – gleichgültig, ob Bewohner oder Gast. Selbst wenn mehrere Besitzer auf der Burg wohnten und in Fehde miteinander lagen, konnte diese nur außerhalb ausgetragen werden. Eingeschlossen in das Friedegebot war die Pflicht zur Instandhaltung der Burg und bei Angriffen zu ihrer Verteidigung, zu der sich auch Besucher per Eid vor Betreten der Anlage verpflichten mußten. Verletzungen des Burgfriedens wurden scharf geahndet, und zwar qua Strafgewalt des Burgherrn, da der Arm der öffentlichen Gerichtsbarkeit nur bis zu den Mauern reichte. Aus dem Privatcharakter der Burgen ergaben sich schon in spätstaufischer Zeit soziale Konflikte. Auf der einen Seite versuchten die Burgherren die üblichen Frondienste ihrer Untertanen, insbesondere der Leibeigenen, auf Bau und Unterhaltung der Burg zu übertragen, auf der anderen Seite verweigerten sie den Umwohnern den Schutz in der Burg. Als noch gefährlicher entpuppte sich das Fehlen des Zugriffsrechts der öffentlichen Gewalten, da sich aggressive Burgherren nach Landfriedensbrüchen in der Burg in Sicherheit bringen konnten. Die Entwicklung des Raubrittertums hatte hier ihre Wurzeln.

Burgund

Von den germanischen Teilreichen auf dem Boden des Römischen Reiches hatte das der ostgermanischen Burgunden im Rhonegebiet als Durchzugsgebiet zwischen dem Reich der Franken und Italien ein besonders wechselvolles Schicksal. Es teilte sich, nach der Eroberung durch die Franken dennoch bis zu einem gewissen Grad selbständig, im 9. Jahrhundert in einen fränkischen Teil im Nordwesten, der später das Herzogtum Burgund bildete, sowie in ein Königreich Provence (Niederburgund) und ein weiteres im Juragebiet (Hochburgund), die sich im 10. Jahrhundert zum Königreich Burgund (regnum Burgundiae oder Provenciae) vereinigten. Es wurde 1032 von König Konrad II. aufgrund seiner Ehe mit der Erbin Burgunds Teil des Reiches. Nach seiner Hauptstadt Arles kam für dieses Königreich in staufischer Zeit der Begriff Arelat auf (regnum Arelatense). Fest an die deutsche Krone binden ließ es sich jedoch lange nicht, zu viele divergierende Interessen kreuzten sich hier. Dazu gehörten auch solche der Staufer, deren Hausgut im Elsaß dem Arelat direkt benachbart war. Die Ehe *Friedrichs I. Barbarossa* mit *Beatrix von Burgund* 1156 bot endlich Handhabe zu einer besseren Reichskontrolle über das wegen seiner Beherrschung der westlichen Alpenübergänge nach Italien strategisch wichtige Königreich. Auch wenn Beatrix zunächst nur Hochburgund mitbrachte, beanspruchte der Kaiser die Oberhoheit auch über die anderen Teile und erreichte 1178 seine Krönung in Arles; mehrfach residierte er in der Folgezeit in Dole und in Besançon. Schon unter seinen Nachfolgern aber löste sich die Verbindung wieder, da sich viele Große Frankreich zuwandten und ihre Besitzungen vom französischen König zu Lehen nahmen. *Friedrich II.* versuchte sich der Entwicklung entgegenzustemmen, indem er in der Provence eine effektive königliche Verwaltung unter einem Generalvikar aufbaute. Er stützte sich dabei auch auf die Bischöfe – eine Stütze freilich, die im Zuge des sich verschärfenden Konflikts zwischen Kaiser und Papst bröckelte und spätestens 1245 ganz wegbrach, als *Innozenz IV.* von Lyon aus den Bann gegen Friedrich schleuderte. Nach Friedrichs Tod wurde der deutsche Einfluß rasch durch den französischen des Hauses Anjou abgelöst.

Byzanz

Als Gegner oder heimliches Vorbild spielte das Byzantinische Reich im Mittelalter stets eine Rolle für das Abendland, ob es sich nun um Fragen der Politik, des Staatsrechts, der Kirche oder der Kultur handelte. Byzanz konnte auf eine ungebrochene Tradition seit den Tagen der Cäsaren zurückblicken: Seinem

Kaisertum fehlte zu keiner Zeit die Legitimation, und seine zivilisatorische Höhe war unerreicht. Vor allem die Hauptstadt Konstantinopel mit ihren kilometerlangen Geschäftsstraßen, ihren Märkten mit Waren aus aller Welt, ihren prächtigen Kirchen und Palästen stellte alles in den Schatten, was der Westen zu bieten hatte. Allerdings machten dem Riesenreich innere Probleme (Schwächung der Zentralgewalt, Niedergang des Wehrbauerntums) und äußere Bedrohungen (*Normannen* in Unteritalien und Griechenland, Petschenegen an der Donau, türkische Seldschuken in Kleinasien) mehr und mehr zu schaffen. Zur *Kreuzzugbewegung*, die Ende des 11. Jahrhunderts einsetzte, unterhielt man ein zwiespältiges Verhältnis. Einerseits hatte man die Kreuzfahrer selbst herbeigerufen, andererseits aber nicht damit gerechnet, daß so viele kommen würden und daß diese sich nicht als Hilfstruppe gegen die Türken einspannen lassen würden, sondern weiterzogen nach Palästina, zur Befreiung des Heiligen Grabes und zur Gründung von Kreuzfahrerstaaten auf einem Boden, der nominell zum Byzantinischen Reich gehörte. Mit den Staufern versuchten die Herrscher in Konstantinopel ein gutes Einvernehmen herzustellen. Bereits 1139 traten sie mit einem Heiratsprojekt an König *Konrad III.* heran; 1146 kam mit einer Heirat zwischen Konrads Nichte Bertha von Sulzbach († 1160) und Kaiser *Manuel I. Komnenos* eine Verschwägerung der Staufer mit der byzantinischen Kaiserfamilie zustande. 1148 sorgte eine weitere Eheschließung (Manuels Nichte Theodora heiratete den Babenberger *Heinrich II. Jasomirgott*) für eine Befestigung des Bündnisses. Zusammen mit dem byzantinischen Kaiser plante Konrad einen Feldzug gegen die Normannen in Süditalien, aus dem dann aber nichts wurde. Ebenso schlug die Werbung *Friedrichs I. Barbarossa* um eine byzantinische Prinzessin fehl. Die staufische Reichsidee, wie sie der Rotbart und nicht minder sein Sohn *Heinrich VI.* verfochten, machte eine Einigung unmöglich. Während des *Alexandrinischen Schismas* versuchte die byzantinische Politik eine europäische Koalition gegen die Staufer zusammenzubringen – sogar *Heinrich der Löwe*, der sich 1172 als Pilger in Konstantinopel aufhielt, gehörte zeitweilig dazu –, aber mit der Einigung von Kaiser und Papst im *Frieden von Venedig* 1177 verflogen alle diese Hoffnungen. Gegen Ende des 12. Jahrhunderts machten sich als Reaktion auf die Unterwanderung des byzantinischen Handels durch die Venezianer antiwestliche Stimmungen in Byzanz breit – was wiederum zur Umlenkung des Vierten Kreuzzugs und zur Erstürmung Konstantinopels durch die Kreuzfahrer 1204 führte. Vornehmlich führte *Venedig* dabei Regie, möglicherweise war aber auch der Staufer *Philipp von Schwaben* an der Planung beteiligt. Die Herrschaft der Kreuzfahrer in Konstantinopel hielt bis 1261; dann erfolgten von Nizäa aus die Rückgewinnung und die erneute Etablierung eines byzantinischen Kaisertums. Sein Ende kam mit der Eroberung Konstantinopels durch die Türken 1453.

Castel del Monte

Der Zentralbau auf einem regelmäßigen, geometrischen Grundriß war im Mittelalter das stärkste Ausdrucksmittel von Herrschaft. Der Reihe dieser runden oder aber acht- oder zehneckigen Symbolbauten, die mit der Grabeskirche in Jerusalem (4. Jahrhundert) begann und sich mit dem Christoklinium in Konstantinopel, der Kirche San Vitale und dem Grabmal des Theoderich in Ravenna (6. Jahrhundert) bis zur Aachener Pfalzkapelle Karls des Großen (8./9. Jahrhundert) fortsetzte, fügte der Staufer *Friedrich II.* ein weiteres eindrucksvolles Glied hinzu: Castel del Monte, eine Wehranlage, die aber wohl gar nicht militärischen Zwecken hatte dienen sollen, sondern eher als Jagdschloß konzipiert war. Sie befindet sich auf einem Hügel südlich von Andria (Provinz Bari, Apulien), in der Nähe der Via Appia, der alten Straße von Rom nach Brindisi. Der Bau ist aus einer einzigen geometrischen Figur, dem Achteck, entwickelt: Achteckig der Innenhof, achteckig der Grundriß der Außenmauern, und auch die acht Ecktürme sind achteckig gehalten. Bei der Ausstattung wurde nicht gespart – für Wandverkleidungen, Säulenschäfte und Fensterrahmen ließ der Kaiser verschiedenfarbige kostbare Marmorarten herbeischaffen, und auch die Fußbodenmosaike, soweit erhalten, bezeugen den Geschmack des Erbauers. Revolutionär waren die sanitären Anlagen: Von den Zisternen auf den Dächern der Burgtürme aus führten Rohrleitungen durch das ganze Gebäude, so daß überall Toiletten und Bäder mit Wasser versorgt waren. Zur Baugeschichte gibt es fast überhaupt keine Quellen, lediglich eine Anweisung Friedrichs von 1240 ist erhalten, die die Ausführung von Fußbodenarbeiten betrifft. Vermutlich war die Burg zu Lebzeiten Friedrichs noch nicht bezugsfertig. Castel del Monte machte erst später Geschichte – als Gefängnis. *Karl von Anjou* hielt hier jahrzehntelang die Kinder des Kaisersohns *Manfred* gefangen. Auch unter der Anjou-Königin Johanna I. (1342–1381) mußten Häftlinge in der Burg einsitzen. Anders als die meisten architektonischen Schöpfungen der Stauferzeit in Italien erfuhr Castel del Monte keine Zerstörungen und kaum Verfall. Seit 1876 im Besitz des italienischen Staates, ist es heute vielbesuchtes und -photographiertes Touristenziel.

Chiavenna

Nach dem Scheitern aller Bemühungen um Frieden zwischen Kaiser *Friedrich I. Barbarossa* und dem *Lombardenbund* (zuletzt in *Montebello*) spitzte sich im Frühjahr 1176 die Lage in Oberitalien zu. Das kaiserliche Heer brauchte dringend Ersatz, und Friedrichs Emissäre warben in Deutschland emsig darum. Doch kamen gerade einmal ein Häuflein von 1000 Rittern und eine gleich starke Truppe Fußvolk zusammen. Es fehlte vor allem ein Kontingent *Heinrichs des Löwen*, des mächtigsten Reichsfürsten, der allein ein Vielfaches an Truppen hätte aufbieten können – und eigentlich auch müssen, verdankte er doch Barbarossas Hilfe die Säule seiner Macht, das Herzogtum Bayern, wo er sich gerade aufhielt. Der Kaiser sandte ihm daher Boten und schlug ihm ein Treffen in Chiavenna nördlich des Comer Sees vor. Für eine Verweigerung der Heerfolge ließen sich notfalls Gründe finden, das Ausschlagen einer persönlichen Einladung des Kaisers wäre hingegen offene Kampfansage gewesen, weswegen sich Heinrich auf den Weg machte und im Februar mit Friedrich am vereinbarten Ort zusammentraf. Der Kaiser erinnerte den Herzog an den Schutz, den er ihm stets gewährt habe, und bat als sein Herr, Freund und Vetter, ihn nun seinerseits nicht im Stich zu lassen. Heinrich aber suchte nach Ausflüchten und blieb bei seiner Weigerung. Da geschah etwas, das dem Treffen den historischen Rang verlieh: Friedrich, ein Mann der großen Geste, unterstrich seine Bitte mit einem Kniefall vor seinem Vasallen. Das Unerhörte spiegelt sich in den wilden Legenden, die sich daran knüpften: Die Krone soll dem Kaiser dabei vom Kopf gefallen sein, obwohl er zu solcher Gelegenheit mit Sicherheit keine getragen hat. Kaiserin *Beatrix von Burgund*, vermutlich tatsächlich zugegen, habe sich zu scharfen Worten gegen den Herzog hinreißen lassen – ebenfalls eine Erfindung, hatte sie in solcher Verhandlung doch nicht einmal Rederecht. Wie auch immer, Heinrich weigerte sich nun nicht mehr schlankweg, sondern stellte eine Bedingung: Er verlangte für die Heerfolge die Kaiserpfalz und Reichsstadt Goslar mit den reichen Silbergruben. Das war freilich fast dreister als die bockige Verweigerung selbst. Friedrich machte kehrt und verließ ohne ein weiteres Wort den Raum. Chiavenna markiert den Wendepunkt im vorübergehend durch die Zugeständnisse Barbarossas geheilten staufisch-welfischen Verhältnis; der Bruch war nicht wieder zu kitten, und die Gerüchte, Heinrich habe sich von den Lombarden bestechen lassen, wollten nie verstummen.

Christian I., Erzbischof von Mainz
* um 1130, † Tusculum (bei Frascati, Latium) 25.8.1183
Seinem später treuesten und fähigsten Diener legte Kaiser *Friedrich I. Barbarossa* zunächst Steine in den Weg: Der aus dem thüringischen Grafengeschlecht Buch stammende Christian wurde Ende Oktober 1160 zum Erzbischof von Mainz, dem höchsten Reichsfürsten, gewählt, doch verweigerten ihm der Kaiser wie dessen Gegenpapst *Viktor IV.* die Anerkennung. Statt aber nun zu schmollen oder ins Lager Papst *Alexanders III.* überzuwechseln, stellte sich Christian ganz in den Dienst Barbarossas. 1162 erhielt er die Ernennung zum Dompropst in Mainz und zum Reichskanzler als Nachfolger *Rainalds von Dassel*. Wie dieser begleitete er den Kaiser 1163 auf dem dritten Italienzug, wo er den Schutz des Gegenpapstes *Paschalis III.* übernahm und nach des Kaisers Heimkehr als Reichslegat in Mittel- und Oberitalien fungierte. In diese Zeit fiel der Konflikt Barbarossas mit dem Wittelsbacher *Konrad*, den er 1161 statt Christian zum Mainzer Erzbischof gemacht hatte und der sich nun weigerte, den Gegenpapst anzuerkennen. Friedrich I. setzte ihn ab und ließ nun doch Christian im September 1165 in Abwesenheit zum Erzbischof ernennen und Weihnachten 1166 in Brixen investieren. Der vierte Italienzug sah Christian wieder an Barbarossas Seite, von dem er sich vorübergehend trennte, als es galt, Rainald in *Tusculum* zu entsetzen. Am 27. Februar 1167 gelang das Bravourstück gegen ein überlegenes römisches Heer, dessen Niederlage dem Kaiser und seinem Gegenpapst Rom öffnete. Christian ließ es sich dabei nicht nehmen, selbst mit einzuhauen; statt des Schwertes, das Geistlichen verboten war, bediente er sich einer Keule. Anders als viele deutsche Fürsten (darunter Rainald), Offiziere und Soldaten des Kaisers blieb Christian von der schweren Seuche verschont, die den Rückzug erzwang. Er kehrte nach Deutschland zurück, übernahm diplomatische Missionen und kümmerte sich erstmals persönlich um sein Erzbistum, ökonomisch freilich weniger

erfolgreich als bisher militärisch. Vielleicht war Christian daher froh, als er 1771 wieder nach Italien entsandt wurde, wo er bis zu seinem Tod blieb. Nicht zuletzt seinem Geschick hatte es Barbarossa zu verdanken, daß es 1177 zur Aussöhnung mit Papst Alexander III. und zum Frieden von *Venedig* kam. Seine Verdienste darum würdigte auch der Papst, indem er die Unterwerfung Christians anerkannte und nicht auf der Wiedereinsetzung des ihm ergebenen Konrad beharrte. Ja, Alexander machte ihn sogar zu seinem Treuhänder bei der Wiederherstellung der Ordnung im Kirchenstaat, die in der Zeit des Schismas, insbesondere in Rom selbst, schwer gelitten hatte. Mit seinen Maßnahmen machte sich Christian natürlich nicht nur Freunde, denn es gab nicht wenige Krisengewinnler, die um ihre Macht fürchten mußten. Eine Koalition von ihnen konnte Christian 1179/1180 vorübergehend festsetzen, mußte ihn dann aber wieder freigeben. Als die Gegner 1183 Tusculum bedrohten, erlag Christian beim Entsatzunternehmen am Ort seines einstigen Triumphes einem Sumpffieber. Der Papst ordnete eine einmonatige Trauerzeit für seinen ehemals gefährlichsten Gegner an.

Cölestin III., Papst

* Rom um 1105, † ebd. 8.1.1198

Er stammte aus der römischen Adelsfamilie, die später den Namen Orsini führte: Giacinto Bobone erscheint zum erstenmal 1126 in den Quellen, als Prior subdiaconorum von San Giovanni in Laterano. Er studierte beim Philosophen und Theologen Abälard (* 1079, † 1142) in Paris und verteidigte seinen Lehrer beim Konzil von Lens (1140). Als päpstlicher Diplomat meisterte er schwierige Aufträge auf der Iberischen Halbinsel und wußte vermittelnd zwischen der Kurie, Kaiser *Friedrich I. Barbarossa* und dem französischen König zu wirken. Es gelang ihm, nach dem Eklat von *Besançon* (1158) die Wogen zu glätten und eine Einigung zwischen *Ludwig VII. von Frankreich* und *Alexander III.* herzustellen (Unterredung von Souvigny 1162); auch beim Frieden von *Venedig* (1177) zwischen Kaiser und Papst wirkte er mit. Man wählte ihn erst im März/April 1191 selbst zum Papst, als – und wohl auch weil – er bereits 85 Jahre alt war. Doch das Pontifikat Cölestins III., wie er sich fortan nannte, sollte fast sieben Jahre währen und der Kirche wichtige Impulse geben. Der greise Heilige Vater nahm eine Strukturreform in Angriff: Die kurialen Behörden wurden aufgewertet, das Kardinalskollegium umgestaltet, der Kirchenbesitz neu geordnet, und kirchliche Rechts- und Zinsansprüche wurden unter zentralistischen Gesichtspunkten zusammengefaßt. Zäh und geschickt leitete der Papst in Mittelitalien eine Rekuperations- (das heißt Wiedergewinnungs-) Politik ein, die unter seinem Nachfolger *Innozenz III.* dann zum Erfolg kam. Mit Kaiser *Heinrich VI.* aber, dessen Regierungszeit sich mit seinem Pontifikat weitgehend deckte, ließ sich auf Dauer kein friedliches Verhältnis herstellen, dazu stießen die Interessen in Süditalien zu hart aufeinander. Durch die Heirat mit *Konstanze von Sizilien* nämlich war Heinrich auch Herrscher im normannischen Königreich geworden, für das der Papst die Lehenshoheit beanspruchte. Verständlich, daß Cölestin jede gegen die dortige staufische Position und damit gegen Kaiser und Reich gerichtete Autonomiebewegung in Süditalien unterstützte. Ende 1197 machte er, mittlerweile über 90 Jahre alt, einen Versuch, die Bürde des Amtes loszuwerden, und schlug seine Abdankung vor. Das scheiterte am Widerstand oppositioneller Kräfte im Kardinalskollegium; der Greis wurde gezwungen, bis zum letzten Lebenstag im Amt zu bleiben.

Cölestin IV., Papst

* um 1180, † Rom 10.11.1241

Ins Licht der Geschichte trat Goffredo da Castiglione erst in den zwanziger Jahren des 13. Jahrhunderts als Kanonikus in Mailand. Nicht sicher, aber auch nicht auszuschließen ist, daß er ein Neffe *Urbans III.* und Zisterziensermönch war. *Gregor IX.*, sein Vorgänger, ernannte den als hochgebildet geltenden Theologen 1227 zum Kardinalpriester von San Marco und beauftragte ihn mit verschiedenen missionarischen und politischen Aufgaben in Oberitalien. Viel Glück scheint er damit nicht gehabt zu haben, denn Goffredo wurde lange nicht befördert. Erst 1238 erfolgte seine Ernennung zum Kardinalbischof von Sabina. Daß er Papst wurde, verdankte er dem Umstand, daß das Kardinalskollegium beim Tod des Vorgängers am 22. August 1241 auf zwölf Kirchenfürsten zusammengeschmolzen war, von denen Kaiser *Friedrich II.* zudem zwei gefangenhielt. In dieser mißlichen

Situation war der Kurie und der römischen Oberschicht an einer schnellen Nachfolgeregelung gelegen, weswegen es zum ersten »Konklave« im buchstäblichen Sinn kam, nämlich zum Einschluß der Wahlberechtigten zur Beschleunigung einer Entscheidung. Sie hatten es nicht einmal bequem in dem baufälligen Palast, den ihnen der römische Diktator Orsini für ihre Verhandlungen zuwies. Doch die Zerstrittenheit von kaiserfreundlichen und antistaufisch eingestellten Kardinälen erwies sich als so tief, daß sie monatelang in dem ungemütlichen Gemäuer feilschten. Der Druck Orsinis und der Tod eines Kollegen führte dann endlich am 25. Oktober 1241 zur Einigung auf den kranken Kompromißkandidaten Goffredo, der den Namen Cölestin IV. annahm, aber zu keiner einzigen Amtshandlung mehr kam. Zwei Tage nach der Wahl mußte er sich fiebernd niederlegen und starb bereits nach 17tägigem Pontifikat, dem viertkürzesten der Papstgeschichte.

Confoederatio cum principibus ecclesiasticis

Um die Wahl seines minderjährigen Sohnes *Heinrich (VII.)* zum deutschen König zu sichern, traf *Friedrich II.* 1220 mit den geistlichen Fürsten eine Übereinkunft, die Confoederatio cum principibus ecclesiasticis. In einem elf Artikel umfassenden Privileg verzichtete er unter anderem auf das Spolienrecht (Rechtsanspruch auf den Nachlaß verstorbener Kleriker) und das Recht, in den Territorien der Kirchenfürsten ohne deren Zustimmung Zoll- und Münzstätten zu errichten oder Burgen und Städte zu gründen, und gestand den geistlichen Herren Testierfreiheit (die Freiheit, einseitige Verfügungen zu treffen) und selbständige Verfügung über Kirchenlehen zu. In der Geschichtsschreibung ist Friedrich für die Preisgabe königlicher Rechte stark getadelt worden, man sah hierin »entscheidende Marksteine auf dem Weg zum deutschen Partikularismus«. Die moderne Forschung allerdings nimmt den Kaiser in Schutz: Der Prozeß einer Bildung großer geistlicher Territorialherrschaften sei längst im Gang gewesen, Friedrich habe mit seinen Privilegien für Bischöfe und Reichsäbte der Entwicklung lediglich Rechnung getragen und schriftlich fixiert, was nach den Tatsachen bereits bestand.

Cortenuova, Schlacht bei

Die Reichsherrschaft war in Oberitalien nie sonderlich beliebt, und die staufischen Könige und Kaiser hatten stets alle Hände voll damit zu tun, dort Aufstände niederzuschlagen oder gegen Verschwörungen vorzugehen. Die reichen lombardischen Städte verbündeten sich immer wieder gegen sie und hatten in den Päpsten mächtige Unterstützer. Das war auch in der Glanzzeit *Friedrichs II.* nicht anders, der mit Papst *Gregor IX.* in Fehde lag und wußte, daß er den Heiligen Stuhl am ehesten durch einen Schlag gegen den Bund der Lombarden in Schwierigkeiten bringen konnte. 1237 hatte der Kaiser gerade die deutschen Angelegenheiten nach der Rebellion seines Sohnes *Heinrich (VII.)* in Ordnung gebracht und konnte sich nun wieder nach Süden wenden, sogar ausdrücklich im Reichsauftrag der deutschen Fürsten. Mit rund 2000 deutschen Rittern überschritt Friedrich im September die Alpen und fand in Verona bereits fast 7000 sarazenische Schützen vor, die ihm hierher aus seinem sizilischen Reich entgegengezogen waren. Es schlossen sich dem kaiserlichen Heer auch Aufgebote reichstreuer Städte wie Cremona an, so daß es auf etwa 12000 Mann anwuchs. Nach einigen kleineren Erfolgen wandte sich Friedrich gegen Brescia, vor dem aber ein fast gleich starkes lombardisches Bundesheer lag, das durch die Anlehnung an die befestigte Stadt kaum mit Aussicht auf Erfolg hätte angegriffen werden können. Die Zeit aber drängte, denn inzwischen war es November geworden, und die Witterung beförderte nicht gerade die Kampfmoral. Friedrich griff zu einer List: Er zog sich über den Oglio zurück, einen linken Nebenfluß des Po, ließ die dazu errichteten Brücken zerstören und weithin sichtbar die städtischen Fußtruppen und seinen Troß Richtung Cremona abrücken, so als wolle er Winterquartier beziehen. Dem Gegner, der Angriffe auf andere Städte des Bundes fürchten mußte, blieb nichts anderes übrig, als zu folgen und weiter nördlich über den Fluß zu gehen. In diese Richtung aber war auch der Kaiser mit seiner Hauptstreitmacht im Schutz der Dunkelheit gezogen und erhielt nun Nachricht, daß die Lombarden beim Städtchen Cortenuova lagen, auf halbem Weg zwischen Brescia und Mailand. Am 27. November überfiel die aus deutschen Rittern gebildete kaiserliche Vorhut die überraschten lombardischen Truppen und drückte sie gegen den Ort, der bei Anrücken der Hauptmacht des Kaisers am nächsten Morgen genommen wurde. Die fliehenden Lombarden verloren 5000 Mann an Gefallenen und Gefangenen und – für damalige Anschauungen fast bitterer – den Fahnenwagen der Mailänder. Im Triumphzug nach Art der altrömischen Cäsaren zog Friedrich in Cremona ein, hinter ihm ein Elefant mit den Siegestrophäen und kleinen Holztürmchen, von denen Posaunenbläser sein Kommen ankündigten. Zum endgültigen Sieg aber sollte es wieder nicht reichen, weil Friedrich mit weit überzogenen Friedensbedingungen eine neue Koalition gegen sich herbeiprovozierte und zu weiteren Kämpfen gezwungen war.

Crema

Friedrichs I. Barbarossa zweiter Italienzug (1158–1162) sollte eigentlich gegen *Mailand* gehen, aber da die kaiserlichen Kräfte zunächst nicht zur Eroberung der lombardischen Metropole ausreichten, richtete sich der Angriff erst einmal sozusagen stellvertretend gegen das mit Mailand verbündete kleinere Crema, eine Stadt im Norden der Provinz Cremona. Im Handstreich ließ sich die Stadt allerdings auch nicht bezwingen, es mußte schon eine förmliche Belagerung eingeleitet werden. In dem Maß, wie sie sich in die Länge zog, wuchsen Wut und Wildheit auf beiden Seiten. Der Kampf um Crema nahm die Greuel vorweg, die später vor und in den Mauern Mailands geschehen sollten. Barbarossas Männer luden ihre Wurfgeschütze mit den abgehauenen Köpfen von Gefangenen, die Cremasken rissen auf der Mauer Kaiserliche in Stücke. Die Belagerer banden gefangene Cremasken als lebende Schutzschilde an ihre Maschinen, aber in der Stadt nahm man keine Rücksicht auf das Leben der eigenen Leute, sie kamen im Stein- und Pfeilhagel elendiglich um. Den Erfolg brachte am Ende nicht der Terror, sondern technischer Erfindungsgeist. Ein Kriegsbaumeister namens Marsilius, der sein Handwerk in Palästina gelernt hatte, konstruierte einen sechsstöckigen fahrbaren Turm, von dem aus die Mauer überstiegen werden konnte. Crema kapitulierte nach siebenmonatiger Belagerung am 27. Januar 1160. Die Bewohner, auch die Hilfstruppen aus Mailand, die sich in der Stadt befunden hatten, erhielten freien Abzug. Während die Einwohner von Lodi und Cremona, im Bunde mit Barbarossa, die Mauern Cremas niederlegten, drangen die Kaiserlichen in die Stadt ein, um zu plündern. Da es aber nicht für alle etwas gab, warfen die zu kurz Gekommenen Brände in die Häuser. Auch viele Kirchen gingen in den Flammen auf. Die Zerstörungen vermochten allerdings nicht zu verhindern, daß sich Crema bald wieder zu seiner einstigen Größe erhob. Nach dem Frieden von *Konstanz* (1183) erhielten seine Bürger vom Kaiser das Recht der Selbstverwaltung.

Deutscher Orden

Als dritter Ritterorden, nach Templern und Johannitern, bildete sich im Rahmen der *Kreuzzüge* Ende des 12. Jahrhunderts der Deutsche Orden. Entstanden aus einer Hospitalbrüderschaft, die bei der Belagerung von Akkon 1189/1190 Kranke und Verwundete pflegte, fand der Orden rasch zu fester Konsolidierung, was auf die Förderung durch die staufischen Kaiser zurückgeführt wird. 1198 wurden seine Statuten durch Papst *Innozenz III.* bestätigt. Die Regeln, nach denen die Ordensbrüder lebten, mit dem Gelöbnis von Armut, Keuschheit und Gehorsam, und auch die Prinzipien der Verwaltung, mit Ämterverfassung und der Aufteilung in Komtureien und Balleien, entsprachen denen der älteren Orden. Was die neue Gründung aber von diesen unterschied, war die nationale Prägung. Im »Ordo Theutonicorum« dienten, wie der Name verriet, deutsche Ritter, während Templer und Johanniter ihr Personal aus aller Herren Länder bezogen. Dem Deutschen Orden wuchs durch Schenkungen bald beträchtlicher Besitz zu. Er sah jedoch, auch wenn er noch in Palästina bis zum Fall Akkons im Jahr 1291 aushielt, sein Hauptbetätigungsfeld bald woanders, nämlich in Nordosteuropa. Der Hochmeister *Hermann von Salza* (1209–1239), ein Freund und Ratgeber *Friedrichs II.*, stellte 1225/1226 die entscheidenden Weichen. Er nahm einen Hilferuf des polnischen Herzogs Konrad von Masowien auf, der von den heidnischen Pruzzen bedrängt wurde. Mit der Goldenen Bulle von Rimini (1226) gab Kaiser Friedrich II. seinen Segen zu dem Unternehmen. Die deutschen Ritter eroberten Preußen und gründeten einen eigenen Staat. 1237 gewannen sie durch den Zusammenschluß mit dem in Livland ansässigen *Schwertbrüderorden* ein weiteres Herrschaftsgebiet dazu. Der Kreuzzuggedanke lebte hier noch lange fort; bis weit ins 14. Jahrhundert war es unter der abendländischen Ritterschaft Brauch, zur »Preußenreise« in den Osten zu ziehen und dort gegen die heidnischen Nachbarn des Ordenslands, vor allem gegen die Litauer, zu kämpfen.

Doppelwahl von 1198

Die alte Rivalität zwischen Staufern und *Welfen*, unter *Friedrich I. Barbarossa* und *Heinrich VI.* leidlich im Zaum gehalten, brach nach dem Tod des letzteren (28.9.1197) in voller Heftigkeit wieder aus. Thronfolger hätte Heinrichs Sohn *Friedrich II.* sein sollen: Er war 1196 rechtsgültig gewählt worden, und die deutschen Fürsten hatten ihm Treue geschworen. Allerdings war er erst drei Jahre alt. Das nahm die welfische Partei, angeführt von Erzbischof *Adolf I. von Köln*, zum Vorwand, zu behaupten, der Eid sei unwirksam, da er einem minderjährigen, nicht einmal getauften Kind geleistet worden sei. In dieser Situation ließ sich Friedrichs Onkel *Philipp von Schwaben* von der staufischen Partei bewegen, selbst zur Königswahl anzutreten. Die Welfen hatten *Berthold V. von Zähringen* erheben wollen, doch da dieser die Wahl nicht annahm, entschieden sie sich für *Otto IV.*, den Sohn Heinrichs des Löwen. – Es kam nun zu zwei Wahlakten an getrennten Orten: Am 8. März 1198 wurde Philipp in Mühlhausen (Thüringen) zum König gewählt und am 8. September 1198 von Erzbischof Anno von Tarentaise (Burgund) in Mainz gekrönt. Das war regelwidrig, was den Krönungsort betraf, aber immerhin standen die echten Insignien (Krone, Zepter, Schwert und Reichsapfel) zur Verfügung. Diese fehlten dafür der gegnerischen Partei, die ihren Kandidaten Otto am 9. Juni 1198 in Köln wählte und am 12. Juli 1198 in *Aachen* krönen ließ. Bei ihr stimmte zwar der Krönungsort mit der Tradition überein, doch sie mußte sich mit Nachbildungen der Reichskleinodien behelfen. In den deutschen Thronstreit mischten sich sogleich ausländische Mächte ein: Der englische König *Richard Löwenherz* nahm für den Welfen Partei, Frankreichs König *Philipp II. August* für den Staufer. Mehrere Feldzüge in den Jahren 1198 bis 1200 brachten keine Entscheidung. Daraufhin riefen beide Parteien Papst *Innozenz III.* zum Schiedsrichter an. Der ergriff die Gelegenheit, die universale Macht des Papsttums zu demonstrieren. Mit dem Satz »Es liegt im Interesse des Apostolischen Stuhles, die Besetzung des Römischen Reiches zu erörtern, da das Kaisertum bekanntlich seinem Ursprung und seiner Vollendung nach von ihm abhängt« beginnt die Konsistorialrede von 1201, in der Innozenz die Rechte der Thronkandidaten abwägt, um schließlich Otto den Vorzug zu geben, der zwar nicht die Mehrheit aller Fürsten auf sich vereinige, aber immerhin von den drei rheinischen Erzbischöfen (Mainz, Köln, Trier) und dem Pfalzgrafen bei Rhein gewählt sei. Die Bildung eines speziellen Wahlgremiums, nämlich dem der Kurfürsten, deutet sich hier an. Vom Spruch des Papstes konnte Otto indes noch wenig profitieren, da sich politisch und militärisch die Waage bald zugunsten der Staufer neigte. Erst nach der Ermordung Philipps von Schwaben (21.6.1208) gehörte ihm der Thron unangefochten.

Dritter Kreuzzug

Die Nachricht vom Fall *Jerusalems* 1187 wurde in Europa mit gewaltiger Bestürzung aufgenommen. Als erster erklärte sich Kaiser *Friedrich I. Barbarossa* bereit, zu einem Dritten Kreuzzug ins Heilige Land zu ziehen. Das deutsche Heer brach im Mai 1189 von Regensburg aus auf. Disziplinierter als alle Truppen, die vorher diesen Weg gezogen waren, erreichte es ohne größere Schwierigkeiten auf dem Landweg Konstantinopel und setzte auch seinen Marsch unangefochten durch Kleinasien bis in die Ebene von Kilikien fort. Dort ertrank der Kaiser beim Baden im Fluß Saleph am 10. Juni 1190. Das Kreuzzugunternehmen war mehr durch Loyalität gegenüber dem Herrscher denn durch religiöse Begeisterung zusammengehalten worden; es zerfiel nach dem Unglück im Saleph, die Hälfte der Kreuzfahrer machte kehrt und marschierte wieder nach Hause. Die übrigen zogen unter der Führung des Kaisersohns *Friedrich V. von Schwaben* weiter und beteiligten sich an der Belagerung von Akkon. Dort trafen auch im Frühjahr beziehungsweise Sommer 1191 der französische König *Philipp II. August* und der englische König *Richard I. Löwenherz* mit ihren Flotten ein. Trotz einiger spektakulärer Erfolge des letzteren gegen Sultan *Saladin* vermochte aber auch er das eigentliche Ziel, die Befreiung Jerusalems, nicht zu erreichen. Immerhin gelang es durch Behauptung der Küstenstädte, den Bestand der Kreuzfahrerstaaten im Heiligen Land noch für fast ein Jahrhundert zu sichern.

Eger, Goldbulle von

Um gegen *Otto IV.* in Deutschland antreten zu können, brauchte *Friedrich II.* die Unterstützung des Papstes *Innozenz III.* Dieser, eigentlich Parteigänger Ottos, hatte sich von dem Welfen 1209 in Speyer schon bedeutende Zusagen bezüglich der päpstlichen Besitzungen in Italien machen lassen. Friedrich aber ging darüber hinaus: Am 12. Juli 1213 erließ er die Goldbulle von Eger. Darin bestätigte er die päpstlichen Rechte auf den Kirchenstaat und dessen Zugewinne der letzten Zeit (Umbrien-Spoleto, die Mark Ancona und verschiedene adriatische Küstengebiete; in einigen Fassungen der Urkunde sind sogar Sardinien und Korsika genannt). Zusätzlich versprach er, auf Spolien (das königliche Recht am Nachlaß eines Geistlichen) und *Regalien* sowie auf die Mitsprache bei den Wahlen der Bischöfe und Reichsäbte zu verzichten, ließ die Appellation an die Kurie zu und verpflichtete sich zur Hilfe bei der Ketzerbekämpfung. Die Goldbulle wurde durch die Gegenzeichnung zahlreicher deutscher Fürsten aufgewertet, sie war Reichsrecht und wirkte nach dem Urteil Leopold von Rankes »entscheidender für die päpstliche Macht in Deutschland ein als irgendeine andere Urkunde«.

Eike von Repgow →Sachsenspiegel

Eleonore von Aquitanien

* um 1122, † Poitiers 1.4.1204

Eine Herrscherin, die die Zeitgenossen bezauberte und beeindruckte und von Minnesängern und Troubadours in glühenden Versen gefeiert wurde: Eleonore von Aquitanien heiratete um 1137 *Ludwig VII.* von Frankreich, dem sie ein wirtschaftlich hochentwickeltes Herzogtum mit in die Ehe brachte. Als ihr Gatte 1146 das Kreuz nahm, schloß sie sich an. Während der König eine religiöse Verpflichtung darin sah, war der Grund bei ihr wahrscheinlich Abenteuerlust – Erbteil ihres Großvaters Wilhelm IX. von Aquitanien († 1127), der auch schon im Heiligen Land gewesen war. Sie mobilisierte die Ritterschaft ihres westfranzösischen Erblands und zog mit in den *Zweiten Kreuzzug*. Die Strapazen des Marsches ertrug sie locker und ließ es sich auch nicht nehmen, immer vorneweg zu reiten, egal welche Gefahren da lauern mochten. In Syrien begegnete sie ihrem

Onkel Raimund von Poitiers, der Fürst von Antiochien geworden war, ein lärmender, immer gutgelaunter Landsknecht, ganz anders als ihr frömmelnder Gatte. Klatschmäuler sagten ihr sofort ein Liebesverhältnis mit dem Haudegen nach. Es kam auch zum Krach mit Ludwig, allerdings nur über strategische Fragen: Ludwig befolgte die Vorschläge des Landeskenners Raimund nicht, Eleonore meuterte, und Ludwig mußte sie schließlich mit Gewalt aus dem Fürstenpalast von Antiochien holen. Im Frühsommer 1148 verrichtete das Ehepaar gemeinsam die Andacht an den heiligen Stätten der Christenheit in Jerusalem. Die Heimreise erfolgte zu Schiff. Eleonores brüchige Ehe wurde 1152 geschieden. Noch im selben Jahr heiratete sie Heinrich von Plantagenet, der 1154 als Heinrich II. den englischen Thron bestieg. In ihrer zweiten Ehe brachte Eleonore fünf Söhne zu Welt, darunter *Richard Löwenherz* und *Johann Ohneland*. Für sie nahm Eleonore 1173 im Konflikt mit Heinrich Partei, wohl auch weil sich dieser inzwischen mit jüngeren Frauen amüsierte. Der König aber behielt die Oberhand und stellte Eleonore fortan unter Bewachung, ohne ihr allerdings den Rang einer Königin abzusprechen. Nach Heinrichs Tod (1189) spielte sie wieder eine herausragende politische Rolle.

Elisabeth von Thüringen

* Sáros-Patak (Nordungarn) 1207, † Marburg a. d. Lahn 17.11.1231

Die Mildtätigkeit seiner Schwägerin Elisabeth ist dem harten *Heinrich Raspe* von Thüringen ein Dorn im Auge. Eines Tages, als er sie wieder mit einem verdeckten Korb von der Wartburg herab ins Dorf zu den armen Häuslern gehen sieht, verstellt er ihr den Weg und herrscht sie an: »Was hast du da im Korb?« »Rosen«, erwidert sie sanft. Da ergrimmt der Graf, reißt das Tuch vom Korb – und erblickt dort, wo Elisabeth eben Brot und andere Speisen eingepackt hat, einen duftenden Strauß der herrlichsten Rosen. Heinrich vergißt vor Schreck, nach deren Bestimmung zu fragen, entschuldigt sich und sieht der weitereilenden jungen Frau fassungslos nach. – Solche Geschichten machten schon früh die Runde über eine Frau, die sich ganz der Nächstenliebe und der Armen- und Krankenpflege verschrieben hatte. An der Wiege war Elisabeth das nicht gesungen. Als

Tochter des ungarischen Königs Andreas II. (1205–1235) war sie von diesem schon als Vierjährige mit Landgraf Ludwig IV. von Thüringen (1217–1227), einem Vetter Kaiser *Friedrichs II.*, verlobt worden. Sie wuchs auf der Wartburg auf, wo ihr Beichtvater *Konrad von Marburg* prägenden Einfluß auf sie gewann. Ihre 1221 vollzogene Ehe, in der sie drei Kinder gebar, währte nur kurz, da Ludwig bei der Einschiffung zum Kreuzzug seines kaiserlichen Vetters in Otranto an einer Seuche starb. Elisabeth geriet wegen ihrer Aufopferung für die Ärmsten der Armen in Konflikt mit ihrem Schwager, der die Nachfolge als Landgraf angetreten hatte. Sie verließ die Heimat, wählte 1228 Marburg als Witwensitz, stiftete das dortige Franziskushospital und erlag 1231, erst 24jährig, den Mühen und Risiken der Krankenpflege. Gleich nach ihrem Ende wurde von Wundern an ihrem Grab berichtet, die schon 1235 zu ihrer Heiligsprechung durch *Gregor IX.* führten. Friedrich II. nutzte seinen Deutschlandaufenthalt im Mai 1236 zur Erhebung und angemessenen Beisetzung der verehrten Verwandten. Über eine Million Menschen sollen nach zeitgenössischen Darstellungen bei diesem Anlaß nach Marburg geströmt sein. Der Kaiser krönte den Leichnam der Heiligen und legte ihr seinen goldenen Trinkbecher in den edelsteingeschmückten Sarg, der den Grundstein für den bald darauf begonnenen Bau der gotischen Elisabethkirche bildete. Die Feierlichkeiten waren von Friedrich zur Demonstration der Einheit von Kirche (sacerdotium) und Reich (imperium) gedacht und propagandistisch gegen das ihn bekämpfende Papsttum gerichtet.

Engelbert I., Erzbischof von Köln
* um 1185, † am Gevelsberg (bei Hagen, Westfalen) 7.11.1225

»Säule der Kirche«, »Zierde der Geistlichkeit«, »Vater und Erhalter Deutschlands« waren die Ehrentitel, mit denen die Zeitgenossen Engelbert von Köln belegten. Der Geistliche, aus dem Grafengeschlecht Berg stammend, war zunächst Parteigänger seines Vetters *Adolf I. von Köln*. Wie dieser 1205 exkommuniziert, unterwarf er sich 1208 dem Papst, nahm 1212 am Kreuzzug gegen die ketzerischen Albigenser in Südfrankreich teil und schloß sich *Friedrich II.* an. 1216 wurde er zum

Erzbischof von Köln gewählt, wo er die Anregung für den Neubau des Domes gegeben haben soll. Als Vormund *Heinrichs (VII.)* und Reichsverweser führte Engelbert seit 1220 die deutsche Regierung, vermochte allerdings seine proenglische Politik nicht gegen die profranzösische der Staufer durchzusetzen. Mit der zielstrebigen Erweiterung und Verdichtung der kölnischen Territorialherrschaft machte er sich Feinde bei seinen adligen Standesgenossen im Umland und sogar in seiner eigenen Familie. Ein Verwandter, Friedrich von Isenburg, der sich von ihm schlecht behandelt fühlte, lauerte ihm im November 1225 am Gevelsberg in Westfalen auf und tötete ihn. Die Bluttat erregte in Deutschland gewaltiges Aufsehen, der Kaiser sprach die Acht über den Mörder und seine Mitwisser aus. Der Isenburger wurde gefangengenommen und ein Jahr nach der Mordtat in Köln aufs Rad geflochten. Um das Grab Engelberts entwickelte sich bald wegen der Wunderheilungen, die dort geschahen, ein Kult; seit 1618 feiert man ihn im Erzbistum Köln als Heiligen. Sein Andenken lebt fort in der düsteren Ballade »Der Tod des Erzbischofs Engelbert von Köln« von Annette von Droste-Hülshoff.

Enzio

* um 1215, † Bologna 14.3.1272

Er war der Lieblingssohn *Friedrichs II.*: Enzio (Heinz) stammte aus einer außerehelichen Verbindung des Kaisers mit einer schwäbischen Adligen namens Adelheid, vermutlich aus dem Herzogshaus Urslingen. Er glich in Aussehen und Charakter seinem Vater, mit dem er auch die Liebe zur Kultur teilte; daß dieser ihn nicht durch eine nachträgliche Heirat legitimierte, wie er es mit *Manfred* tat, lag möglicherweise daran, daß Enzios Mutter bald starb oder sich mit jemand anders verheiratete. 1238 wurde Enzio zum Ritter geschlagen. Im folgenden Jahr erhob sein Vater ihn zum König von Sardinien und Generallegaten in Mittel- und Oberitalien. Das bedeutete in der damaligen Situation unablässiges Kriegführen – gegen die widerspenstigen italienischen Städte und gegen den Papst, der sich selbst als Herrn von Sardinien betrachtete. Auf einem seiner Feldzüge geriet Enzio am 26. Mai 1249 bei Fossalta in die Gefangenschaft der Bologneser, die ihn allen Bitten und Drohungen des Kaisers zum Trotz nicht mehr herausgaben. 23 Jahre, bis zu seinem Tod 1272, blieb er in Bologna in ritterlicher Haft, als Staatsgefangener und gleichsam lebendes Symbol der städtischen Macht. Der Kaisersohn wohnte im »Palazzo Nuovo« (heute »Palazzo di re Enzo«), wo er hofhalten konnte; nur zur Nacht wurde er in einen vergitterten Raum geführt. Auch Bologneser Damen verkehrten bei ihm, zwei von Enzios natürlichen Töchtern sollen aus Verbindungen stammen, die er in seiner Kerkerzeit unterhielt. Während Enzio in Bologna einsaß, ging mit dem Tod seiner Brüder *Konrad IV.* (1254), Heinrich (1254), *Friedrich von Antiochien* (1256) und Manfred (1266) und schließlich seines Neffen *Konradin* (1268) das Stauferreich in Italien zugrunde. Die Kanzonen, die er in der Gefangenschaft schrieb – er war nicht bloß Kriegsmann, sondern übte sich gern in Dichtkunst und Gesang –, geben die Trauer über den Untergang seines Geschlechts wieder. Im Jahr 1270 soll er einen Ausbruch aus der Haft versucht haben; in einem Faß versteckt, so die Überlieferung, ließ er sich aus dem Palast tragen. Aber eine Locke seines blonden Haares, die über den Rand des Fasses quoll, verriet ihn: Solch Haar hatte nur einer in Bologna! Als er bald darauf starb, ließ ihm die Stadt ein prunkvolles Begräbnis zuteil werden. In Scharlachgewänder gehüllt, mit Diadem, Zepter und Schwert wurde der Staufer beigesetzt.

Erbreichsplan Heinrichs VI.

Im Deutschen Reich galt anders als in fast allen anderen Monarchien das Wahlkönigtum. Zwar hatten die Reichsfürsten keineswegs immer die Wahl, weil der dynastische Gedanke zeitweilig auch hier dominierte. Bei nicht zu Lebzeiten geregelter oder unklarer Thronfolge jedoch ging gegen ihr Votum nichts. Das hatte *Konrad III.* erfahren, als er 1125 den kürzeren gegen *Lothar III. von Supplinburg* zog, und das erlebte der Welfe *Heinrich X. der Stolze* 1138, als ihm der Staufer vorgezogen wurde. Als ahne er die Probleme, wie sie die *Doppelwahl von 1198* aufwerfen sollte, entwickelte daher *Heinrich VI.* einen Plan zur Umwandlung des Reiches in eine Erbmonarchie. Sein Sohn, der spätere Kaiser *Friedrich II.*, hatte gerade den ersten Geburtstag gefeiert, da unterbreitete der Kaiser im Februar 1196 auf dem Hoftag in Mainz den Fürsten das Angebot der Erblichkeit ihrer Länder auch in weiblicher Linie, ja sogar in Seitenlinien – gegen das Zugeständnis, die Reichskrone in seinem, dem staufischen, Haus erblich zu machen. Den geistlichen Fürsten schlug er als Gegenleistung für ihre Zustimmung den Verzicht auf sein Spolien- und *Regalien*-Recht vor, nach dem der König Anspruch auf den Nachlaß verstorbener Kleriker erheben konnte. Mit dieser Initiative wollte Heinrich Thronwirren vorbeugen für den Fall, daß ihm auf dem soeben gelobten Kreuzzug etwas zustieße. Die Fürsten nämlich hatten sich gegen eine Wahl des Sohnes zunächst gesperrt. Bei den weltlichen Fürsten stieß das kaiserliche Angebot durchaus auf Interesse, die geistlichen jedoch konnten ohne päpstliche Zustimmung darauf nicht eingehen, weswegen der Kaiser in Verhandlungen mit Papst *Cölestin III.* trat. Für diesen aber mußte ein staufisches Großreich ein Alptraum sein, lag doch sein Kirchenstaat mittendrin und wäre mithin Gefahr gelaufen, erdrückt zu werden. Obwohl ihm Heinrich nicht näher bekannte unerhörte Konzessionen gemacht haben soll, blieb Cölestin hart. Da inzwischen auch die weltlichen Fürsten eine deutlich skeptischere Haltung an den Tag legten und zudem signalisierten, daß sie nun doch den kleinen Sohn Friedrich zu wählen bereit waren (was Weihnachten 1196 geschah), ließ der Kaiser den Erbreichsplan bald fallen und beendete damit den einzigen ernsthaften Versuch, die deutschen Dinge staatsrechtlich so zu regeln wie in den westlichen Nachbarmonarchien.

Eugen III., Papst
† Tivoli (bei Rom) 8.7.1153
Er war der Schüler des großen Kirchenlehrers *Bernhard von Clairvaux*, und schon bald nach seiner Wahl zum Papst am 15. Februar 1145 erfuhr der Pisaner Zisterzienserabt Petrus Bernardus, der sich künftig Eugen III. nannte, was es mit dem Wort seines Lehrers auf sich hatte, daß der Hirt in Rom nicht Petri Schafe weide, sondern Wölfe, Drachen und Skorpione: In Rom tobten Kämpfe, die Stadt hatte sich zur Republik erklärt, die Paläste der Kardinäle wurden geplündert und zerstört. Der Papst floh mit seinem Hof nach Viterbo und konnte erst zu Weihnachten 1145 in den Lateran einziehen. Schon im Frühjahr 1146 mußte er ihn wieder verlassen und appellierte an

Konrad III., seinen Schutzpflichten gegenüber der Kirche und ihrem Oberhaupt nachzukommen. Der König war dazu durchaus willens, doch ergab sich keine Gelegenheit zu einem Romzug, woran der Papst nicht ganz unschuldig war. In sein Pontifikat nämlich fällt der unselige *Zweite Kreuzzug*. Den ersten Aufruf dazu (auf den wenig Echo kam) erließ er am 1. Dezember 1145 von Viterbo aus an den französischen König *Ludwig VII.*, den zweiten am 1. März 1146. Doch erst der direkte Appell Bernhards von Clairvaux an Konrad III. am Weihnachtstag 1146 hatte Erfolg. Der Kreuzzug 1147 bis 1149 aber wurde zum Fiasko und die Schuld daran prompt dem Papst zur Last gelegt, denn Eugen hatte 1147 auch einen Wendenkreuzzug norddeutscher Fürsten gebilligt, der Konrads Heer schwächte und seinen Zug zum Scheitern brachte. Eugen sah mit Sorge, daß der König 1149 mit dem byzantinischen Kaiser *Manuel I.* die gemeinsame Eroberung des normannischen Süditaliens plante, und liebäugelte schon mit der von *Welf VI.* gebildeten antistaufischen Koalition. Doch er lenkte ein, als Konrad einen Romzug zur Wiederherstellung der päpstlichen Gewalt in der Ewigen Stadt versprach. Dazu kam es nicht mehr, weil Konrad starb. Allerdings gelang Eugen in Deutschland die Einigung mit dem jungen Nachfolger *Friedrich I. Barbarossa*, die ihm den Weg zurück in die Ewige Stadt öffnete: Im *Konstanzer Vertrag* verpflichtete sich der Staufer, die Römer zu unterwerfen; dafür garantierte ihm Eugen die Kaiserkrone. Als die Urkunden ausgefertigt wurden (23.3.1153), war der Papst bereits unterwegs nach Süden. Er starb in seiner italienischen Heimat, vor den Toren Roms. 1872 wurde er durch Papst Pius IX. seliggesprochen.

Evangeliar

Zu den eindrucksvollsten Werken mittelalterlicher *Buchkunst* gehören die lateinischen »Lesungsbücher« mit den vier Evangelien für den Gottesdienst, die Evangeliare. Gerade aus staufischer Zeit haben wir prächtige Exemplare mit silberner oder goldener Schrift auf purpurnem Grund, aufwendig geschmückt durch Illustrationen auf kostbarem Pergament und gebunden in edelsteinbesetzte und in Elfenbein gefaßte Einbände. Man verwahrte die heiligen Texte in reich verzierten Kästen und legte die Bücher bei Hochämtern zum Zeichen der Anwesenheit Christi offen auf den Altar. In Prozessionen wurden sie mitgeführt, Kranken versuchte man durch Auflegen des Evangeliars Linderung zu verschaffen. Bei Bischofsweihen berührte der Weihende den Kandidaten damit an Nacken und Schultern, um ihn in den Dienst Jesu zu nehmen, und besonders feierliche Eide gewannen an Wirkung, wurden sie über einem solchen Buch geschworen. Zu den kostbarsten überlieferten dieser illuminierten Handschriften gehört das zwischen 1173 und 1189 in der Malschule des Benediktinerklosters von Helmarshausen entstandene Evangeliar *Heinrichs des Löwen*, das der Herzog und seine Frau Mathilde († 1189) für die Braunschweiger Stiftskirche Sankt Blasius anfertigen ließen. Sie knüpften damit bewußt an die Tradition karolingischer, ottonischer und salischer Herrscher an, die sich und das Wort Gottes mit ähnlich kunstvollen Evangeliendarstellungen gefeiert hatten. Betont werden nämlich sollte mit solcher Pracht auch die kaiserliche Herkunft Heinrichs und die königlich-englische seiner Frau, was im lateinischen Widmungsgedicht deutlich zum Ausdruck kommt. Das weitere Schicksal des Evangeliars war bewegt: Nach zeitweiliger Verschollenheit tauchte es 1594 mit einem neuen Einband im Schatz des Prager Veitsdoms auf, wurde 1861 von König Georg V. von Hannover erworben und nach dessen Niederlage im Krieg gegen Preußen 1866 auf seinem Schloß im österreichischen Exil aufbewahrt. 1945 wurde es dem englischen König Georg VI. angeboten und verschwand dann aus der Öffentlichkeit. 1983 tauchte es wieder auf und konnte durch ein Konsortium von Sponsoren und Institutionen der Bundesrepublik zum Preis von 32,5 Millionen Mark nach Deutschland zurückgeholt und dem Publikum – auch in einer äußerst sorgfältigen Faksimileausgabe – in der Herzog-August-Bibliothek in Wolfenbüttel zugänglich gemacht werden.

»Falsche Friedriche«
Kaiser *Friedrich II.* starb am 13. Dezember 1250 in Castel Fiorentino, einer einsam gelegenen Bergfestung. Er hatte seit einigen Tagen schon an einer ruhrähnlichen Krankheit gelitten, die sich aber gerade zu bessern schien. Nur wenige Begleiter waren bei seinem Tod zugegen. Daß der größte aller Staufer so still verschwand, ließ den Zeitgenossen keine Ruhe. *Prophezeiungen*, mit denen Friedrich und sein Geschlecht besonders bedacht worden waren, lebten auf. Der Kaiser, hieß es, sei gar nicht tot, sondern halte sich verborgen und werde wiederkehren, um das Reich des Friedens zu errichten. In Florenz wurden noch viele Jahre nach seinem Tod Wetten abgeschlossen, ob Friedrich II. am Leben sei oder nicht. Und es dauerte nicht lange, dann erschienen Betrüger, die sich als leibhaftige Friedriche ausgaben. Der erste trat 1261 in Sizilien auf, ein Bettler mit Namen Giovanni de Calcaria. Dem Mann liefen die Leute nach, weil er dem Verstorbenen ähnlich sah, und er machte sich das zunutze, sammelte versprengte Stauferanhänger um sich und bezog mit ihnen eine Burg bei Centuripe. Von dort erließ er »kaiserliche« Mandate mit gefälschtem Siegel und erklärte seine lange Abwesenheit damit, daß er als Pilger im Heiligen Land geweilt habe. Vom Statthalter des Anjou-Regimes in Sizilien, Riccardo Filangieri, aus seiner Burg vertrieben, wich der Hochstapler nach Castrogiovanni aus, einem Ort, der noch besser befestigt war. Die Einwohner huldigten ihm, und er fuhr fort, den Kaiser zu spielen, bis er von zweien seiner Anhänger verraten und an die Staatsmacht ausgeliefert wurde, die ihn zum Tode verurteilen und hinrichten ließ. »Falsche Friedriche« tauchten auch in Apulien und Kalabrien auf. Daß es sie gleichfalls in Deutschland gab, kann danach nicht wundernehmen, hatte man doch hier den Kaiser kaum gesehen und ihn schon zu Lebzeiten mit Legenden umwoben. 1284 behauptete im Elsaß ein Eremit namens Heinrich, der wiedererstandene Friedrich zu sein. 1295 folgte ihm in dieser Rolle ein Mann in Esslingen, der dann wegen Falschmünzerei verbrannt wurde. Bekanntester Doppelgänger aber wurde jener Tile Kolup, der 1284 in Köln öffentlich verkündete: »Ich bin der Kaiser Friedrich.« Die Kölner Bürgerschaft betrachtete ihn als Verrückten, er wurde mitten auf dem Markt auf eine Leiter gestellt und bekam eine Krone

aus minderwertigem Material auf den Kopf. Die Gassenjungen durften ihren Spaß mit ihm treiben; schließlich jagte man ihn davon. Er zog weiter rheinabwärts, nach Neuß, und dort hatte er mit seinem Auftritt als Kaiser den gewünschten Erfolg. Anhänger scharten sich um ihn, er richtete einen Hofstaat und eine Kanzlei ein und verschickte Kriegs- und Friedensbotschaften an die Fürsten der Umgebung. Erst eine Militäraktion des Kölner Erzbischofs und des Königs Rudolf konnte dem Treiben des Pseudokaisers ein Ende machen. Am 7. Juli 1285 starb er in Wetzlar auf dem Scheiterhaufen. Selbst in den folgenden Jahrhunderten traten noch »falsche Friedriche« auf. In den Geißlerscharen, die 1369 durch Thüringen zogen, ist als Anführer ein gewisser Konrad Schmid bezeugt, der sich als Kaiser Friedrich anreden ließ, und 1546 fand man nicht von ungefähr am *Kyffhäuser*, wo Staufersagen bereits heimisch waren, einen wunderlich gekleideten Mann mit einem langen schwarzen Bart, der auf die Frage, wer er sei, eine Antwort gab, die den Mythos vom wiederkehrenden Kaiser auf den Punkt bringt: »Ich bin der Kaiser Friedrich und deshalb hier erschienen, daß ich wieder Friede auf die Welt bringen will, denn die Fürsten, die jetzo regieren, werden's nicht ausmachen.« Der irre Sonderling wurde ins Gefängnis gesteckt und bis an sein Lebensende festgehalten.

Folmar, Erzbischof von Trier

† nach 26.6.1189

Mitte der achtziger Jahre des 12. Jahrhunderts hatte *Friedrich I. Barbarossa* seine letzte Auseinandersetzung mit der römischen Kirche durchzustehen. Es ging um die Besetzung des Trierer Erzstuhls. 1183 war dort in zwiespältiger Wahl der Archidiakon Folmar zum Erzbischof erhoben worden. Wegen Unregelmäßigkeiten bei der Abstimmung hatte der Kaiser eine Neuwahl verlangt, die zugunsten von Folmars Konkurrenten, dem Dompropst Rudolf von Wied, ausging. Diesen hatte Barbarossa auch investiert und Folmar zum Verlassen des Landes genötigt. Papst Lucius III. (1181–1185) hatte sich um eine Stellungnahme herumgedrückt, aber sein Nachfolger *Urban III.* nahm sich des Falles an und entschied im Juni 1186, daß Folmar rechtmäßiger Erzbischof von Trier sei. Der labile Frieden zwischen

Reich und Kirche, der seit der Einigung Barbarossas mit *Alexander III.* in Venedig (1177) herrschte, schien wieder gefährdet. Folmar wurde von Urban 1187 zum päpstlichen Legaten ernannt. Danach aber sank sein Stern. *Klemens III.*, der Ende 1187 den Stuhl Petri bestieg, schlug eine Politik des Ausgleichs mit den Staufern ein. Mit Rücksicht auf den 1188 beschlossenen und mittlerweile angelaufenen *Dritten Kreuzzug* setzte er Folmar am 26. Juni 1189 ab. Der Kaiser verzichtete seinerseits auf seinen Kandidaten. Im Herbst 1189 wurden die Trierer Wirren mit der Wahl des Erzbischofs Johann I. (1190–1212) beendet.

Franken

Die Gebiete am Mittelrhein und Main zerfielen beim Ende des Karolingerreichs im 9. Jahrhunderts in eine »Francia orientalis« (Ostfranken) und eine »Francia rhenensis« (Rheinfranken). In letzterem konnte sich keine herzogliche Gewalt ausbilden, es zersplitterte in eine Vielzahl kleiner Territorien (Pfalz, Nassau, Hessen, Katzenelnbogen, Hanau, die Hochstifte Mainz, Worms, Speyer), selbst der Name Franken kam dort abhanden. In Ostfranken dagegen beanspruchte der Bischof von Würzburg seit Anfang des 12. Jahrhunderts herzogliche Rechte, für die er auch 1168 mittels eines gefälschten Privilegs von Kaiser *Friedrich I. Barbarossa* Bestätigung erlangte. Allerdings konnte er seine Macht kaum über den eigenen Hochstiftbereich hinaus ausdehnen. Bamberg, Fulda, Henneberg, Nürnberg, Castell, Hohenlohe, die Reichsritterschaft und die Reichsstädte blieben außen vor. König *Konrad III.* nahm neben dem Würzburger Bischof gleichfalls eine herzogähnliche Stellung in Franken ein. Unter seinen Söhnen bürgerte sich nach dem Herrschaftszentrum der Titel »Herzog von Rothenburg« ein. Beim Tod von Barbarossas Sohn *Konrad* (1196) erlosch dieses Herzogtum.

Frankfurt, Schlacht bei

Gegen den Staufer *Konrad IV.* stellten im Mai 1246 die Erzbischöfe von Mainz, Köln und Trier und der Bischof von Bremen-Hamburg den thüringischen Landgrafen *Heinrich Raspe* als Gegenkönig auf. Dieser berief gleich nach seiner Wahl einen Reichstag nach Frankfurt am Main ein. Konrad erschien dazu mit einem Heer. Am 5. August 1246 kam es vor den Toren der Stadt zu einer Schlacht, die sich zunächst gut für Konrad anließ, aber verloren wurde, als sich zwei seiner schwäbischen Gefolgsleute mit ihren Truppen davonmachten. Sie waren vom Papst mit Geld und dem Versprechen, das Herzogtum Schwaben zu erhalten, bestochen worden. Dem »Pfaffenkönig« (so der Spottname für Heinrich Raspe, der hauptsächlich von geistlichen Fürsten gewählt worden war) sollte der Sieg von Frankfurt wenig nützen, sein anschließender Feldzug blieb vor Reutlingen und Ulm stecken. Verwundet kehrte er nach Thüringen zurück und starb bald darauf, im Februar 1247.

Franz von Assisi
* Assisi (Marken) 1181/1182, † ebd. 3.10.1226
Als »Träger der eigentlichen, der geheimen Gegenkraft, gegen die aufzustehen und alle Kräfte der Welt zu sammeln Friedrich schon in der Wiege bestimmt war«, bezeichnet Ernst Hartwig Kantorowicz den Armutsprediger und Ordensgründer Franz von Assisi. Der heilige Mann ist dem Staufer *Friedrich II.* nicht begegnet; daß er ums Jahr 1222 dem Kaiser bei einem Hoftag die Leviten gelesen habe und den Versuchungen, die Friedrich für ihn vorbereitet hatte (er wollte ihn von einer schönen Frau verführen lassen), gegenüber standhaft geblieben sei, ist Legende. Aber nichtsdestoweniger besaß sein Wirken Bedeutung für die Geschicke des Stauferreichs, indem es nämlich dessen Gegner, das *Papsttum*, stärkte. – Geboren als Giovanni Bernardone, Sproß einer wohlhabenden Familie, kehrte Francesco (so sein späterer Name) nach Krankheit und Bekehrungserlebnissen seiner Gesellschaftsschicht den Rücken und widmete sich ganz der Armen- und Krankenpflege. Bald sammelte sich um ihn eine Schar Gleichgesinnter, die er als »mindere Brüder« zu einem Leben in Armut und Buße und zum Dienst an Menschheit und Kirche verpflichtete. Aus dieser Gemeinschaft erwuchs ein geistlicher Orden, dessen Regel Papst *Honorius III.* 1223 endgültig bestätigte. Franz hatte sich um diese Zeit bereits aus der Leitung zurückgezogen und überließ die organisatorische Arbeit dem Kardinal Hugo von Ostia, der dem Orden der Franziskaner die feste Form gab. Daß er seine Brüdergemeinschaft an die Kirche heranführte und mit ihr konform blieb,

ist die Großtat Franz' von Assisi. Denn bis dahin waren die Gruppen, die es mit dem Evangelium besonders ernst meinten – Katharer, Waldenser und die Armutsbewegung in den Städten –, regelmäßig mit der Kirche aneinandergeraten, die ihr Monopol auf die rechte Lehre hütete und jede Abweichung davon mit dem Bannfluch belegte. Die geistigen, politischen, sozialen und ökonomischen Bedingungen der Zeit waren aber so, daß sich die radikalen Formen der Religiosität eher noch ausbreiten mußten; eine tiefgreifende Entfremdung zwischen der kirchlichen Hierarchie und dem Volk stand drohend bevor. Franz und seine Bewegung erfüllten eigentlich die Tatbestandsmerkmale der »Ketzerei« oder hätten gut dorthin abgleiten können, aber indem sie sich – wie die übrigen *Bettelorden* auch – in die Kirche integrierten, gaben sie ihr frische Impulse und schufen eine neue, bis heute lebendige religiöse Kultur. – Nach der Stigmatisation, die er im September 1244 erfuhr, verbrachte Franz seine letzten Lebensjahre erblindet und von schweren Krankheiten heimgesucht. In dieser Zeit entstand sein Hauptwerk, der »Sonnengesang«, das Lob Gottes in seinen Geschöpfen. Mit der Heiligsprechung (am 16. Juli 1228) setzte eine starke künstlerische Beschäftigung mit der Person des Franz von Assisi ein. Dichter und Maler verewigten sein Andenken, zugleich entstanden zahlreiche Legenden um die Wunder, die er vollbracht hatte.

Friedrich I. Barbarossa
* Waiblingen (?) 1122, † im Saleph (heute Göksu, Anatolien) 10.6.1190
Die Erziehung von Söhnen am Hof Herzog *Friedrichs II. des Einäugigen* von Schwaben und seiner Frau Judith, einer Welfin, war zeitgemäß rauh und vor allem auf körperlich-kriegerische Ertüchtigung abgestellt. Mit der Bildung des späteren Kaisers Friedrich I. Barbarossa, 1147 bis 1152 als Friedrich III. Herzog von Schwaben, war es daher nicht weit her, doch Kondition bewies er nicht nur im Sattel etwa bei der Teilnahme am *Zweiten Kreuzzug* unter seinem Onkel *Konrad III.*, sondern auch bei Verhandlungen. Natürliche Würde und Autorität kamen hinzu, so daß Konrad den Neffen Friedrich den deutschen Fürsten als Nachfolger empfahl und den unmündigen eigenen Sohn gleichen Namens überging. Das Fiasko des Kreuzzugs hatte zu

einer gewissen geistlichen Ernüchterung geführt und den Blick des am 5. März 1152 gewählten jungen Königs auf das politische Geschäft gelenkt. Das konnte nur gedeihen, wenn der lähmende staufisch-welfische Gegensatz bereinigt wurde. Friedrich suchte daher den Ausgleich mit *Welf VI.*, dem er in Italien Spoleto, Tuszien und die *Mathildischen Güter* übergab, und vor allem mit *Heinrich dem Löwen*, indem er ihm im *Privilegium minus* 1156 das Herzogtum Bayern überließ und den dortigen Herzog *Heinrich II. Jasomirgott* mit Österreich entschädigte. Der Löwe zeigte sich auch erkenntlich durch Waffenhilfe für des Kaisers Italienzüge, doch bröckelte die Bereitschaft in dem Maße, in dem er sich der Osterweiterung seiner norddeutschen Länder widmete, wo ihm Friedrich freie oder sogar, wie sich jetzt zeigte, allzu freie Hand gelassen hatte. Als des Welfen Verweigerung der Heeresfolge – trotz des Fußfalls von *Chiavenna* – 1176 zur Katastrophe von *Legnano* geführt hatte, kam es zum Bruch und zum Kampf, den Barbarossa (Rotbart), wie ihn die Italiener nannten, 1180 für sich entschied. Der Löwe war ausgeschaltet und der Konflikt mit den Welfen vorerst beigelegt. Er war an der Italienpolitik des Kaisers neu aufgebrochen, auch weil hier ein wesentlich gefährlicherer Konflikt schwelte, den Friedrich mit Gewalt hatte lösen wollen: Als weltlicher Herr der Christenheit oblag dem Kaiser der Schutz der Kirche, zu dem er sich bald nach der Thronbesteigung im *Konstanzer Vertrag* vom 23. März 1153 mit dem Papst verpflichtete. Das brachte ihm beim ersten Italienzug am 18. Juni 1155 die Kaiserkrönung durch *Hadrian IV.*, der aber sogleich eine Verstimmung folgte, weil der frisch Gekrönte nicht gegen die *Normannen* in Süditalien vorging, wie es der Papst wünschte. Ohnedies kollidierten das imperiale Selbstverständnis Friedrichs und der Superioritätsanspruch des Papstes schon bei der ersten Begegnung in *Sutri*, als Friedrich den Zügeldienst verweigerte, um keine Zweifel an der Gleichrangigkeit aufkommen zu lassen. Als dann päpstlicherseits 1157 auf dem Reichstag von *Besançon* die Kaiserkrönung als eine ins Ermessen des Bischofs von Rom gestellte »Wohltat« bezeichnet wurde, brach Friedrich 1158 demonstrativ zu einem neuen Italienzug auf, um dort, ausdrücklich auch im Kirchenstaat und in Rom, die Reichsrechte zur Geltung zu bringen. Dagegen machte nicht nur der Papst Front, auch lombardische Städte wie *Mailand* und Cremona wandten sich gegen die Reichsbindung, und so sah sich Barbarossa zum einen einer Koalition aus Lombarden und zum anderen dem Papst gegenüber, der inzwischen *Alexander III.* hieß und sich während seines langen Pontifikats (1159–1181) zum bedrohlichsten Gegner des Kaisers entwickelte. Es fruchtete nichts, daß Friedrich ihm mehrere Gegenpäpste, als ersten *Viktor IV.*, entgegenstellte. Durch einen von ihnen ließ er seinen Vorgänger Karl den Großen 1165 heiligsprechen. Damit aber provozierte er nicht nur Alexander, sondern auch Frankreich, das sich damit sozusagen ins Reich eingemeindet und entsprechend bedroht fühlen mußte. Vergeblich blieben daher die Bemühungen Friedrichs, die Könige *Ludwig VII. von Frankreich* und Heinrich II. von England auf seine Seite zu ziehen und seinen Gegenpapst durchzusetzen. Als von Papst Alexander Gebannter konnte er froh sein, daß die deutschen Fürsten die Schwäche nicht ausnutzten, sondern seine erneuten Italienpläne stützten. 1162 konnte Barbarossa Mailand nehmen. Daß er es auch brutal zerstören ließ, erbitterte die lombardischen Gegner freilich zusätzlich. Sie warteten auf ihre Stunde, und die kam, als Friedrich endgültig zu triumphieren schien: 1167 zog er in Rom ein, konnte seinen Gegenpapst in Sankt Peter inthronisieren, seine zweite Frau *Beatrix von Burgund* zur Kaiserin krönen lassen und vom Felsen Petri aus zur Verfolgung des flüchtigen »Roland«, wie er Alexander nach seinem Geburtsnamen stets nannte, aufrufen. Eine verheerende Seuche aber, der reihenweise deutsche Fürsten, deren Söhne und vor allem auch der schier unentbehrliche *Rainald von Dassel* zum Opfer fielen, zwang zum Abzug. Der *Lombardenbund* witterte seine Chance, verständigte sich mit dem Papst und trotzte der kaiserlichen Oberhoheit. Der 1168 nach Deutschland geflüchtete Kaiser versuchte, die Verbündeten zu spalten, doch blieb ihm 1175 wiederum nur die militärische Option, die 1176 bei *Legnano* endgültig scheiterte. Erst jetzt besann sich Friedrich auf die Diplomatie: Er anerkannte den Papst, versprach die Rückgabe der Kirchengüter und den Ausgleich mit den oberitalienischen Städten und erreichte so am 24. Juli 1177 in *Venedig* einen glimpflichen Frieden. Er konnte sich auf den Rückweg sogar in Arles zum König von Burgund krönen lassen und in Deutschland nun energisch die

Politik des Vorgängers zur Festigung des Königsstaats fortsetzen. Hatte er schon seit 1167 am Oberrhein, in Schwaben, in Franken, im Thüringischen und im Egerland das Reichsgut systematisch ausgebaut und auch nicht die Mehrung des davon strikt getrennten staufischen Hausguts vergessen, so konnte er nach dem Sieg über den Löwen dessen Herzogtümer einziehen. Er mußte sie zwar zur Belohnung seiner Getreuen auch wieder als Lehen ausgeben, tat das jedoch unter sorgfältiger Aufteilung, die dafür sorgen sollte, daß nie wieder eine Machtballung wie die des Welfen dem Königtum die Stirn bieten könnte. Die Güter des erbenlosen *Welf VI.* in Italien erwarb Friedrich 1172 käuflich und ließ sich 1179 gegen erneute Zahlungen zum Erben der schwäbisch-bayerischen Besitzungen Welfs einsetzen. Durch die 1153 erfolgte Auflösung seiner ersten Ehe mit *Adela von Vohburg* wegen angeblich »zu enger Verwandtschaft«, sonst keineswegs ein Ehehindernis, konnte er Beatrix heiraten, die ihm Burgund ins staufische Haus brachte. Friedrich ließ es von den *Zähringern* verwalten, die er damit eng an das Königtum band. Die so gewachsene Macht des Kaisers sahen auch die Nachfolger Papst Alexanders mit Sorge, zumal sie mit der Fortsetzung staufischer Politik rechnen mußten, nachdem Barbarossa schon 1169 seinen Sohn *Heinrich VI.* zum Thronfolger hatte wählen lassen und ihn 1186 mit *Konstanze von Sizilien* verlobte. *Klemens III.* aber mußte dann schließlich doch einlenken, als die Hiobsbotschaft vom Fall *Jerusalems* (20.10.1187) an Sultan *Saladin* im Abendland bekannt wurde. Jetzt brauchte die Kirche den Kaiser als Anführer des *Dritten Kreuzzugs* zur Rückeroberung der heiligen Stätten, und der Endsechziger Barbarossa setzte sich willig an die Spitze der neuen Kreuzzugbewegung. Er nahm auf dem »Hoftag Jesu Christi« 1188 in Mainz das Kreuz und zog im Jahr darauf wie schon der Onkel vier Jahrzehnte zuvor auf dem Landweg nach Osten, wo er beim Baden im Fluß Saleph den Tod fand. Längst war er zum Mythos geworden, und die mächtige Dichterin Untröstlichkeit strickte weiter daran, bis Barbarossa unsterblich und zur deutschen Sehnsucht geworden war: Im *Kyffhäuser*, so ging nach einigen Jahrhunderten die zunächst auf den Enkel *Friedrich II.* gemünzte Sage, warte er auf seine Wiederkehr. Zum Mythos beigetragen hatte auch die hohe kulturelle Blüte in der Zeit der

Barbarossa-Herrschaft, Friedrich galt als Verkörperung der Ideale des *Rittertums*.

Friedrich II.
* Iesi (bei Ancona, Marken) 26.12.1194, † Fiorentino (bei Lucera, Apulien) 13.12.1250
Nach dem Wunsch seiner Mutter *Konstanze* von Sizilien hätte er Konstantin heißen sollen, bei der Taufe jedoch gab man ihm die Namen seiner beiden Großväter, Friedrich und Roger. Das war Programm: Friedrich II. hatte in die Fußstapfen sowohl *Friedrichs I. Barbarossa* als auch Rogers II. von Sizilien (1130–1154) zu treten, das bedeutete Verpflichtung sowohl gegenüber dem Kaiserreich als auch gegenüber der normannischen Monarchie in Süditalien. Sein Vater *Heinrich VI.* hatte nicht vermocht, den *Erbreichsplan* durchzusetzen, es gelang ihm aber, den Sohn durch die deutschen Fürsten zum König wählen zu lassen. Als dies geschah (25.12.1196), war Friedrich zwei Jahre alt. Im folgenden Jahr starb sein Vater. Der kleine Friedrich wurde nach Palermo gebracht, wo er am 17. April 1198 unter Verzicht auf die deutsche Krone zum König von Sizilien gekrönt wurde. Bald darauf (27.11.1198) verlor er auch seine Mutter. Diese hatte testamentarisch Papst *Innozenz III.* zum Vormund ihres Sohnes in Sizilien bestellt. Fortan stritten rund um den kleinen Friedrich deutsche und päpstliche Truppenführer und Legaten, einheimische Barone und sizilische Sarazenen um die Macht. Das Kind erlebte Intrigen, Brutalitäten und litt zeitweilig wohl auch materielle Not. Mißtrauen, Härte und Verschlagenheit, die später seinen Charakter kennzeichnen sollten, dürften in dieser bitteren Jugendzeit ausgebildet worden sein. Gleichzeitig gewann Friedrich aber auch frühe Reife und ein waches, vorurteilsloses Interesse für seine Umwelt. Palermo war damals ein Schmelztiegel aller Kulturen des Mittelmeerraums; hier legte der junge Staufer den Grund für eine umfassende Bildung. – Mit 14 Jahren wurde er 1208 aus der päpstlichen Vormundschaft entlassen, 1209 heiratete er *Konstanze von Aragonien*. Es gelang ihm, Adelsaufstände in Sizilien niederzuwerfen und sich in seinem ererbten Reich auch tatsächlich zu etablieren. Kurz darauf schien aber wieder alles in Frage gestellt, denn im Herbst 1210 erschien Kaiser *Otto IV.* in Italien. Das war nicht nur eine

Bedrohung für Friedrich, sondern auch für den Papst, der den Welfen bisher unterstützt hatte, aber nicht bereit war zu dulden, daß er auf staufischen Spuren wandelte. Innozenz III. tat einen genialen Schachzug: Er veranlaßte antiwelfische Kreise in Deutschland, Friedrich zum König zu wählen, und brachte Otto auf diese Weise dazu, Italien schleunigst zu verlassen, um daheim Abrechnung mit den Gegnern zu halten. Friedrich aber war schneller. Auf abenteuerlichen Wegen gelangte er im September 1212 knapp vor Otto nach Deutschland. Der staufische Name wirkte noch, französisches Geld half, und binnen kurzem fiel ihm Süddeutschland zu. Im Dezember 1212 wurde in Frankfurt am Main seine Königswahl wiederholt. In der Goldbulle von Eger (Juli 1213) erfüllte er die territorialen Forderungen des Papstes in Mittelitalien. Den Endkampf gegen Otto IV. mußte Friedrich nicht selbst führen, das erledigte *Philipp II. August* von Frankreich mit seinem Sieg über die englisch-welfische Koalition bei *Bouvines* 1214 für ihn. Zur Vereinbarung mit dem Papst hatte gehört, daß Friedrich die Herrschaft in Sizilien seinem minderjährigen Sohn Heinrich überließ, was weitere päpstliche Vormundschaft bedeutet hätte. Nach Innozenz' Tod 1216 rückte Friedrich daher von seinem Versprechen ab. Statt dessen ließ er *Heinrich (VII.)* 1220 zum deutschen König wählen und blieb selbst Herr über Sizilien. Die Zustimmung zur Wahl besorgte er sich durch Privilegien an die geistlichen Fürsten *(Confoederatio cum principibus ecclesiasticis)*. Im August 1220 kehrte Friedrich nach Italien zurück, wo er am 22. November 1220 von Papst *Honorius III.* zum Kaiser gekrönt wurde. Einen Monat später ordnete er auf einem Hoftag in Capua (Dezember 1220) die Überprüfung aller seit 1189 erteilten Privilegien an. Mit den hier gefaßten Beschlüssen, den »Assisen von Capua«, begann der Umbau des Königreichs Sizilien (das auch Unteritalien umfaßte) zu einem modernen, zentralistisch gelenkten Beamtenstaat. Seine Prinzipien fanden 1231 in den *Konstitutionen von Melfi* ihre gültige Formulierung. Friedrich rief die Hohe Schule von *Neapel* als erste abendländische Staatsuniversität ins Leben und begann mit dem Aufbau einer Kriegs- und Handelsflotte. Die *Sarazenen* Siziliens wurden nach Apulien umgesiedelt, sie erhielten das Recht freier Religionsausübung und wurden zu treuen Untertanen des Kaisers, der seine militärische Macht mit den muslimischen Kriegern vergrößerte. – Friedrichs bisher gutes Verhältnis zu den Päpsten trübte sich Mitte der zwanziger Jahre. Das lag zum einen daran, daß der Staufer die kaiserlichen Rechte in Oberitalien wieder in Kraft setzen wollte und mit dem *Lombardenbund*, dem Verbündeten der Päpste, aneinandergeriet, hauptsächlich aber daran, daß er den lange versprochenen Kreuzzug schuldig blieb. Seit 1225 in zweiter Ehe mit *Jolande*, der Erbin des Königreichs *Jerusalem*, verheiratet, besaß er mittlerweile die besten Voraussetzungen für einen Zug ins Heilige Land. Ständig von den Päpsten, erst Honorius, dann *Gregor IX.*, gemahnt, sammelte Friedrich im Sommer 1227 endlich seine Truppen in Süditalien, brach die Überfahrt aber wegen des Ausbruchs einer Seuche ab. Gregor war nicht gewillt, die Verzögerung zu dulden, und sprach den Bann über den Kaiser aus. Nichtsdestoweniger schiffte sich dieser im folgenden Jahr ein. Sein Unternehmen, der *Fünfte Kreuzzug*, wurde dank geschickter Diplomatie ein Erfolg. Ohne einen Schwertstreich konnte Friedrich am 17. März 1229 in Jerusalem einziehen und sich die Königskrone aufsetzen. Nach seiner Rückkehr mußte er feststellen, daß inzwischen päpstliche Truppen in Apulien eingefallen waren. Mühselig, um den Preis kirchenpolitischer Zugeständnisse an den Papst, konnte 1230 eine Einigung gefunden und Friedrich vom Bann befreit werden. Danach nahmen ihn Probleme in Deutschland in Anspruch. Sein Sohn Heinrich (VII.), der seit 1228 selbständig regierte, hatte versucht, durch Unterstützung der Städte und der Reichsministerialen die Macht der Fürsten einzudämmen, und war damit gescheitert. Er mußte 1231 den Fürsten ihre Rechte im *Statutum in favorem principum* garantieren – und erleben, daß der Vater den Gegnern auch noch recht gab. Das Zerwürfnis zwischen Friedrich und seinem Sohn brach 1234 offen aus, Heinrich schloß ein Bündnis mit den oberitalienischen Städten und wurde daraufhin 1235 von einem Reichstag des Hochverrats für schuldig befunden. In einem Kerker beschloß er sein Leben. Nach dem Sieg Friedrichs über die lombardischen Städte bei *Cortenuova* (1237) schien die Lage für ihn bereinigt. Doch begann erst jetzt der Endkampf zwischen dem Kaiser und dem Papsttum: Wieder einmal hatte der Papst das Gefühl, der Kirchenstaat in Mittelitalien sei von der staufischen Macht umklammert. Mit dem Bann, den Gregor IX. im März 1239 über Friedrich aussprach, setzte ein Propagandakrieg von bisher unbekannten Dimensionen ein. Die *Publizistik* beider Seiten überbot sich in den wildesten Beschimpfungen. Im August 1239 besetzte Friedrich die Mark Ancona und das Herzogtum Spoleto und rückte in den Kirchenstaat ein. Er verhinderte die Abhaltung eines Konzils in Rom zu Ostern 1242, indem er die Delegationen, die zur Ewigen Stadt unterwegs waren, abfing und nach Apulien bringen ließ. Im Frühjahr 1245 schien ein Ende der Auseinandersetzungen möglich, Friedrich erlangte vom Papst – inzwischen war es *Innozenz IV.* – gegen das Versprechen eines neuerlichen Kreuzzugs die Absolution, doch genügte die Nachricht von Übergriffen der kaiserlichen Truppen im Kirchenstaat, um den Kampf in der alten Wut wieder aufflammen zu lassen. Auf dem *Konzil von Lyon* (Juli 1245) verkündete Innozenz IV. die Absetzung des Kaisers und predigte das Kreuz gegen ihn. In Deutschland wählte die päpstliche Partei den Landgrafen *Heinrich Raspe* zum Gegenkönig und, als dieser 1247 starb, den Grafen *Wilhelm von Holland.* Derweil ließ Friedrich eine vom Papst in Sizilien angezettelte Verschwörung grausam niederschlagen. Aufstände in Oberitalien hinderten ihn jedoch daran, nach Lyon zu ziehen und seine Sache dort zu vertreten. Das Jahr 1249 brachte mehrere Tiefschläge: die Gefangennahme von Friedrichs Lieblingssohn *Enzio* durch die Bolognesen, den Giftmordversuch seines Leibarztes und die Hinrichtung seines wichtigsten Mitarbeiters, *Petrus de Vinea*, den der Kaiser des Verrats verdächtigte. Im folgenden Jahr gewann Friedrich militärisch wieder Boden, aber zu spät: Im Begriff, den lange geplanten Zug nach Norden anzutreten, verstarb er plötzlich an einer ruhrähnlichen Krankheit. – »Stupor mundi« (= das Staunen der Welt) hieß Friedrich bei den Zeitgenossen. Gemeint waren damit nicht nur seine politischen und militärischen Fähigkeiten, sondern seine immense Bildung, seine universellen Interessen und sein von allen religiösen Rücksichten freies Denken. Friedrich war ein Freund der Geisteswissenschaften und der schönen Künste. Er beschäftigte sich mit antiker und arabischer Philosophie und Naturlehre und schrieb ein Buch über die Falkenjagd, das ihn als gründlichen und vorurteilslosen Beobachter ausweist. Er soll neun Sprachen gesprochen und sieben schriftlich beherrscht haben. An seinem Hof blühte die Dichtkunst, und auch der Kaiser selbst steuerte Kanzonen in der Landessprache bei; auf ihn wird die Entstehung der italienischen Dichtungssprache zurückgeführt. Man hat Friedrich als »ersten modernen Menschen auf dem Thron« (Jacob Burckhardt) bezeichnet, aber das war er bei allem Vermögen, Tendenzen der Zukunft zu erkennen und aufzunehmen, wohl doch nicht. In vielem blieb er seiner Zeit und Herkunft verhaftet. Das zeigt sich in seiner feindseligen Haltung gegenüber dem Städtewesen; genau wie sein Großvater Friedrich I. Barbarossa sprach er den mächtigen Kommunen in Italien jede Berechtigung der Selbstverwaltung ab und benutzte sie in alter Feudalmanier nur als Melkkühe, und welches Potential die Städte in Deutschland darstellten, vermochte er gleichfalls nicht zu erkennen. Von altüberkommenen Traditionen ist dann auch sein Herrschaftsverständnis geprägt, die ererbte staufische Kaiseridee lebte in ihm unverändert fort. – Aus vier Ehen (außer den bereits genannten noch mit *Bianca Lancia* und *Isabella von England*) sowie außerehelichen Verbindungen mit Frauen aus deutschem beziehungsweise italienischem Adel besaß Friedrich eine zahlreiche Nachkommenschaft. Mindestens 19 Kinder haben die Genealogen ermitteln können. Den Söhnen *Konrad IV.*, seit 1237 deutscher König, und *Manfred*, testamentarisch zum Statthalter in Italien eingesetzt, fiel die Aufgabe zu, das staufische Erbe fortzuführen – eine Aufgabe, die zu lösen keinem von beiden beschieden sein sollte. Der fern in Italien verstorbene Kaiser aber wurde in Deutschland bald zur Sagengestalt verklärt. Man erwartete seine glorreiche Rückkehr, der die Wiedererrichtung der alten Reichsherrlichkeit folgen sollte. Verschiedene *»falsche Friedriche«* machten sich das zunutze. Erst im 16. Jahrhundert verblaßte sein Bild gegen das des Großvaters: Nun war es Barbarossa, der im *Kyffhäuser* auf die Stunde wartet, da die staufische Kaisermacht Auferstehung feiern kann.

Friedrich von Staufen (Friedrich I. von Schwaben)
* um 1050, † 1105
Eine Zentralfigur in der Geschichte des Staufergeschlechts: Friedrich I., Sohn *Friedrichs von Büren*, erbaute die Höhenburg

Staufen *(Hohenstaufen)* bei Göppingen, die der Familie den Namen gab, und seine Belehnung mit dem Herzogtum *Schwaben* (1079) schuf die territoriale Basis für ihren Aufstieg. Sein Leben war unablässiger Kampf an der Seite *Heinrichs IV.*, dem er sein Herzogtum wie auch seine Ehefrau, Heinrichs Tochter *Agnes von Waiblingen*, verdankte. Friedrich war an den Feldzügen gegen Heinrichs Widersacher Rudolf von Rheinfelden und Hermann von Salm beteiligt, und er zog auch 1090 mit nach Italien. Auch als sich der Kaisersohn *Heinrich V.* 1104 gegen den Vater erhob, hielt Friedrich zu seinem Lehensherrn und Schwiegervater. Friedrich stiftete das Kloster *Lorch*, das später Grablege der Staufer wurde.

Friedrich II. der Einäugige von Schwaben
* 1090, † 6.4.1147
»Herzog Friedrich zog am Schweif seines Pferdes stets eine Burg hinter sich her«, heißt es beim staufischen Geschichtsschreiber *Otto von Freising* über ihn: Friedrich II. von Schwaben mit dem Beinamen »der Einäugige« ist bekannt als Burgenbauer. Sorgfältig sicherte er die staufischen Erwerbungen durch Anlage von befestigten Stützpunkten. Der Sohn Herzog *Friedrichs I. von Schwaben* war in erster Ehe mit der Welfin Judith († um 1135), der Tochter Herzog Heinrichs IX. des Schwarzen von Bayern, in zweiter mit Agnes, der Tochter des Grafen Friedrich von Saarbrücken, verheiratet. Aus der ersten Ehe stammte der spätere Kaiser *Friedrich I. Barbarossa*. Als Gefolgsmann und Vetter *Heinrichs V.*, obendrein durch seine Heirat mit dem Welfenhaus verwandt, konnte sich Friedrich beim Tod des erbenlosen Kaisers 1125 als dessen legitimen Nachfolger betrachten. Statt seiner wurde jedoch *Lothar von Supplinburg* gewählt. Die staufische Partei stellte gegen ihn 1127 Friedrichs Bruder *Konrad III.* als Gegenkönig auf. Das führte zu einem jahrelangen Krieg, an dessen Ende 1134 die Unterwerfung der Staufer stand. Nach Lothars Tod im Dezember 1137 ergab sich aufs neue Gelegenheit, den Kampf um die Königskrone aufzunehmen; diesmal mit Erfolg: Im März 1138 wurde Konrad gewählt. Gemeinsam legten die Brüder in den folgenden Jahren die Grundlagen des staufischen Königtums, Konrad durch den Ausbau der Königsmacht, Friedrich

durch umsichtige Territorialpolitik (Burgenbau, Klostergründungen).

Friedrich III. von Schwaben →Friedrich I. Barbarossa

Friedrich IV. von Rothenburg, Herzog von Schwaben
* um 1144, † 19.8.1167
»Dux de Rothenburg« nannte er sich nach dem Hausgut um die Burgen Rothenburg, Weißenburg in Mittelfranken und Weinsberg, das den staufischen Herrschaftsmittelpunkt in Franken darstellte: Die Zeitgenossen bewunderten an Friedrich IV. von Rothenburg, Herzog von Schwaben, Kraft, Mut und Verstand. Der anmutige blondgelockte Fürst, der früh als Opfer einer *Seuche* starb, war der Sohn König *Konrads III.* Sein Vetter *Friedrich I. Barbarossa*, 1152 zum König gewählt, verwaltete zunächst vormundschaftlich für ihn das Herzogtum Schwaben. Friedrich erhielt 1157 die Schwertleite und nahm in den folgenden Jahren an Barbarossas Kämpfen in Italien teil. 1165 griff er in eine Fehde des Pfalzgrafen von Tübingen gegen die Welfen ein, wodurch der staufisch-welfische Gegensatz neue Nahrung bekam. Barbarossa schlichtete den Streit auf dem Hoftag von Ulm im März 1166 mit einem Spruch zugunsten der Welfenpartei. Der junge Schwabenherzog war dabei, als Barbarossa im selben Jahr wieder nach Italien zog. Die Malariaepidemie, die im August 1167 im kaiserlichen Heer ausbrach und zahlreiche deutsche Adlige dahinraffte, wurde auch ihm zum Verhängnis.

Friedrich V. von Schwaben
* Modigliana (bei Forlì; ?) Februar 1167, † vor Akkon 20.1.1191
Eigentlich hieß er Konrad; den Namen Friedrich, den Leitnamen der Staufer, »erbte« er von seinem ältesten Bruder, der schon früh, im Alter von fünf oder sechs Jahren, verstarb. Friedrich V. war der dritte Sohn *Friedrichs I. Barbarossa*. Zusammen mit seinem Bruder Heinrich, dem späteren Kaiser *Heinrich VI.*, erhielt er beim glanzvollen *Mainzer Pfingstfest 1184* die Schwertleite (das heißt die Waffenfähigkeit und Mündigkeit). Zum Herzog von Schwaben erhoben, brach Friedrich 1189 mit seinem Vater zum *Dritten Kreuzzug* auf. Nach Barbarossas

Tod in Kleinasien führte er die Kreuzritter, die zum Weitermarsch bereit waren (etwa die Hälfte des Heeres), durch Kilikien und Syrien bis zur palästinensischen Hafenstadt Akkon. Er starb dort während der Belagerung der Stadt an einer Seuche. Im Bericht eines Zeitgenossen ist eine Episode aufbewahrt, die den Schwabenherzog als frommen Wallfahrer zeigt, der es mit dem Kreuzzug ernst meint: Von der Krankheit gepackt, auf den Tod liegend, wird ihm von den Ärzten versprochen, er könne gesund werden, wenn er sich dem Liebesgenuß hingäbe. Das aber lehnt Friedrich ab. Lieber sterben als solche Medizin nehmen!

Friedrich von Antiochien
* um 1222, † Foggia (Apulien) 1256
Die Herkunft des Beinamens ist ungeklärt; möglicherweise bestand über seine Mutter Maria oder Mathilde eine Verbindung zur normannischen Fürstenfamilie, die im syrischen Antiochien regierte, das sich 1098 bis 1268 in christlichem Besitz befand. Friedrich von Antiochien, eines der vielen illegitimen Kinder *Friedrichs II.*, heiratete 1239 eine römische Senatorentochter. Seit Ende 1244 ist er als Generalvikar der Mark Ancona bezeugt. Seit 1246 leitete er als Podestà von Florenz und Generalvikar der Toskana die Verwaltung in diesem strategisch wichtigen Gebiet zwischen Nord- und Süditalien. Von seinem Vater erhielt er 1247 die Grafschaft Alba, von *Konrad IV.* 1252 die Grafschaften Celano und Loreto in den Abruzzen. Nach Konrads Tod (1254) weigerte er sich, das Königreich Sizilien dem Papst auszuliefern, und wurde daraufhin seiner Lehen für verlustig erklärt.

Friedrich von Büren
* um 1020, † bald nach 1053
Der allgemein als Stammvater des staufischen Hauses angesehene Friedrich von Büren gehörte vermutlich schon der fünften Generation von Pfalzgrafen derselben Familie an. Sein gleichnamiger Vater, der ihn um anderthalb Jahrzehnte überlebte und als Mönch endete, hatte diese Funktion im Schwäbischen und war durch Heirat auch Graf im Riesgau geworden. Der Sohn wird deswegen an den Anfang der Dynastie gestellt, weil er

seinerseits durch Eheschließung um 1042 das staufische Hausgut wesentlich erweitern konnte. Seine Frau Hildegard von Bar-Mousson (*um 1028, †Herbst 1094) war Erbin großer Besitzungen im Elsaß und brachte verwandtschaftliche Beziehungen zum lothringischen Herzogshaus mit. Über die Großmutter väterlicherseits war sie sogar mit Papst Leo IX. (1049–1054) und über eine Großtante in mütterlicher Linie mit dem salischen Kaiserhaus verwandt. Friedrich selbst konnte den erheblichen Zugewinn nicht mehr zu eigenem Aufstieg nutzen; er starb zu früh. Immerhin zeugte er mehr als ein halbes Dutzend Kinder, darunter *Friedrich I. von Staufen.* Über das Leben Friedrichs von Büren, wie der Vater Graf im Riesgau, ist wenig bekannt, und selbst der Beiname läßt sich nicht sicher orten. Vermutlich geht er auf seinen bevorzugten Wohnsitz »Büren« zurück, wo er die rund zwölf Ehejahre verbrachte. Belege gibt es zwar nicht, doch nehmen die meisten Historiker an, daß es sich dabei um Beuren handelt, das spätere Wäschenbeuren an der Straße von Lorch nach Göppingen. Den Vorzug vor anderen Orten namens Beuren gibt man dem Ort, weil er der späteren Stammburg auf dem *Hohenstaufen* am nächsten liegt.

Fünfter Kreuzzug

Kaiser *Friedrich II.* hatte zum erstenmal 1215 den Kreuzzug gelobt und dies Versprechen mehrmals erneuert. Seit 1225 war er mit *Jolande* verheiratet, der Erbin des Königreichs *Jerusalem*, was seine Verantwortlichkeit für die Geschicke des Heiligen Landes weiter erhöhte. 1227 nahm sein Kreuzzug endlich feste Gestalt an, Friedrich verschob die Abreise jedoch aus Krankheitsgründen. Daraufhin wurde er von Papst *Gregor IX.* gebannt. Als Exkommunizierter trat er schließlich im Juni 1228 die Fahrt nach Palästina an – nur noch mit geringer Begleitung, da sich sein Heer wegen des päpstlichen Bannfluchs aufgelöst hatte. Friedrich landete im September in Akkon. In zähen Verhandlungen mit Sultan al-*Kamil* erreichte er die Rückgabe der seit 1187 verlorenen heiligen Stätten an die Christen. Im März 1229 konnte sich der Staufer in der Grabeskirche die Krone des Königreichs Jerusalem aufsetzen. Die Nachricht von der Exkommunikation war aber auch bis hierhin gedrungen, die christliche Bevölkerung des Heiligen Landes wollte von ihrem

»Befreier« nichts wissen, sondern empfing den Kaiser mit Flüchen und Beschimpfungen und hielt die Häuser vor ihm versperrt. Lediglich die Ritter des *Deutschen Ordens*, der ihm viel zu verdanken hatte, hielten zu ihm sowie seine sarazenische Leibwache – aber deren ruppiges Auftreten war auch nicht angetan, die Sympathien für den Gebannten zu vergrößern. Friedrich brach seinen Aufenthalt im Heiligen Land bald ab. Selbst als er am 1. Mai 1229 bei Sonnenaufgang in Akkon ein Schiff bestieg, kam es noch zum Eklat: Die Schlachter des Hafenviertels bewarfen den König von Jerusalem mit Gedärm und blutigem Unrat. Der Vertrag, den Friedrich mit dem Sultan geschlossen hatte, war auf zehn Jahre befristet. Nach seinem Ablauf landete 1239 ein neues Kreuzheer unter Tibald IV. von Champagne in Akkon. Es wurde von den Ägyptern bei Gaza geschlagen. Jerusalem ging 1244 verloren.

Gertrud von Supplinburg
* 18.4.1115, † 18.4.1143
Zwei Ehen ging Gertrud von Supplinburg ein, die Tochter Kaiser *Lothars III. von Supplinburg*, und beide Male handelte es sich um politisch hochkarätige Verbindungen. 1127 heiratete sie den Bayernherzog *Heinrich X. den Stolzen*; dadurch erhielt ihr Vater einen bedeutenden Verbündeten im Kampf gegen die Staufer, der Welfe wiederum bekam Anwartschaft auf das sächsische Herzogtum und auf die *Mathildischen Güter*. Einziges Kind dieser Ehe war *Heinrich der Löwe*. Nach dem Tod Heinrichs des Stolzen (1139) wurde Gertrud dem österreichischen Markgrafen *Heinrich II. Jasomirgott* angetraut, was 1142/1143 den Ausgleich zwischen den *Welfen* und der staufisch-babenbergischen Partei ermöglichte: Heinrich Jasomirgott erhielt Bayern, während Heinrich der Löwe mit Sachsen abgefunden wurde. Dabei trat Gertrud nach dem Zeugnis der Quellen auch als selbständig handelnde Politikerin auf. Bis zu ihrem frühen Tod (im Kindbett) führte sie für ihren Sohn Heinrich den Löwen die Vormundschaft.

Ghibellinen und Guelfen
Die Anhänger der Staufer in Italien nannten sich Ghibellinen, während ihre Gegner Guelfen hießen. Das ging zurück auf den Schlachtruf, mit dem sich die Parteien der Staufer und Welfen in Deutschland – zum erstenmal angeblich in der Schlacht von *Weinsberg* 1140 – anfeuerten: »Hie Welf!« – »Hie Waibling!«, wobei letzteres vom staufischen Stammsitz *Waiblingen* abgeleitet war. Im Italienischen wurde nun aus Welfen »guelfi« und aus Waiblingern »ghibellini«. Die Bezeichnungen blieben über die Stauferzeit hinaus gebräuchlich, nur wandelten sie ihre Bedeutung. Stand ursprünglich Ghibelline für kaisertreu und Guelfe für kaiserfeindlich, so benutzten später auch andere Parteigruppierungen diese Namen. Im 14. Jahrhundert war Italien von einer schachbrettartigen Struktur «guelfischer« und »ghibellinischer« Städte durchzogen, ohne daß jemand dabei noch an die Stauferkaiser dachte. Auch beim Kampf um die Macht innerhalb einer Stadt spielten die alten Bezeichnungen noch eine Rolle; als Ghibellinen galt der Adel, als Guelfen die Volkspartei.

Gregor IX., Papst
* Anagni (bei Frosinone, Latium) um 1170, † Rom 22.8.1241
Das Pontifikat Gregors IX., Papst seit 19. März 1227 (vorher Ugolino Graf von Segni, seit 1206 Kardinalbischof von Ostia), war vom Kampf gegen Kaiser *Friedrich II.* bestimmt. Neben der alten Auseinandersetzung zwischen der geistlichen und der weltlichen Macht – »sacerdotium« gegen »imperium« – ging es dabei auch um die Frage des Kreuzzugs, den der Stauferkaiser schon Gregors Vorgängern *Innozenz III.* und *Honorius III.* versprochen, aber immer wieder aufgeschoben hatte. Im September 1227 erließ Gregor wegen der erneuten Verzögerung eine Bannbulle gegen Friedrich; die Fahrt ins Heilige Land, die dieser im Juni 1228 endlich antrat, fand damit unter Führung eines Exkommunizierten statt. Entsprechend war der Empfang bei der christlichen Bevölkerung Palästinas: Man verrammelte die Tore vor dem Kaiser und ließ ihn durch Geisterstädte ziehen. Dabei gelang ihm – nur durch Verhandlungen –, was seinen Standesgenossen jahrzehntelang nicht mehr gelungen war: der Einzug in *Jerusalem* (März 1229). Papst Gregor wiederholte seinen Bannfluch gegen Friedrich im März 1239; dieses Mal wurde der Kaiser unter anderem der Behinderung des Albigenserkreuzzugs und der Unterstützung für die gegen den Papst rebellierenden Stadtrömer bezichtigt. Der Propagandakrieg gipfelte in der päpstlichen Bulle »Ascendit de mare bestia« (Aus dem Meer entstieg die Bestie; Juni/Juli 1239), die Friedrich als apokalyptisches Tier und Ketzer hinstellte. Das von Gregor für Ostern 1241 nach Rom einberufene Konzil verhinderte der Kaiser durch die Verhaftung der anreisenden Teilnehmer. Beim Tod Gregors war der Konflikt zwischen Kaiser und Papst noch ungelöst, der Nachfolger *Cölestin IV.* trat ein schwieriges Erbe an.

Guelfen →Ghibellinen und Guelfen

Hadrian IV., Papst

* Abbot's Langley (England) um 1110, † Anagni (bei Frosinone, Latium) 1.9.1159

Der erste und (bisher) einzige Engländer auf dem Thron Petri: Nikolaus Breakspear war schon als junger Mann auf den Kontinent gekommen und hatte seine geistliche Ausbildung im Kloster Sankt Rufus in Avignon erhalten. 1149 zum Kardinalbischof von Ostia berufen und als Kardinallegat nach Skandinavien entsandt, wurde er am 4. Dezember 1154 zum Papst gewählt und nahm den Namen Hadrian IV. an. Sein erklärtes Ziel war die Wiederherstellung der vollen monarchischen Herrschaft des Papsttums. Dazu erneuerte er im Januar 1155 den *Konstanzer Vertrag* mit *Friedrich I. Barbarossa*, dessen Hilfe er gegen die *Normannen* und die Kommune von Rom brauchte. Er verhängte das Interdikt (Verbot gottesdienstlicher Handlungen) über die Ewige Stadt, bis diese den Agitator *Arnold von Brescia* vertrieb. Dennoch gelang es dem Papst nie, die Römer völlig botmäßig zu machen; bis ans Ende seines Pontifikats blieb die Stadt für ihn ein unsicherer Aufenthalt. Das gute Einvernehmen mit dem deutschen König, so wichtig es für Hadrian war, ließ sich nicht auf Dauer halten, dafür sorgte Friedrichs Machtanspruch, der nicht kleiner war als der des Papstes. In *Sutri* konnten sie sich nur noch mit größter Mühe über die Präliminarien der Kaiserkrönung einigen, die am 18. Juni 1155 mit viel protokollarischen Winkelzügen seitens des Papstes vollzogen wurde. Auf dem Reichstag von *Besançon* (Oktober 1157) brach der Zwist dann offen aus. Bei Verlesung einer Beschwerdebotschaft des Papstes übersetzte Reichskanzler *Rainald von Dassel* den Text so, daß die Zuhörer den Eindruck gewinnen mußten, der Papst verstehe sich als Lehensherr des Kaisers – worauf einige von ihnen Miene machten, die päpstlichen Gesandten umzubringen. Der Konflikt setzte sich im folgenden Jahr (1158) mit der Verkündung der Reichsrechte *(Regalien)* in Oberitalien fort und eskalierte im Frühjahr 1159: Angesichts der Kriegssteuern, die Friedrich dem Patrimonium Petri auferlegte, plante Hadrian, ein Bündnis mit den oberitalienischen Städten einzugehen und den Kaiser zu bannen, doch starb er, bevor er etwas davon ins Werk setzen konnte. Seinem Jugendfreund Johannes von Salisbury (1115–1180) vertraute er einmal an, er wünschte, niemals zu seinem hohen Amt gelangt zu sein, das so voller Stacheln und Dornen sei. Während Hadrians Pontifikat kam die Bezeichnung des Papstes als Stellvertreter Christi in Gebrauch.

Hamburg
Die Ursprünge der heute zweitgrößten Stadt Deutschlands liegen in der Zeit Karls des Großen, der hier Ende des 8. Jahrhunderts eine Kirche gründete. Den entscheidenden Impuls zum Aufstieg der Ansiedlung aber erhielt Hamburg in staufischer Zeit. Das Land nördlich der Elbe gehörte damals zum Herrschaftsbereich der Grafen von Holstein und Schauenburg. Adolf III., der seit 1175 (anfangs noch unter Vormundschaft) regierte und am 3. Januar 1225 starb, schlug sich im Streit *Friedrichs I. Barbarossa* mit dem Welfen *Heinrich dem Löwen* auf die staufische Seite. Nach Jahrzehnten der Gefährdung seines Gebiets durch slawische Überfälle war im Zuge der verstärkten deutschen Ostkolonisation allmählich Beruhigung eingetreten, so daß sich die kleine Domsiedlung nach Westen um die Neustadt erweiterte. 1188 wurde sie offiziell von Adolf III. bestätigt, und am 7. Mai 1189 erhielten alle Bewohner Hamburgs das Recht auf zollfreie Schiffahrt auf der Niederelbe. Die Stadt feiert dieses per Kaiserdiplom verbriefte Privileg seitdem alljährlich am »Hafengeburtstag«. Graf Adolf III. geriet wenig später in Konflikt mit den Dänen, die ihn am 26. Dezember 1201 in Hamburg gefangennahmen. Nur durch Verzicht auf seine Länder konnte er die Freiheit 1203 wiedererlangen, so daß Hamburg 26 Jahre unter dänischer Herrschaft blieb. Erst Adolf IV. († 1261) konnte seine Erblande mit Hamburg durch den Sieg in der Schlacht bei *Bornhöved* 1227 wiedergewinnen. Hamburg wurde im Jahr darauf auch aus der Zuständigkeit des Bremer Erzbischofs gelöst.

Hanse
Um 1000 erwähnt ein Privileg des angelsächsischen Königs Aethelred für die Stadt London »Leute des Kaisers, welche mit ihren Schiffen kommen und guter Gesetze, wie die Londoner selbst, für würdig erachtet werden«. Als Gegenleistung für ihren Aufenthalt an der Themse haben die Deutschen zu Weihnach-

ten und Ostern zwei graue Tücher und ein braunes sowie zehn Pfund Pfeffer, fünf Paar Männerhandschuhe und zwei kleine Tonnen mit Essig abzuliefern. Bei den »Männern des Kaisers« handelte es sich vermutlich um Kaufleute aus Köln. Rheinabwärts und hinüber nach England wurde schon lange intensiv Handel getrieben, und hier liegen wohl auch die Ursprünge der Kaufmannsvereinigung, die unter dem Namen Hanse zu einer europäischen Macht emporwuchs. Die Kaiser halfen allerdings wenig bei ihrer Ausbreitung. Die Hanse engagierte sich im Nord- und Ostseeraum, und das war nun nicht gerade die Richtung, die das Kaisertum, das staufische zumal, besonders im Blick hatte. Hanse (althochdeutsch »hansa«) bedeutet »Schar«, es meinte ursprünglich den Zusammenschluß von Personen. Kaufleute schlossen sich zusammen, um gemeinsam die Gefahren einer Reise in die Fremde zu bestehen; aus der Verfolgung gleicher Ziele erwuchsen eine Genossenschaft mit festen Regeln und schließlich ein Bund von Handelsstädten, der den Staaten West-, Nord- und Osteuropas gegenüber als gleichberechtigter Partner auftreten konnte. In der Stauferzeit gewann dieser Bund Kontur. Um 1157 besaßen die Kölner Kaufleute ein eigenes Haus in London, die Gildehalle. 1194 gestattete *Richard Löwenherz* ihnen den freien Verkehr und Marktbesuch im ganzen Land, auch Hamburger und Lübecker Kaufleute gründeten Niederlassungen in England. Im Zusammenhang mit der deutschen *Ostsiedlung* entstanden, beginnend mit *Lübeck*, zahlreiche Handelsstädte entlang der Ostsee. Über die Insel Gotland lief der Handel mit dem russischen Nowgorod, das seinerseits zentraler Markt für die Waren aus dem russischen Hinterland (vor allem Pelze) war. Die Genossenschaft der deutschen Gotlandfahrer trug dann auch wesentlich dazu bei, daß sich die Hanse zu einer überregionalen Organisation entwickelte. Aus Schweden bezogen die deutschen Kaufleute vornehmlich die Produkte des eben erschlossenen Bergbaus. Wichtigstes Handelsgut, geradezu ein Symbol der Hanse, war der Hering. Die Dänen fingen ihn in den Gewässern vor der Südwestküste Schonens, deutsche Händler kauften ihn, mit Lüneburger Salz wurde er haltbar gemacht und in Rostocker Tonnen zu den Verbrauchern befördert. Auch mit Norwegen gab es Handelsbeziehungen: Bremer Kaufleute unterhielten schon früh eine Niederlassung in Bergen, das im 13. Jahrhundert auch in das System des Ostseehandels einbezogen wurde. Flandern mit seiner reichen Tuchproduktion war ein weiteres Handelsziel, das Kontor in Brügge sollte zu einem der wichtigsten ausländischen Stützpunkte der Hanse werden. Von dort führten Handelswege weiter nach Frankreich und zur Iberischen Halbinsel. Um 1280 war die Bildung der Gesamthanse unter Lübecker Führung abgeschlossen, mit Handelssperren gegen Brügge (1280/1282) und gegen Norwegen (1283/1284) zeigte die Organisation, welche Macht sie inzwischen gewonnen hatte.

Heerwesen
In der Kriegsgeschichte gilt das hohe Mittelalter als die Zeit, da das Modell der Volksbewaffnung, wie es zur Zeit Karls des Großen noch üblich war, von einer Heeresverfassung abgelöst wurde, die den Kriegsdienst einer besonders ausgebildeten Elite vorbehielt. Die älteren Formen eines Heeresaufgebots, an dem jeder teilnehmen mußte, existierten daneben unter bestimmten Bedingungen noch fort, zum Beispiel in den oberitalienischen Kommunen oder in der Schweiz. »Krieger an der Macht« nennt der Historiker Philippe Contamine die neue Verfassung. Der Krieger war dabei Träger von Herrschaft, und die bewaffnete Macht diente sowohl dazu, ein Territorium gegen äußere Feinde zu sichern und es gegebenenfalls auf Kosten von Nachbarn oder Konkurrenten zu vergrößern, als auch, die einheimische Bevölkerung zur Leistung von Abgaben zu zwingen. Dazu gehörte auch die »Entwaffnung« der Untertanen; vom Recht des freien Mannes, eine Waffe zu führen, war nicht mehr viel übrig. Mit seinen Steuern finanzierte er nun den Waffenträger. Man schätzt, daß im hochmittelalterlichen Europa der Anteil der kämpfenden Truppe nur ein bis drei Prozent der Gesamtbevölkerung betrug. Die Angehörigen der Kriegerschicht durchliefen eine gründliche Ausbildungszeit; mit quasimilitärischen Übungen wie dem Turnier oder der Jagd hielten sie sich fit für den Ernstfall. Sie bildeten eigene Bräuche und Rituale aus und entwickelten Traditionen, aus denen das gesellschaftliche Leitbild des *Ritters* geschöpft wurde. Ökonomische Grundlage des Kriegertums war das *Lehenswesen*, erst die Einkünfte aus dem verliehenen Besitz erlaubten eine hauptsächlich dem Kriegführen

gewidmete Existenz; andererseits war auch dies gerade der Zweck, den der Lehensherr mit der Vergabe von Besitz verfolgte. Wer ein Lehen empfing, mußte Kriegsdienst leisten, Vorrecht und Pflicht fielen zusammen. Mit dem Vordringen der Geldwirtschaft gewann am Übergang vom Hoch- zum Spätmittelalter noch eine dritte Form der Heeresverfassung Konturen: das Lohnkriegertum mit dem Beruf des Söldners. Sein Kriegshandwerk war nicht in das System von Herrschaft und Herrschaftssicherung eingebunden, denn der Söldner ließ sich für seine Dienste mit Geld bezahlen und verdingte sich jedem. Verbände solcher Berufskrieger konnten eine gefährliche Eigendynamik entfalten: Sie gerieten ihren Führern aus der Hand, wenn die Soldzahlungen ausblieben. Die Führer wiederum benutzten gern ihre Mannschaft als Instrument für ihren persönlichen Aufstieg und ergatterten sich Herzogtümer, wie es bei den Kondottieri im Italien der Frührenaissance Mode wurde. In der Stauferzeit bereits sind die Entartungserscheinungen des Söldnerwesens zu beobachten, etwa in den Plünderungen und Greueltaten der Brabanzonen, einer Söldnertruppe aus Brabant, die von *Friedrich I. Barbarossa* für den Italienfeldzug von 1167 angeheuert wurde und sich danach in einer Kriegführung auf eigene Faust versuchte.

Heiligsprechung Karls des Großen

Deutschland hatte bereits einen heiliggesprochenen Kaiser, Heinrich II. (1002–1024), dessen Kanonisation Papst *Eugen III.* 1146 vorgenommen hatte. Insofern war die Heiligsprechung, die Karl dem Großen († 814) im Jahr 1165, dreieinhalb Jahrhunderte nach seinem Tod, zuteil wurde, nichts ganz und gar Ungewöhnliches. Sonderbar waren nur die Umstände, unter denen das geschah: Ein Erzbischof, der seine Weihen noch keine drei Monate besaß, und ein Papst, der nach dem Kirchenrecht keiner war, erhoben den Frankenkaiser in den Stand der Heiligkeit. Es war eine Demonstration staufischen Machtanspruchs gegenüber Rom. Von Karl dem Großen, dem Inbegriff eines Herrschers, sollte eine sinnfällige Verbindung zum gegenwärtigen Kaiser *Friedrich I. Barbarossa* hergestellt werden. Der Rotbart konnte über seine Großmutter *Agnes von Waiblingen* und deren Urahnin, Kaiserin Gisela († 1043), eine entfernte Verwandtschaft zu den Karolingern ins Feld führen. Spiritus rector des Unternehmens war der Kanzler *Rainald von Dassel*, seit 1159 auch Erzbischof von Köln, als solcher geweiht aber erst seit dem 2. Oktober 1165. Er veranlaßte die Öffnung von Karls Grablege in der Pfalzkapelle von *Aachen*. Am 29. Dezember 1165 wurde die Heiligsprechung vollzogen. Ein feierliches Diplom verkündete, der heilige Körper Karls des Großen sei aus Furcht vor Feinden versteckt gewesen, aber »dank göttlicher Offenbarung« habe man ihn entdecken können. Der amtierende Papst *Alexander III.* hatte seine Zustimmung nicht gegeben, dafür aber der von Barbarossa eingesetzte Gegenpapst *Paschalis III.* Deswegen erkannte die katholische Kirche die Kanonisation auch nicht an.

Heinrich IV.
* Goslar (?) 11.11.1050, † Lüttich 7.8.1106
In die Geschichtsbücher ging er ein als der König, der sich 1077 vor dem Papst in Canossa demütigen mußte und sich zeit seines Lebens – auch nach der Kaiserkrönung (1083) noch – mit Feinden im eigenen Reich, mit einer Fürstenopposition, mit Gegenkönigen und schließlich sogar mit Erhebungen seiner eigenen Söhne herumzuschlagen hatte: In den Kämpfen hatte er einen treuen Vasallen an seiner Seite, Graf *Friedrich I. von Staufen.* Dessen Dienste wurden königlich belohnt. Heinrich gab ihm seine Tochter *Agnes von Waiblingen* zur Frau und belehnte ihn Ostern 1079 mit dem Herzogtum Schwaben. Der Herrscher aus dem Salierhaus schuf damit wesentliche Voraussetzungen für den Aufstieg des Staufergeschlechts.

Heinrich V.
* wohl 11.8.1086, † Utrecht 23.5.1125
Mit Kaiser Heinrich V. (gekrönt 1111), dem letzten aus der Reihe der Salierherrscher, ist das historische Stichwort »Wormser Konkordat« verbunden. Der Vertrag, 1122 abgeschlossen, beendete den Investiturstreit, der jahrzehntelang Kirche und Reich in Atem gehalten hatte. In die Regierungszeit Heinrichs V. (er folgte 1106 seinem Vater Heinrich IV. auf den Thron) fällt die Festigung der staufischen Territorialmacht durch Herzog *Friedrich II. den Einäugigen.* Ehrenvolle Aufträge wie

etwa Friedrichs Bestellung zum Reichsverweser während Heinrichs Italienzug 1116 trugen viel zur Stabilisierung des Stauferherzogtums bei.

Heinrich VI.
* Nimwegen 1165, † Messina 28.9.1197
Anders als der Vater *Friedrich I. Barbarossa* genoß der spätere Nachfolger Heinrich auch dank des Einflusses seiner Mutter *Beatrix von Burgund* eine sorgfältige Erziehung. Er beherrschte das Lateinische und erwarb sich als Förderer der Wissenschaft den Ruf eines »philosophierenden Königs«. Ob er allerdings tatsächlich der Autor von drei ihm oft zugeschriebenen Liedern im Ton des *Minnesangs* war, ist nicht mit letzter Sicherheit geklärt, daß er sich mit Dichtern umgab, ist dagegen unbestritten. Der schon als Vierjähriger am 5. August 1169 zum deutschen König gekrönte Kaisersohn ließ allerdings, was er an Bildung dem Vater voraus hatte, an Robustheit vermissen, woraus sich vielleicht eine gewisse Hast und nicht selten auch Härte erklärt, die er bei der Sicherung seiner Reiche und der Regelung der Thronfolge an den Tag legte. Er glaubte offenbar, wenig Zeit zu haben, und dem war auch so: 1184 vom Vater mit *Konstanze*, einer Tante König Wilhelms II. von Sizilien, verlobt und am 27. Januar 1186 mit ihr in Mailand getraut, kam es schon am 18. November 1189 zum Erbfall: Wilhelm war kinderlos geblieben und Konstanze seine nächste direkte Verwandte, so daß Heinrich Anspruch auf den sizilischen Thron erheben konnte. Er war aber soeben für seinen Vater als Regent im Reich eingesetzt worden, der im Mai zum *Dritten Kreuzzug* aufgebrochen war und im Osten umkam (10.6.1190). Heinrich war daher zunächst nicht in der Lage, gegen den von den sizilischen Adligen zum König gewählten *Tankred von Lecce*, einen Vetter Wilhelms, vorzugehen. Dieser wurde auch von Papst *Cölestin III.* unterstützt, der eine staufische Klammer um den Kirchenstaat abzuwenden trachtete und seine Lehenshoheit über Sizilien einsetzte. Heinrich war nicht gewillt, kampflos auf das Erbe seiner Frau zu verzichten. Er zog nach Italien, gewann die Machthaber in Rom durch die Auslieferung des treu zum Reich stehenden *Tusculums* und nötigte so den Papst, ihn am 15. April 1191 zum Kaiser zu krönen. Doch der Griff nach Sizilien scheiterte schon

vor Neapel, wo sein Heer von der Malaria gestoppt und er selbst von der Krankheit befallen wurde. Heilungsmöglichkeiten gab es nicht, und die Jahre Heinrichs waren daher gezählt. Er nutzte sie zur Erneuerung des Bündnisses mit Frankreich, das ihm freilich gegen *Welfen* und England wenig genützt hätte, wenn ihm nicht ein glücklicher Zufall einen unerwarteten Vorteil beschert hätte: Der vom Kreuzzug zurückkehrende *Richard Löwenherz* geriet in Gefangenschaft Leopolds V. von Österreich, der den englischen König an Heinrich auslieferte. Dieses »Kingnapping« nutzte der Kaiser zur Erpressung eines erheblichen Lösegelds, jährlicher Tributzahlungen und der Unterwerfung Englands unter seine Lehenshoheit. Heinrich der Löwe war 1194 daher zum Ausgleich mit Heinrich gezwungen, der nun, finanziell gestärkt, einen neuen Versuch zur Machtergreifung in Neapel-Sizilien unternehmen konnte. Und dieses Mal gelang er überraschend leicht, weil Tankred im Frühjahr 1194 gestorben war und das führungslose Königreich Heinrich förmlich zufiel. Zu Weihnachten 1194 ließ er sich in Palermo krönen, einen Tag bevor seine Frau, die er wegen der Schwangerschaft in Iesi (Mark Ancona) zurückgelassen hatte, den künftigen Kaiser *Friedrich II.* zur Welt brachte. Sie folgte ihrem Mann nach Süditalien, wurde von ihm als Regentin eingesetzt und stützte ihre Macht auf deutsche Ministeriale, was auf längere Sicht zu Reibungen mit dem einheimischen Adel führen mußte. Ähnlich sollte sich die Einsetzung des Bruders *Philipp von Schwaben* als Herzog von Tuszien auswirken, über den er zudem durch Verheiratung mit einer byzantinischen Prinzessin Einfluß im Ostreich zu gewinnen suchte. Solange Heinrich lebte und mit seiner Autorität die verstreuten Machtzentren auf sich ausrichtete, schien sein Reich unangreifbar mächtig, so daß sogar so entfernte Lande wie Armenien und Zypern sich ihm lehensrechtlich unterstellten. Diese Personengebundenheit war Heinrich nur zu bewußt, und er sann darauf, wie er sie vor allem im Reich überpersonell für seine Dynastie bewahren könnte. Er unterbreitete den deutschen Fürsten im Februar 1196 einen *Erbreichsplan* gegen erhebliche Zugeständnisse, stieß aber auf Ablehnung vor allem des Papstes, der damit auf Dauer in die staufische Falle geraten wäre, und der geistlichen Fürsten. Um den Kaiser nicht völlig zu brüskieren, stimmten sie aber Ende

1196 der noch vor Jahresfrist zurückgewiesenen Wahl des Söhnchens Friedrich zum König zu. Jetzt wollte Heinrich den schon am 11. März 1195 versprochenen Kreuzzug in Angriff nehmen, fand aber Sizilien, von wo es über See ins Heilige Land gehen sollte, in hellem Aufstand gegen den Steuerdruck und die Willkür der deutschen Verwaltung. Mit brutaler Härte konnte der hoch gerüstete Kaiser die Unruhen noch ersticken, den Kreuzzug aber nicht mehr antreten, da er wenig später seinem langen Malarialeiden erlag. Seine Sorgen vor den zentrifugalen Kräften, die bei einer Thronvakanz die Oberhand gewinnen könnten, erwiesen sich als nur zu berechtigt. In Italien flammten allenthalben Aufstände auf, vor denen der Bruder Philipp sich nach Deutschland retten mußte. Und auch dort schien der staufische Stern zu sinken, als es bei der Regelung der Nachfolge zur *Doppelwahl von 1198* kam.

Heinrich (VII.)
* auf Sizilien 1211, † Martirano (bei Catanzaro, Kalabrien) 12.2.1242
Eine tragische Figur: Heinrich (VII.), der älteste Sohn *Friedrichs II.*, wollte eigenständig Politik treiben, geriet mit dem Vater in Konflikt und endete im Kerker. Heinrichs Herrscherrolle begann im allerzartesten Alter. Wenige Monate alt, wurde er auf Verlangen Papst *Innozenz' III.* 1212 zum König von Sizilien gekrönt; damit sollte die Trennung Deutschlands von dem Reich in Unteritalien gewährleistet sein. Nach dem Tod des Papstes (1216) verließ Friedrich II. die Grundlage dieser Abmachung. Er übernahm wieder selbst die unmittelbare Herrschaft über Sizilien und holte seinen Sohn nach Deutschland, wo er ihm das Herzogtum Schwaben und das Rektorat über Burgund übertrug und ihn – nach erheblichen Zugeständnissen an die geistlichen Fürsten – im April 1220 zum deutschen König wählen ließ. Am 8. Mai 1222 erfolgte die Krönung in Aachen. Erzbischof *Engelbert von Köln* führte für Heinrich die Regierung; als er 1225 ermordet wurde, trat Herzog Ludwig I. von Bayern an seine Stelle. Zu Weihnachten 1228 trennte sich der junge König von dem bayerischen Vormund und begann eine Politik auf eigene Faust. Im Kreis schwäbischer und pfälzischer Ministerialen aufgewachsen, hatte er die Auffassung gewonnen,

daß die Macht der Fürsten beschnitten werden müsse. Folglich stützte er sich auf den niederen Adel und förderte das Städtewesen. Damit stand er gesinnungsmäßig nicht unbedingt gegen seinen Vater, nur konnte dieser die von Heinrich losgetretene Auseinandersetzung nicht gebrauchen, da er für seine italienischen Unternehmungen auf Unterstützung durch die deutschen Fürsten angewiesen war. Familiäre Querelen kamen hinzu. Heinrich, als 14jähriger aus politischen Gründen mit der sieben Jahre älteren Margarete von Österreich verheiratet, wollte seine Ehe auflösen und seine Jugendliebe Agnes von Böhmen heiraten. Das alles führte dazu, daß Friedrich seinen Sohn fallen ließ. Er bestätigte das *Statutum in favorem principum*, ein Privileg, das die Fürsten 1231 Heinrich abgetrotzt hatten, und verbot dem Sohn 1232 auf einer Versammlung in Cividale weitere Eigenmächtigkeiten. Der Streit lebte jedoch wieder auf, als Heinrich gegen Ketzerverfolgungen einschritt, die der Inquisitor *Konrad von Marburg* in Deutschland veranstaltete. Das brachte die Einigung in Gefahr, die Friedrich gerade mit Papst *Gregor IX.* gegen die Lombarden herstellen wollte. Am 5. Juli 1234 sprach der Papst auf Ersuchen des Kaisers den Bann über Heinrich aus. Dessen Reaktion war der vollendete Verrat: Im Dezember 1234 schloß er ein Bündnis mit den Lombarden. Seine bisherigen Anhänger vermochten diesem Winkelzug nicht zu folgen; von allen im Stich gelassen, mußte sich Heinrich am 2. Juli 1235 in Wimpfen dem Vater unterwerfen. Von einem Gericht seiner Königswürde entkleidet, verschwand er hinter Gefängnismauern in Süditalien. Dort starb er an den Folgen eines Selbstmordversuchs. Der unglückliche König ging in die Literaturgeschichte als Gönner des *Minnesangs* ein. An seinem Hof wirkten zahlreiche Größen der Dichtkunst, er selbst soll Verfasser mehrerer Minnelieder gewesen sein.

Heinrich II. Jasomirgott

* 1114, † 13.1.1177

Die übliche Bekräftigungsformel lautete in der mittelalterlichen Form »Ja so mir Gott (helfe)«. Wegen des häufigen Gebrauchs fiel meist das Verb weg, beim offenbar noch häufigeren Gebrauch durch Heinrich II. sowieso. Der Markgraf (1141–1156) und Herzog von Bayern (1143–1156) amüsierte die Zeitgenossen damit so sehr, daß die Formel zum Beinamen gerann, was wohl auch damit zusammenhing, daß auf diese Weise die zahllosen blaublütigen Heinriche besser zu sortieren waren. Väterlicherseits ein *Babenberger*, war Heinrich über die Mutter *Agnes von Waiblingen* ein Halbbruder König *Konrads III.* und Enkel Kaiser *Heinrichs IV.* Zu seinen direkten Geschwistern zählte *Otto von Freising*, Geschichtsschreiber und Verherrlicher des Neffen *Friedrich I. Barbarossa.* Diese Verehrung entzweite ihn zeitweilig mit dem Bruder, der nicht immer schonungsvoll vom großen Verwandten behandelt wurde. Sein Herzogtum nämlich war an Heinrich über seine Frau *Gertrud*, Tochter Kaiser *Lothars III. von Supplinburg*, gekommen, aus deren erster Ehe der Sachsenherzog und Welfe *Heinrich der Löwe* stammte. Dieser erhob ebenso Anspruch auf Bayern, nach damaligem Recht sogar weit besser begründeten. Als der Halbbruder Konrad 1152 die Augen für immer geschlossen hatte, kam Konrads Neffe Barbarossa auf den deutschen Thron, ein Mann, der nach Ausgleich mit den verfeindeten *Welfen* suchte und der daher den babenbergischen Heinrich drängte, zugunsten des welfischen Heinrich auf Bayern zu verzichten. »Ja so mir Gott«, mag der Gedrängte geflucht haben, aber gegen den kaiserlichen Druck kam er nicht an. Das lag auch daran, daß er es sich zudem mit dem Papst verdorben hatte, und zwar durch militärisches Vorgehen gegen die widerspenstige Bischofsstadt Regensburg. Es hatte ihm die zeitweilige Exkommunikation und dauernden kirchlichen Argwohn eingetragen. Die Teilnahme am unglücklichen *Zweiten Kreuzzug* änderte daran wenig, und die bei der Gelegenheit geschlossene Ehe mit Theodora, der Tochter Kaiser *Manuels* von Byzanz, machte ihn eher noch verdächtiger. So blieb Jasomirgott nur, eine möglichst hohe Entschädigung für seinen Verzicht herauszuholen. Diese versöhnte ihn dann mit Kaiser Friedrich I., der ihn 1156 mit dem Herzogtum Österreich belehnte und ihm einen »kleinen Freiheitsbrief« *(Privilegium minus)* zugestand. Das damals noch wenig bekannte Wien kam durch Heinrich II. zu Residenzehren, woran noch heute ein monumentales Deckengemälde im Heeresmuseum erinnert. Der alte Herzog unternahm 1177 noch einen Feldzug in den böhmischen Wäldern, wo er sich bei einem Sturz vom Pferd tödlich verletzte. Nach einem letzten, vermutlich eher nach »Verdammt!« klingenden »Ja so mir Gott« stand er vor dem solcherart so oft beschworenen allerhöchsten Richter.

Heinrich der Löwe

* um 1129, † Braunschweig 6.8.1195

Im Jahr 1172 unternahm Sachsen- und Bayernherzog Heinrich, als Nachfolger *Heinrichs X. des Stolzen* eigentlich der Heinrich XI., eine Wallfahrt ins Heilige Land. Das gab sagenhaften Berichten Nahrung, die den Herzog um die Ordnungszahl brachten und ihm dafür den Beinamen bescherten: In der Wüste soll der todesmutige Streiter einem Löwen im Kampf mit einem Drachen zur Hilfe geeilt sein und dadurch die dauerhafte Anhänglichkeit der Raubkatze gewonnen haben, die ihm nach Deutschland gefolgt und 1195 vor Trauer auf seinem Grab verendet sei. So lautet zumindest der Bericht des Meistersingers Hans Sachs († 1576). Daß Heinrich schon 1166 in seiner Braunschweiger Residenz ein Löwenstandbild installiert hatte, förderte die Beinamenbildung zusätzlich. Entscheidend aber dürfte die zupackende Raubpolitik des Welfen für den Nom de guerre gewesen sein: 1142 als Herzog in Sachsen anerkannt, forderte der junge Herrscher auch das dem Vater entzogene Herzogtum Bayern, das ihm schließlich der Vetter *Friedrich I. Barbarossa* 1156, freilich um Österreich verkleinert, zurückgab, um damit das Wohlverhalten des Welfen zu erkaufen. Die Rechnung ging zunächst auf, denn Heinrich unterstützte den Kaiser bei seinen Italienzügen und leitete mit ihm in einer Art Duumvirat die Reichsgeschicke. Nach der Gründung Münchens 1158 aber beschäftigten ihn immer mehr die norddeutschen Gebiete, wo der Herzog Mecklenburg und Vorpommern eroberte, die deutsche Besiedlung vorantrieb und 1159 durch Neugründung *Lübecks* dem Ostseehandel zu Aufschwung verhalf. Heinrich maßte sich königliche Rechte der Bischofsinvestitur an und verärgerte seine Mitfürsten, darunter den Rivalen *Albrecht den Bären*, durch rücksichtslose Politik. Der Kaiser aber hielt weiter zu Heinrich. Erst nach der erwähnten Wallfahrt kam es zu Verstimmungen. Ob es am angeblichen Löwenerlebnis lag oder ob ihm der ehrenvolle Empfang durch den byzantinischen Hof zu Kopf gestiegen war, Heinrich meinte nun offenbar, es auch mit Barbarossa aufnehmen zu müssen. Er verweigerte 1174 und auch 1176 die militärische Hilfe, was zur Katastrophe von *Legnano* beitrug und den Kaiser nachhaltig erbitterte. 1178 ließ er sich auf dem Reichstag von Speyer Klagen gegen den mächtigsten Reichsfürsten vortragen, den er 1179 dreimal vergeblich vor sein Hofgericht zitierte. In Gelnhausen sprach der Kaiser daraufhin 1180 die Ächtung Heinrichs aus, der sich gegen die Aberkennung seiner Herzogtümer vergeblich mit Waffengewalt zur Wehr zu setzen versuchte und sich im November 1181 unterwerfen mußte. Auf sein flehentliches Bitten hin beließ ihm Barbarossa den Hausbesitz um Braunschweig und Lüneburg, erzwang aber bis 1185 sein Exil in England, woher Heinrichs Frau Mathilde († 1189) stammte, Tochter Heinrichs II. Kurzmantel. Am *Dritten Kreuzzug* mochte der Löwe aber wiederum nicht teilnehmen und wählte erneut das englische Exil, allerdings nur kurz. Nach seiner Rückkehr eroberte er Teile seines einstigen sächsischen Besitzes zurück, mußte sie aber 1190 wieder herausgeben und Kaiser *Heinrich VI.* 1194 huldigen. Der Löwe war letztlich an seinem allzu großen Appetit gescheitert. Er starb in seiner Braunschweiger Residenz Dankwarderode. Von seiner Bedeutung als Kunstmäzen zeugt noch heute das berühmte *Evangeliar* Heinrichs des Löwen.

Heinrich Raspe

* um 1204, † auf der Wartburg 16.2.1247

In der Legende der heiligen *Elisabeth von Thüringen* ist er der knauserige Verwandte, der die junge Frau daran hindern will, Gutes zu tun, und durch das Rosenwunder beschämt wird (statt der Lebensmittel, wie er geargwöhnt hat, liegen plötzlich Rosen in Elisabeths Korb): Heinrich Raspe war der Bruder des Thüringer Landgrafen und Gatten Elisabeths, Ludwig IV. Als dieser 1227 zum Kreuzzug Kaiser *Friedrichs II.* aufbrach, übernahm Heinrich die vormundschaftliche Regierung für Ludwigs minderjährigen Sohn. Da Ludwig vom Kreuzzug nicht zurückkehrte – er starb am 11. September 1227 in Otranto an einer Seuche –, wurde Heinrich Raspe Landgraf von Thüringen. Ursprünglich Anhänger des Kaisers (unter anderem hatte er 1242 das Amt des Reichsgubernators inne), schlug er sich 1243/1244 auf die Seite des Papstes. Nach der Absetzung Friedrichs II. auf dem Konzil von Lyon (17.7.1245) präsentierte ihn der päpstliche Legat Philipp von Ferrara als Gegenkönig. Am 22. Mai 1246 wurde er in Veitshöchheim von den Erzbischöfen und Bischöfen von Mainz, Köln, Würzburg, Speyer, Straßburg und Metz – daher der Spottname »Pfaffenkönig«, der ihm danach anhing – sowie von 17 thüringischen und hessischen Grafen gewählt. Er besiegte den Kaisersohn *Konrad IV.* im August 1246 bei *Frankfurt* am Main, scheiterte aber beim Versuch, in die schwäbischen Territorien seines Gegners einzudringen. Bei der vergeblichen Belagerung von Ulm verwundet, zog sich Heinrich im Januar 1247 nach Thüringen zurück und starb dort.

Heinrich X. der Stolze

* um 1108, † Quedlinburg 11.10.1139

Ein grimmiger Feind der Staufer: Der Welfe Heinrich der Stolze, 1216 mit dem Herzogtum Bayern belehnt und seit 1217 Gatte der einzigen Tochter König *Lothars III. von Supplinburg*, stand in unverbrüchlicher Treue zu seinem Schwiegervater und unterstützte ihn in den Kämpfen gegen die Staufer. 1136/1137 begleitete er Lothar nach Italien, wo ihm die Markgrafschaft Tuszien und die *Mathildischen Güter* übertragen wurden. 1137 erhielt er dazu auch noch das Herzogtum Sachsen. Damit wurde die Verlagerung des welfischen Machtzentrums nach Norden eingeleitet. Als mächtigster Reichsfürst in Deutschland und Italien erhob Heinrich nach dem Tod Lothars (4.12.1137) Anspruch auf die Königskrone. Gleichwohl wurde statt seiner der Staufer *Konrad III.* gewählt. Zwar lieferte er die Reichsinsignien aus, die ihm von Lothar bereits übergeben waren, weigerte sich aber, dem neuen König zu huldigen, da dieser von ihm die Herausgabe eines seiner Herzogtümer verlangte. Daraufhin wurde er geächtet und verlor seinen gesamten Besitz: Sachsen ging an *Albrecht den Bären*, Bayern an den *Babenberger* Leopold IV. von Österreich. Das war jedoch so schnell nicht umzusetzen, aus Sachsen ließ sich Heinrich schon mal nicht vertreiben. Sein früher Tod machte dann die Bahn frei für einen Ausgleich des staufisch-welfischen Gegensatzes, indem Albrecht der Bär 1142 auf die sächsische Herzogsgewalt verzichtete und Heinrichs X. Sohn *Heinrich der Löwe* mit Sachsen belehnt wurde und 1156 das um die Markgrafschaft Österreich verminderte Bayern erhielt.

Heinrich

* um 1260–1264, † im Kerker 31.10.1318

»Sie mögen leben, aber leben, als wenn sie nie zur Welt gekommen wären.« Das war der Spruch, den Papst Klemens IV. (1265–1268) über die Söhne *Manfreds* fällte, nachdem sie 1266 in die Hand des Staufergegners *Karl von Anjou* geraten waren. Der Franzose erfüllte den Auftrag mit schrecklicher Genauigkeit: Er ließ die Kinder, Heinrich und seine beiden Brüder Friedrich und Enzio, von denen keiner älter als sieben Jahre gewesen sein dürfte, hinter Kerkermauern verschwinden und verbreitete offiziell die Nachricht, sie seien gestorben. Als Gefängnis wählte er ausgerechnet das Lustschloß ihres Großvaters *Friedrich II.*, *Castel del Monte*. Bis etwa 1300 saßen sie hier ein, dann wurden sie nach Neapel ins Castel dell'Ovo verlegt. Auf dem Weg dorthin oder kurz nach der Umsiedlung starben zwei von ihnen, übrig blieb Heinrich, der noch bis 1318, inzwischen erblindet, in Gefangenschaft lebte. Mit ihm erlosch der Mannesstamm des Hauses Staufen, jedenfalls in seinen legitimen oder legitimierten Mitgliedern.

Heldendichtung

Die archaische Gattung der Heldendichtung blühte auch noch im Hochmittelalter. Nur erfuhren ihre Stoffe – die Sagen aus der Völkerwanderungszeit, die Geschichten um Karl den Großen – eine zeitgemäße Umdeutung aus dem Geist des *Rittertums*. Das läßt sich an den altfranzösischen Chansons de geste, am genauesten im Rolandslied, beobachten. Die Erzählung vom Grafen Roland, Gefolgsmann Karls des Großen, der sich und seine Männer opfert, geht auf ein historisches Ereignis zurück, nämlich Karls Spanienfeldzug und die Schlacht von Roncesvalles von 774. Ende des 11. Jahrhunderts wurde diese Erzählung in Frankreich zu einem Kreuzzugepos umgestaltet. Eine deutsche Bearbeitung entstand um 1170 im Auftrag *Heinrichs des Löwen* durch den Pfaffen Konrad, um 1220 wurde sie durch den Stricker, einen fahrenden Sänger, erweitert. Bekanntestes und berühmtestes Beispiel der späten Heldendichtung ist das um 1200 vermutlich im Donaugebiet entstandene Nibelungenlied. In seinen Schilderungen höfischen Lebens spiegelt es den Glanz der Stauferzeit wider, wie er etwa im *Mainzer Pfingstfest 1184* gewaltet hatte. Es feiert – was ein echtes Novum war – die Gattenliebe, aber unter dem hellen Firnis der Ritterkultur sind die dunklen Mächte erkennbar, Schuld, Verhängnis und Rache, die aus dem altgermanischen Heldenepos stammen. Im Mittelpunkt steht die burgundische Königstochter Kriemhild, die nach der Ermordung ihres Mannes Siegfried ihr ganzes Leben nur noch unter den Zweck stellt, den Mörder zur Strecke zu bringen – und sollten Tausende darüber zugrunde gehen. Genial hat der anonyme Verfasser des Nibelungenlieds, vielleicht ein Geistlicher, der am Hof des kunstsinnigen Bischofs von Passau, Wolfger von Erla (1191–1204), wirkte, historische Ereignisse wie den Untergang des Burgundenreichs im 5. Jahrhundert, den Tod des Hunnenkönigs Attila, Einzelzüge aus der Geschichte des Merowingerhauses sowie die Sagen von Siegfried dem Drachentöter, von der Walküre Brünhild und von Dietrich von Bern in seinem Werk verarbeitet. Eine Art Antwort auf das Nibelungenlied ist das vermutlich um 1229 entstandene Kudrun-Epos. Dessen Heldin hat auch schwere Bedrängungen auszustehen, aber anders als Kriemhild, deren Wandlung vom »minneclîchen wîp« zum Würgeengel unumkehrbar ist, vermag Kudrun nach allen Wirrungen und Gewalttaten am Schluß Frieden und Versöhnung zu stiften. Die Treue (»triuwe«), der zentrale Wert der mittelalterlichen Gesellschaft, spielt in beiden Epen eine bedeutende Rolle, doch das Schicksal, dem im Nibelungenlied keiner entrinnt, ist im Kudrun-Epos nicht mehr das letzte; der Mensch kann es tragen, und Gott verhilft zu einem guten Ende.

Helena von Epiros
* um 1242, † Januar/Anfang März 1271
Um 1257 heiratete König *Manfred von Sizilien* in zweiter Ehe eine Prinzessin aus dem byzantinischen Geschlecht der Angeloi, Helena von Epiros. Noch einmal entfaltete die höfische Kultur der Staufer in Italien allen Glanz. Die junge Königin lud Sänger und Dichter, Tänzer und Tonkünstler zu sich an den Hof. »Das Paradies ist wieder auf die Welt gekommen«, jubelte ein Zeitgenosse. Nach dem Untergang ihres Gatten in der Schlacht

von *Benevent* (1266) geriet Helena mit ihren Kindern in die Hand *Karls von Anjou*, der sie ins Gefängnis warf. Sie starb dort nach fünf Jahren. Ihre Tochter Beatrix (* um 1261, † vor 1307) verbrachte 18 Jahre im Kerker des Castel dell'Ovo in Neapel, dann wurde sie im Austausch gegen aragonesische Kriegsgefangene freigelassen. Ihre drei Söhne sahen die Freiheit überhaupt nicht wieder: Zwei von ihnen, Friedrich und Enzio, starben wahrscheinlich um 1300, der letzte, *Heinrich*, erst 1318.

Hermann von Salza
* um 1170, † Salerno 20.3.1239
Er verlieh dem *Deutschen Orden* die entscheidende politische Zielrichtung: Hermann von Salza, der vermutlich einem thüringischen Ministerialengeschlecht entstammte und 1209 zum Hochmeister des zehn Jahre zuvor gegründeten Ritterordens gewählt wurde, war enger Freund und wichtiger Berater *Friedrichs II.* Diplomatisch versiert, diente er dem Staufer als Stütze seiner Politik in Palästina und als Vermittler in den Auseinandersetzungen mit dem Papst. Unter Hermann kam es zur Orientierung des Ordens auf die Heidenmission in Nordosteuropa. Durch die Unterwerfung der Preußen kam der geistliche Verband in den Besitz eines zusammenhängenden Herrschaftsgebiets. Die Goldbulle von Rimini, die Friedrich II. 1226 ausstellte, machte den Orden zum Herrn aller Territorien, die er den Heiden abnahm, und den Hochmeister zum Reichsfürsten.

Hildegard von Bar-Mousson →Friedrich von Büren

Hildegard von Bingen
* 1098, † Kloster Rupertsberg (bei Bingen) 17.9.1179
Als »Seherin vom Rhein« ist sie in die Kirchengeschichte eingegangen: Hildegard von Bingen, aus einem an der Nahe ansässigen Adelsgeschlecht stammend, hatte schon in ihrer Kindheit Visionen, die sie ab 1141 in lateinischer Sprache niederschrieb. 1147 gründete sie das Benediktinerinnenkloster auf dem Rupertsberg bei Bingen, dessen Äbtissin sie bis zu ihrem Tod blieb. Ihr schriftstellerisches Werk umfaßt neben mystischen Schriften auch theologische und historische Abhandlun-

gen, 70 geistliche Lieder (mit eigener Vertonung) sowie naturkundliche Bücher, darunter den »Liber subtilitatum diversarum naturarum creaturarum«, eine erstrangige Quelle für den Stand der Naturerkenntnis im hohen Mittelalter. Die außergewöhnliche Frau, im Volk hochverehrt, trat den Mächtigen ihrer Zeit furchtlos entgegen. Auf ihren Predigtreisen in Franken und im Rheinland geißelte sie in derben Worten die allgemeine Zuchtlosigkeit. Berühmt ist ihr Brief an *Friedrich I. Barbarossa*, in dem sie den Herrscher mahnt, Ordnung in seinem Reich zu halten: »O König, öffne Deine Augen und schau sorgfältig umher, denn alle Länder sind beschattet von Betrügern, die mit ihren Sünden die Gerechtigkeit verdrängen. Denk nach, wie der höchste Richter Dir zusieht, damit Du nicht dereinst angeklagt wirst, als hättest Du die Pflicht Deines Amtes nicht wahrgenommen.«

Höfische Epik

Der Geistliche, bisher Träger der Dichtkunst, trat in der Stauferzeit gegenüber dem Ritter zurück. Im höfischen Epos fand dieser Wandel seinen Ausdruck. Der weltliche Dichter unternahm es, einen bestimmten Lebensstil von vorbildhaftem Charakter zu gestalten und zu verkünden. Er sprach von Liebe und Abenteuer, von Kampf und ritterlicher Bewährung und von der Gnade Gottes, die dem rechten Streiter Christi zuteil werde. Sein Publikum war der Hof – nicht allein und nicht unbedingt der Königshof, es kamen auch die Höfe von Bischöfen oder Grafen in Frage, wenn an ihnen nur ein der Kunst zugewandtes Klima herrschte. Die Verfasser selbst verstanden sich nicht als Berufsdichter, ihre literarische Produktion entwickelte sich neben ihren sonstigen Dienstverhältnissen. Die höfische Epik blühte in Deutschland allenfalls zwei Generationen lang, zwischen 1170 und 1220, in dieser Zeit aber entstanden unvergängliche Werke. Den Anfang machte Heinrich von Veldeke († um 1200), ein Ministerialer aus dem Limburgischen. Um 1170 begann er mit der Übersetzung eines Äneasromans aus dem Französischen; die Trojasage war beliebter Stoff im Mittelalter, Heinrich stellte die Erzählung vom Königssohn, der dem Untergang Trojas entkommt, in einen heilsgeschichtlichen Zusammenhang. Hartmann von Aue (* um 1160, † 1210) erschloß der deutschen Literatur den Stoffkreis der Artussage: In seinen

Epen »Iwein« und »Erec« ist die Tafelrunde des britannischen Sagenkönigs zum Idealbild einer höfischen Gesellschaft stilisiert. Hartmanns drittes Großgedicht, der »Arme Heinrich«, erzählt die Heilung eines Aussätzigen durch die hingebende Liebe eines Mädchens, sein viertes, »Gregorius«, die Geschichte einer sündigen Geschwisterliebe. »Parzival« des Wolfram von Eschenbach (*um 1170, †1220) verbindet den Erziehungsroman eines Artusritters mit der Legende vom heiligen Gral: Der Held geht als tumber Tor in die Welt, häuft unwissend Schuld auf Schuld, wird aber durch göttliche Gnade auf den rechten Weg gelenkt. Wolframs »Willehalm« reflektiert die Erfahrungen der Kreuzzüge; das Epos lehrt eine Humanität, die den Besiegten schont und auch im Andersgläubigen ritterliche Tugenden entdeckt. Gottfried von Straßburg wirbt in seinem Fragment gebliebenen Versroman »Tristan und Isold« (entstanden um 1210) um Verständnis für eine Liebe, die sich über die gesellschaftlichen Konventionen hinwegsetzt und ein eigenes Recht beansprucht – auch um den Preis des gemeinsamen Todes der Liebenden.

Hohenstaufen

Auf dem Hohenstaufen, einem kegelförmigen Vorberg der Schwäbischen Alb, nordöstlich von Göppingen, errichtete Herzog *Friedrich I. von Schwaben* die Burg Staufen, von der das Geschlecht der Staufer seinen Namen bezog. Heute ist der einstige Stauferstammsitz bis auf geringe Reste zerfallen.

Honorius III., Papst

* um 1150, † Rom 18.3.1227

Die Kirchengeschichte würdigt ihn besonders als Förderer der *Bettelorden*: Unter Honorius III. (vorher Cencio Savelli), der 1216 zum Papst gewählt wurde, erhielten Dominikaner, Franziskaner und Karmeliter die Approbation. Im Mittelpunkt des Pontifikats von Honorius III. stand allerdings der Kreuzzug. Das bereits von *Innozenz III.* angeregte Unternehmen wurde 1218 mit einem Angriff auf Damiette, eine ägyptische Festung im Nildelta, ins Werk gesetzt und endete 1221 in schmählichem Rückzug. Der Papst fand einen Schuldigen für die Niederlage: *Friedrich II.*, dessen Beitrag zu gering ausgefallen sei. Honorius machte es sich danach zur Aufgabe, den Staufer zu einem neuen Kreuzzug zu bewegen. Erfolg darin hatte allerdings erst sein Nachfolger auf dem Stuhl Petri, *Gregor IX.*

Innozenz III., Papst
* Anagni (bei Frosinone, Latium) 1160/1161, † Perugia 16.7.1216
Nach einem Wort von Leopold von Ranke war er der größte unter allen Selbstherrschern auf dem Papstthron: Innozenz III. (vorher Lothar Graf von Segni) sicherte die Führungsstellung der Kurie durch bedeutende Rechtsentscheide, sogenannte Dekretalen, durch eine Verwaltungsreform und durch die Bestätigung und Förderung neuer Orden, unter anderem der Dominikaner. Unter ihm gewann Rom seine Unabhängigkeit als Hauptstadt des gleichfalls von Innozenz stark erweiterten Kirchenstaats. Er trat bei der *Doppelwahl von 1198* als Schiedsrichter auf und hielt bis 1208 – als Vormund für den minderjährigen *Friedrich II.* – die Regentschaft über Sizilien. Bereits im ersten Jahr seines Pontifikats (1198) rief Innozenz zum Kreuzzug auf, dessen Leitung ihm dann allerdings entglitt. Statt nach Palästina zogen die Kreuzfahrer gegen Konstantinopel, die Hauptstadt des Byzantinischen Reiches, und veranstalteten dort im April 1204 eine ungeheure Plünderungsorgie. Ähnlich lief dem Papst auch der 1208 ausgerufene Kreuzzug gegen die Albigenser in Südfrankreich aus dem Ruder. Der religiös motivierte Kampf gegen die »Ketzer« artete in einen zügellosen Raubkrieg aus. Das 4. Laterankonzil, einberufen zum 1. November 1215, sah Innozenz auf dem Gipfel seiner Macht. Die vom Konzil erarbeiteten Reformkonstitutionen betrafen nahezu alle Bereiche des kirchlichen Lebens. Besonderen Raum nahm die Bekämpfung der Häresie ein; die Inquisition gewann Gestalt. Auch die Kreuzzugidee wurde mit neuem Leben gefüllt. 1213 hatte Innozenz einen neuen Kreuzzug zur Befreiung *Jerusalems* ausgeschrieben; auf dem Laterankonzil ließ er ihn sanktionieren. 1218 bis 1221 fand tatsächlich ein Unternehmen gegen die Muslime statt, das aber nach schweren Niederlagen in Ägypten abgebrochen wurde. Der eigentliche Adressat des päpstlichen Aufrufs, der 1212 an die Regierung gelangte König Friedrich II., hatte nur geringe Mannschaft dafür zur Verfügung gestellt; in eigener Person trat er die bewaffnete Wallfahrt, in die Geschichte eingegangen als *Fünfter Kreuzzug*, erst zwölf Jahre nach Innozenz' Tod an.

Innozenz IV., Papst

* Genua um 1195, † Neapel 7.12.1254

Hatte man angenommen, daß es der Kirche nach dem nicht einmal dreiwöchigen Pontifikat *Cölestins IV.* mit der Regelung der Nachfolge eilen werde, so sah man sich getäuscht. Volle anderthalb Jahre dauerte es bis zur Wahl des nächsten Papstes, weil das Tauziehen mit Kaiser *Friedrich II.* um seine Lösung vom Bann *Gregors IX.* und die Freilassung zweier vom Staufer inhaftierter Kardinäle sich endlos hinzog. Schließlich bestieg der Genueser Sinibaldo Fieschi am 25. Juni 1243 den Papstthron, ein Kirchenjurist, der in Bologna gelehrt hatte, 1226 zum Richter der Kurie und im Jahr darauf zum Kardinalpriester ernannt worden war. Der Kaiser, der die Wahl zunächst begrüßt hatte, sollte sein blaues Wunder mit dem neuen Papst erleben, der sich nicht von ungefähr Innozenz IV. nannte. Wie der vorige dieses Namens nämlich baute er seine Macht, bedenkenlos Bestechung, Nepotismus, ja Mordanschläge einsetzend, aus und pochte als Stellvertreter Christi auf den päpstlichen Vorrang vor dem weltlichen Oberhaupt der Christenheit. Schon den ersten Vertrag mit Friedrich vom 31. März 1244 ratifizierte er nicht, ja er mißtraute dem Kaiser so tief, daß er am 28. Juni desselben Jahres zu Schiff nach Genua floh, nach Lyon weiterreiste und von dort regierte. Er berief auch ein Konzil, das 13. ökumenische, dorthin ein und lud den Kaiser vor, der nun natürlich seinerseits nicht erschien. Trotz geschickter Verteidigung durch seinen Justitiar Thaddäus von Suessa wurde Friedrich daher des Meineids, des Friedensbruchs, der Ketzerei und Gotteslästerung für schuldig befunden und kurzerhand abgesetzt. Damit waren alle Untertanen, insonderheit die deutschen Fürsten, ihres Treueids entbunden. Viel fruchtete das nicht, solange Friedrich lebte, da selbst päpstliche Verfolgung seine Autorität allenfalls anzukratzen vermochte. Nach dessen Tod am 13. Dezember 1250 konnte der Papst die Nachfolger wirkungsvoll bekämpfen: *Konrad IV.*, seit 1237 regierender Kronprinz in Deutschland, kam nicht mehr zur Machtübernahme in den sizilischen Reichen der Staufer und starb 1254. Sein dort herrschender illegitimer Halbbruder *Manfred* beugte sich dem Papst, der Sizilien dem Kirchenstaat einverleibte und seinen Sitz nach Neapel verlegte. Als Manfred anderen Sinnes wurde, sich vom Papst lossagte und dessen Heer bei Foggia vernichtete, erreichte die Nachricht Innozenz IV. nur noch auf dem Sterbelager. Das Ende aller staufischen Hoffnungen hatte er aber dennoch eingeleitet, indem er neben anderen *Karl von Anjou* die sizilische Krone angeboten hatte, der mit der Enthauptung des Kaiserenkels *Konradin* 1268 die Dynastie auslöschen sollte. Insofern trifft der freilich höchst unchristliche Triumphspruch auf dem neapolitanischen Grabmal des Papstes zu, der verkündet, er habe »den Drachen Friedrich zu Boden gestreckt«.

Interregnum

Im Mai 1254 starb in Italien *Konrad IV.*, der Sohn Kaiser *Friedrichs II.* Die Zeit vom Tod des letzten Staufers, der die deutsche Königskrone trug, bis zum Beginn der Regierung Rudolfs I. von Habsburg (1273) wird als Interregnum (Zwischenherrschaft) bezeichnet. Das ist nicht ganz korrekt, denn der deutsche Thron war durchaus besetzt, manchmal sogar mit zwei Herrschern gleichzeitig: Nach dem Tod des 1247 gegen Konrad aufgestellten *Wilhelm von Holland* wurden 1257 Richard von Cornwall († 1272) und Alfons X. von Kastilien († 1284) in zwiespältiger Wahl zu Königen erhoben. Allerdings ließ sich Richard nur einige Male in Deutschland sehen und Alfons überhaupt nicht. Bei der Doppelwahl von 1257 traten zum erstenmal die sieben Kurfürsten (die Erzbischöfe von Mainz, Köln und Trier, der Pfalzgraf bei Rhein, der Herzog von Sachsen, der Markgraf von Brandenburg und der König von Böhmen) als alleinige Wähler in Erscheinung. Das sogenannte Kurfürstenkollegium sollte sich in der Folgezeit als bedeutende Institution erweisen. Das Fehlen einer starken Königsgewalt während des Interregnums kam den deutschen Fürsten zugute, die Reichsgut und politische Rechte an sich zogen und ihre Landesherrschaften ausbauten. Es nützte auch den Städten, die erste Zusammenschlüsse organisierten, um den Landfrieden zu erhalten und sich gegen Zollforderungen abzusichern; als Beispiele seien der Rheinische Bund von 1254 bis 1256 und das Bündnis zwischen *Lübeck*, Rostock und Wismar 1257 genannt, ein wichtiger Schritt auf dem Weg zur Bildung der *Hanse*.

Irene

* um 1180, † auf der Burg Hohenstaufen 27.8.1208

Die byzantinische Prinzessin Irene (auch Maria genannt), Tochter des Kaisers Isaak II. Angelos (1185–1195 und 1203/1204), war in erster Ehe mit Roger verheiratet, dem Mitkönig Siziliens zur Zeit des *Tankred von Lecce*. Als Roger 1194 starb, nahm sich *Heinrich VI.*, inzwischen in Palermo eingezogen, ihrer an und gab sie seinem Bruder *Philipp von Schwaben* zur Frau. Er schuf sich damit eine Verbindung zum byzantinischen Kaiserhaus – ein politisches Ziel, das die Staufer lange vergeblich angestrebt hatten. Die Ehe wurde 1197 geschlossen, das Paar empfing die Königskrone am 8. September 1198 in Mainz. Die Braut aus Byzanz machte Aufsehen an Deutschlands Höfen, *Walther von der Vogelweide* besang sie als »Rose ohne Dorn, die Taube sonder Gallen«. Zwischen 1198 und 1206 brachte sie vier Töchter zur Welt, die alsbald in die staufische Heiratspolitik einbezogen wurden: *Beatrix die Ältere* erlebte ihre erste Verlobung (mit Pfalzgraf Otto von Wittelsbach) im Alter von fünf Jahren, Kunigunde († 1248) war gleichfalls erst fünf Jahre alt, als sie mit dem späteren König Wenzel von Böhmen verlobt wurde. Maria († 1235) wurde als Elfjährige dem Herzog Heinrich von Brabant versprochen. Und *Beatrix die Jüngere*, möglicherweise schon als Dreijährige Gegenstand von Heiratsverhandlungen, erhielt mit etwa 14 Jahren ihren Ehemann, Ferdinand III. von Kastilien. Philipp von Schwaben wurde am 21. Juni 1208 ermordet. Irene, die zu dieser Zeit wieder schwanger war, starb im Kindbett, zwei Monate nach ihrem Gemahl.

Isabella von England

* 1217, † Foggia (Apulien) 1.12.1241

Mit ihr schloß *Friedrich II.* seine letzte Ehe: Isabella (auch genannt Elisabeth), die Schwester König Heinrichs III. von England, wurde dem Stauferkaiser 1235 angetraut. Er behandelte sie nicht anders als seine Gattinnen zuvor; Isabella verschwand nach der Hochzeit aus der Öffentlichkeit, der Kaiser ließ sie in der Obhut seiner sarazenischen Eunuchen und dachte nicht daran, sie an seinen Staatsaktionen teilnehmen zu lassen. »Um Friedrich gab es keinen Boden, in dem eine Frau wurzeln konnte«, urteilt Ernst Hartwig Kantorowicz. Isabella starb nach sechs Jahren Ehe im Wochenbett, bei der Geburt ihres vierten Kindes. An die Nachkommen ihrer Tochter Margarete (* 1237, † 1273) knüpften sich nach dem Tod *Konradins* (1268) noch Hoffnungen der Stauferpartei auf Wiedererringung der politischen Macht. Da *Karl von Anjou* die ehelichen Söhne König *Manfreds* nicht aus dem Kerker herausgab, waren Margaretes Söhne aus der Ehe mit Albrecht dem Entarteten von Meißen (1265–1314) die einzigen, die Anspruch auf das staufische Erbe erheben konnten. Es wurde indes aus alledem nichts.

Italien

Seit der Kaiserkrönung Ottos I. in Rom (962) bestand eine feste Verbindung zwischen der deutschen und der italienischen Königswürde. Das Regnum Italiae (Nord- und Mittelitalien) war Kronland des Reiches. In der Stauferzeit vertieften sich die Bindungen noch: Unter *Friedrich I. Barbarossa* rückte Italien ins Zentrum der Reichspolitik, *Heinrich VI.* verlegte mit dem Erwerb des normannisch-sizilischen Königreichs den Schwerpunkt der Reichsherrschaft sogar ganz eindeutig nach Süden, und seine Nachkommen bis hin zu *Konradin* taten es ihm gleich. Das lag nicht an einer romantischen Italiensehnsucht, und selbst das hergebrachte Selbstverständnis des Kaisers als Schirmherr der Kirche und des *Papsttums* gab noch nicht den Ausschlag dabei, wenn die deutschen Herrscher immer wieder in den Süden zogen, sondern es wirkten ganz handfeste politische und ökonomische Interessen. Die deutschen Könige verfügten im eigenen Land nicht über genug Hausmacht, um erfolgreich Politik zu treiben, etwa den *Landfrieden* durchzusetzen. Sie brauchten dazu die Steuern und Erträge aus dem reichen Italien. Das Land südlich der Alpen war als Drehscheibe und Durchgangsland für den Handel besonders wichtig, da sich Deutschland zur Zeit der Staufer noch in einer Randlage zu der wirtschaftlich und technisch weiter entwickelten Welt des Mittelmeerraums befand. Einen Zugang zum Beispiel nach *Venedig* zu haben, über das wiederum die Verbindung mit *Byzanz* lief, war von hoher Bedeutung für die deutschen Herrscher. Es fehlte ihnen allerdings das Gespür für die Entwicklungen, die sich in Italien inzwischen vollzogen hatten: Es gab dort Textilfabriken, Schiffswerften, Banken, und der Seeverkehr, der durch die Kreuzzüge stark zugenommen hatte, machte die Hafenstädte reich. Die Macht der Regionalfürsten war geringer geworden, denn Jahrzehnte fehlender Reichsgewalt während der Wirren des Investiturstreits (1075–1122) hatten die Städte daran gewöhnt, ihre Angelegenheiten selbst zu regeln. Formen der Selbstverwaltung hatten sich eingebürgert, die mit den Begriffen der Lehensgesellschaft nicht zu erfassen waren. Die Staufer und ihre Beamten, vor allem diejenigen Barbarossas, kamen nur, um abzuschöpfen; für den Freiheitsdrang der italienischen Kommunen fehlte ihnen jedes Verständnis. Die Kluft zwischen feudalem und städtischem Lebensgefühl wird in der Schilderung eines Zeitgenossen, des staufischen Chronisten *Otto von Freising*, deutlich: »So kommt es, daß sie an Reichtum und Macht die übrigen Städte der Welt übertreffen. Förderlich war ihnen dabei nicht nur ihr tatkräftiger Charakter, sondern auch die Abwesenheit der Herrscher, die sich angewöhnt hatten, im transalpinen Gebiet zu bleiben. Ihrem Fürsten, dem sie freiwillig ehrfürchtigsten Gehorsam schuldeten, begegnen sie kaum jemals mit Ehrfurcht, noch anerkennen sie gehorsam, was er nach gültigem Gesetz anordnet.« Die Widersprüche blieben, und es gelang den Staufern niemals, den Widerstand der Städte, namentlich des *Lombardischen Bundes*, vollständig zu brechen. Allenfalls konnten sie die Rivalitäten unter den Kommunen ausnutzen; kaiserfreundliche Gemeinden sammelten sich dann unter dem Parteinamen *Ghibellinen*, kaiserfeindliche als *Guelfen*. Anders lagen die Dinge im Königreich *Sizilien* (wozu auch Unteritalien gehörte), das den Staufern Ende des 12. Jahrhunderts zufiel. *Friedrich II.* brach hier die Macht der einheimischen Barone, befriedete die *Sarazenen* und errichtete einen modernen Beamtenstaat. Er ging sogar daran, eine eigene Flotte aufzubauen. Dennoch mußte auch er, um die Kriege gegen den Papst und die widerspenstigen oberitalienischen Städte zu finanzieren, auf das alte Mittel der Steuererhöhung zurückgreifen. Im letzten Jahrzehnt seiner Regierungszeit häuften sich Aufstände, denen er mit despotischen Maßnahmen begegnete. Das staufische Königreich in Süditalien trug zuletzt die Züge eines Polizeistaats.

Jerusalem

In der Stauferzeit war Jerusalem, der Ort mit den heiligen Stätten von Jesu Wirken und Leiden, die Hauptstadt eines gleichnamigen christlichen Königreichs. Der junge Staat, der nach dem Ersten Kreuzzug (1096–1099) gegründet worden war, hatte sich ständiger Angriffe der Muslime zu erwehren. 1145 ging eines seiner Teile, die Grafschaft Edessa, verloren, was im Abendland große Erregung hervorrief. Der *Zweite Kreuzzug* unter Leitung des Stauferkönigs *Konrad III.* vermochte jedoch wenig auszurichten. Nach der katastrophalen Niederlage der christlichen Ritter in der Schlacht von Hattin (1187) wurde auch Jerusalem von den Muslimen besetzt. Auch ein erneuter Zug aus dem Westen, der *Dritte Kreuzzug*, geführt von *Friedrich I. Barbarossa*, dem englischen König *Richard Löwenherz* und *Philipp II. August von Frankreich*, änderte daran nichts. Jerusalem blieb in der Hand der Muslime, deren Regiment sich im übrigen toleranter als das der Christen erwies. Während diese bei der Eroberung im Juli 1099 wie die Berserker gehaust und Tausende Wehrloser erschlagen hatten, ließ Sultan *Saladin* 1187 bei seinem Einzug in die Stadt Milde walten: Es gab weder Massaker noch Plünderungen, und den Christen wurde gestattet, am Grabe Christi weiter Gottesdienste zu halten. Im Rahmen des *Fünften Kreuzzugs* kam Jerusalem 1229 durch einen Vertrag *Friedrichs II.* mit dem Sultan al-*Kamil* wieder an die Christen (mit Ausnahme des Tempelbezirks, der den Muslimen blieb). Das Intermezzo dauerte nur 15 Jahre, dann kam Jerusalem erneut unter muslimische Herrschaft. Erst Mitte des 14. Jahrhunderts wurde den Christen wieder erlaubt, sich in der heiligen Stadt anzusiedeln.

Joachim von Fiore

* Celico (bei Cosenza, Kalabrien) um 1130, † San Giovanni in Fiore (bei Cosenza) 1202

Der Zisterziensermönch Joachim, Abt des Klosters Corazzo in Kalabrien, gründete um 1190 einen eigenen Orden, den der Florenser (nach der ersten Niederlassung, dem Kloster San Giovanni in Fiore). Joachim vertrat gegenüber den inzwischen reich gewordenen und vielfältig politisch engagierten *Zisterziensern* eine Rückkehr zu den Wurzeln des Mönchtums, Askese und

Kontemplation. Seine Geschichtstheologie, die er in mehreren Schriften niederlegte, gewann große Wirksamkeit. Joachim teilt die Weltgeschichte in drei Perioden: die des Vaters, des Sohnes und des Heiligen Geistes. Die erste Periode findet er beschrieben im Alten Testament, die zweite beginnt mit dem Neuen Testament und reicht bis in Joachims eigene Zeit. Die dritte soll unmittelbar bevorstehen; es ist die glückliche, die alle Freuden des Himmlischen Jerusalem bringt. Zuvor aber muß noch die Ankunft des *Antichrist* abgewartet werden. Bei den Staufern genoß Joachim durchaus Förderung: *Heinrich VI.* machte bedeutende Schenkungen an die Abtei in Fiore, und seine Witwe *Konstanze* setzte die Unterstützung fort. Dabei hatte Joachim noch versucht, den Kaiser von der Eroberung Neapels abzuhalten. Aber er predigte eben auch Duldsamkeit gegenüber den Maßnahmen des Herrschers, der nach Gottes Willen handle. Der abtrünnige Zisterzienser verstand sich nicht als Künder der Zukunft, sondern wie die biblischen Propheten als Mahner und Warner; nach seinem Tod indes setzte eine ungezügelte Nachahmung ein, und in Joachims Namen wurden nun die wildesten Endzeitvisionen unter das Volk geworfen. Eine aufgewühlte Zeit ließ sich von »joachitischen« *Prophezeiungen* erregen. In *Franz von Assisi* glaubte man dann den heiligen Mann gefunden zu haben, der den Antichrist überwinden werde, aber auch *Friedrich II.* machte sich die umlaufenden apokalyptischen Stimmungen zunutze. Die kaiserliche Propaganda, die den Staufer als Messias pries, bewegte sich ganz in den Bahnen, die der Abt von Fiore vorgezeichnet hatte.

Johann Ohneland, König von England

* Oxford 24.12.1167, † auf Schloß Newark (Nottinghamshire) 18./19.10.1216

Im Urteil der Historiker kommt er nicht besonders gut weg: Feigheit, Tücke und Verschlagenheit werden Johann Ohneland nachgesagt, und so, als Ränkespinner und Neider, der auf den Tod seines älteren Bruders *Richard Löwenherz* spekuliert und edlen Outlaws wie Robin Hood nachstellt, erscheint er auch in Walter Scotts vielgelesenem Roman »Ivanhoe« (1819). Johann von England, den die Zeitgenossen »Lackland« (Ohneland) nannten, weil er sich mit Schenkungen von eroberten oder noch zu erobernden Ländereien an seine Günstlinge gänzlich verausgabte, trat 1199 die Nachfolge von Richard Löwenherz an. Er setzte die hergebrachte, gegen Staufer und die mit ihnen verbündeten französischen Kapetinger gerichtete, englische Politik fort, vermochte jedoch den Welfen *Otto IV.* im Kampf um die Herrschaft in Deutschland nicht wirkungsvoll zu unterstützen. Während sich Johann mit dem englischen Aufgebot gegen die Franzosen an der Loire nicht durchsetzen konnte, wurde Otto im Juli 1214 bei *Bouvines* von den Truppen des französischen Königs *Philipp II. August* entscheidend geschlagen. Und noch eine Schlappe mußte Johann hinnehmen: Im folgenden Jahr trotzten ihm die englischen Barone und Prälaten die »Magna Charta libertatum« ab, die Verfassungsurkunde, mit der der englische Rechtsstaat begann.

Jolande von Jerusalem

* Akkon 1212, † Andria (Apulien) 1.5.1228

Ein Prinzessinnenleben hatte sie zu führen, und ein besonders trauriges dazu: Jolande, die Erbin des Königreichs *Jerusalem*, war schon 1222, mit neun oder zehn Jahren, Gegenstand von Heiratsverhandlungen. *Hermann von Salza*, Großmeister des Deutschen Ordens, trat im Namen seines Freundes *Friedrich II.* als Brautwerber auf; dank seiner guten Verbindungen nach Rom erlangte er auch die Zustimmung des Papstes zum Heiratsprojekt. Die Partner schlossen ihren Bund im August 1225 als sogenannte Prokuraehe: Der Kaiser schickte einen Bischof aus Sizilien als Stellvertreter ins Heilige Land, der sich dort mit Jolande verheiraten und zum König von Jerusalem krönen ließ. Mit diesem Königreich war es allerdings zu dieser Zeit schon nicht mehr weit her: Die Muslime hielten die Hauptstadt Jerusalem besetzt, und der christliche Machtbereich war bis auf den Küstensaum geschrumpft, so daß die Zeremonien nicht von ungefähr in den Hafenstädten Akkon und Tyros begangen wurden. »Adieu, liebes Syrien, ich werde dich nicht wiedersehen«, sagte das junge Mädchen unter Tränen, als sie das Schiff bestieg. Die Prophezeiung sollte sich bewahrheiten, Jolande sah die Heimat nicht wieder. Im November 1255 wurde die Hochzeit in Brindisi wiederholt, diesmal spielte Friedrich selbst den Bräutigam. Ansonsten benahm er sich niederträchtig: Die Hochzeitsnacht verbrachte er mit Jolandes Cousine, die vor der Tür hatte Wache stehen sollen, und die junge Königin verschwand im Harem, den der Staufer an seinem Hof in Palermo unterhielt. Friedrich besuchte sie dort wohl zuweilen, Jolande brachte auch ein Kind zur Welt, das den Namen Konrad erhielt, aber nur wenige Tage nach der Geburt starb sie, noch nicht einmal 17 Jahre alt. Friedrich aber konnte künftig als Vormund seines Sohnes die Herrschaft in Jerusalem beanspruchen, was sich beim *Fünften Kreuzzug* als hilfreich erwies.

Juden

Nachdem die jüdischen Gemeinden der Römerzeit in Köln und anderen Orten in den Stürmen der Völkerwanderung untergegangen waren, etablierten sich die Juden erst seit dem 9./10. Jahrhundert wieder in Mitteleuropa. Zumeist kamen sie aus Italien oder Südfrankreich, Kaufleute- und Gelehrtenfamilien, die sich in Ballungsräumen und Handelszentren ansiedelten. Ihre internationalen Kontakte wurden gebraucht: Als Fernhändler, Wechsler und Mediziner waren die Juden den Herrschern willkommen, und als Steuerzahler erst recht. So bürgerte sich unter *Friedrich I. Barbarossa* die Auffassung ein, daß Juden zur kaiserlichen Kasse beizutragen hätten. Sein Enkel *Friedrich II.* führte sie als »Kammerknechte« in seinen Steuerlisten. Ganz aufgeklärter Monarch, bezog er die Juden wie die *Sarazenen* in sein Staatswesen ein und verteidigte sie gegenüber der Kirche als Bürger, die Landfremde, aber nicht Ungläubige seien. Die in der christlichen Welt immer latente Judenfeindschaft erfuhr durch die *Kreuzzüge* allerdings verhängnisvollen Auftrieb. Die religiöse Erregung machte sich in Drangsalierung der Juden, in Plünderungen und Massakern Luft. So beim Aufbruch zum Ersten Kreuzzug 1096, als wilde Volkshaufen die Häuser der Juden in den Städten des Rheinlands stürmten und die Bewohner zu Hunderten umbrachten. Die Ereignisse wiederholten sich bei Beginn des *Zweiten Kreuzzugs* in Frankreich und in Würzburg und schließlich auch in England, als sich die Scharen zum *Dritten Kreuzzug* versammelten. Mitte des 12. Jahrhunderts kam es in England zur ersten Anklage wegen eines angeblichen »Ritualmords«: Den Juden wurde vorgeworfen, ein Christenkind zur Verhöhnung der Leiden Christi in ritueller Form umgebracht zu haben. Die Ritualmordbeschuldigung wie auch der Vorwurf des Hostienfrevels sollten bald zum ständigen Repertoire der Judenverfolger gehören. Seit dem Laterankonzil von 1215, das den Juden Verbot des Handels und der Übernahme öffentlicher Ämter, Kennzeichnung ihrer Kleidung und den Aufenthalt in bestimmten Wohngebieten (Ghettos) auferlegte, verschlechterte sich ihre Lage weiter. Im Pogrom, das 1298 unter Führung eines Adligen namens Rindfleisch in Franken stattfand und mehrere tausend Juden das Leben kostete, kündigten sich die schrecklichen Verfolgungen an, die die Juden im nächsten Jahrhundert, dem Jahrhundert der Pest, erleiden sollten, als ihnen die Schuld am »Schwarzen Tod« zugeschoben wurde.

Kaisertum

»Kaiser«, abgeleitet vom lateinischen »caesar«, ist eines der ältesten germanisch-deutschen Lehnwörter. Es bezeichnete zunächst den Beherrscher des Römischen Reiches als den höchsten Träger weltlicher Gewalt auf Erden. Das Kaisertum überdauerte die Teilung des Römischen Reiches in ein westliches und ein östliches Reich (395). In *Byzanz*, dem Ostteil, hielt es sich unangefochten bis zur Eroberung Konstantinopels durch die Türken (1453). Im Westen dagegen gab es nach der Absetzung des Romulus Augustulus durch den Germanenfürsten Odoaker (476) vorerst auf Jahrhunderte keinen Nachfolger. Unter Karl dem Großen kam es zur Erneuerung: Zu Weihnachten 800 wurde der Frankenherrscher von Papst Leo III. in Rom zum Kaiser gekrönt, und mit dem byzantinischen »Rivalen« traf Karl 812 eine Einigung, die dem Kaiser in Ostrom bei gegenseitiger Anerkennung einen kleinen titularischen Vorsprung sicherte. Das Kaisertum des Westens wurde getragen von der Hegemonie der Franken in Europa, der heilsgeschichtlichen Begründung des Reiches als eines »regnum christianum« und der Bindung an den Papst. Vom Zerfall des karolingischen Reiches im 9. Jahrhundert wurde auch die Kaiserwürde nicht verschont. Als ein Kontinuum aber blieb ihre Verbindung mit der Herrschaft in Italien. Mit der Kaiserkrönung Ottos I. des Großen (962) begann eine neue Epoche. Das Kaisertum wurde mit dem deutschen Königtum, später mit der Trias Deutschland–Burgund–Italien verbunden, und zwar in Form eines Rechtsanspruchs des deutschen Königs auf die Kaiserkrone. Diesem Anspruch stand jedoch die Bindung des Kaisertums an den Papst entgegen, der seine Kirche nicht unter die politische Herrschaft des Kaisers geraten lassen wollte. Im Investiturstreit (1075–1122) zerbrach die weltlich-geistliche Einheit, fortan, in der Stauferzeit also, war das Verhältnis zwischen Kaiser und Papst durch einen Kampf um die Vorrangstellung geprägt, in dem die geistliche Gewalt deutliche Vorteile gegenüber der weltlichen erlangte; zu Anfang des 14. Jahrhunderts konnte das Papsttum bereits den Anspruch erheben, an der Königswahl mitzuwirken. Das Kaisertum verlor an Bedeutung, und es dauerte nach dem Tod des letzten Stauferkaisers *Friedrich II.* (1250) mehr als 60 Jahre, bevor überhaupt wieder ein Kaiser geweiht wurde (Heinrich VII., 1312). Das Kaisertum, wie es die Ottonen geschaffen und Salier und Staufer dann fortgeführt hatten, war keine staatsrechtliche, sondern eher eine geistige Größe. »Der Kaiser herrscht in seinem Reich«, war die gültige Formel. Der Kaiser besaß faktisch nicht mehr Macht, als er zuvor als König schon besessen hatte, ebensowenig waren Eingriffsrechte in die Souveränität der übrigen Königreiche des Abendlands vorgesehen. Für die Zeitgenossen verband sich mit dem Titel »Kaiser« jedoch immer ein ungeheurer Nimbus. Friedrich II. brachte das selbst einmal zum Ausdruck: »Alles auf Erden verliert seine Bedeutung gegen die Hoheit, den Glanz, die Herrlichkeit des Kaisertums.« Und die vielen Sagen, die sich um seine oder seines Großvaters *Friedrich I. Barbarossa* glorreiche Wiederkehr ranken, vor allem die um den *Kyffhäuser*, können als Beleg dafür angesehen werden, wie lange sich die Erinnerung an die Kaiser des Hochmittelalters hielt.

Kalixt III., Gegenpapst
† vor 1184
Das *Alexandrinische Schisma* setzte sich auch nach dem Tod (20.9.1168) des zweiten Gegenpapstes, den die kaiserliche Partei gegen *Alexander III.* aufgestellt hatte, *Paschalis' III.*, fort. Johannes (Giovanni) von Struma, früher Abt des Vallombrosanerklosters Struma bei Arezzo, unter *Viktor IV.* zum Kardinalbischof von Albano erhoben, wurde im September 1168 zum dritten Gegenpapst gewählt. Er »regierte« unter dem Namen Kalixt III. und mußte dabei in die Fußstapfen des Vorgängers treten. Wie dieser blieb er auf die Unterstützung durch *Friedrich I. Barbarossa* angewiesen, nur Rom, Teile des Kirchenstaats, der Toskana und Deutschlands folgten seinen Anweisungen. Der Frieden von *Venedig* zwischen dem Kaiser und Papst Alexander machte Kalixt zum Verlierer. Aber statt still in einer Abtei zu verschwinden, wie vorgesehen und wie ihm Barbarossa riet, hielt er an seinem Anspruch fest, bis er Anfang 1178 aus seiner Residenz Viterbo vertrieben wurde. Am 29. August 1178 dankte er schließlich ab und unterwarf sich Alexander, der ihm großmütig verzieh und ihn zum Rektor (Verwalter) von Benevent machte. Als solcher ist er 1180 zum letztenmal in den

Quellen genannt, die seit 1184 einen neuen Rektor erwähnen, was auf den ungefähren Zeitpunkt des Ablebens des einstigen Gegenpapstes schließen läßt.

Kamil, al-

* um 1180, † 6.3.1238

Wirklich erfolgreich war nach dem Ersten eigentlich nur der *Fünfte Kreuzzug* (1228/1229), obwohl dabei nicht einmal Blut floß. Zu danken war das neben dem Verhandlungsgeschick *Friedrichs II.* einem Zerwürfnis zwischen al-Kamil, dem Sultan von Ägypten, und dessen Brüdern, die gern selbst die Macht übernommen hätten. Der Sultan, ein Neffe des großen *Saladin*, hatte sich 1218 einem ersten Vorstoß von Kreuzfahrern gegenübergesehen, die er jedoch nach langen Kämpfen 1221 zur Kapitulation zwingen konnte. Als sieben Jahre später der Kaiser selbst in Akkon landete, wäre ihm unter vergleichbaren Umständen ein ähnliches Geschick nicht erspart geblieben, zumal er sich als Gebannter nicht einmal auf die christliche Bevölkerung des Heiligen Landes stützen konnte. Er verlegte sich daher auf Gespräche und fand in al-Kamil einen höchst kompetenten und angenehmen Partner, mit dem er auch über Jurisprudenz, Philosophie und die Wissenschaften allgemein einen fast freundschaftlichen Draht fand. Daheim und bei der Kurie sah man hingegen die Unterhandlungen mit den »Heiden« als typisch für den »gottlosen« Kaiser an und hielt am Bann fest. Auch Friedrichs Berater mißbilligten den autoritären Stil, der beim Sultan vielleicht noch zu verstehen war, einem christlichen Herrscher indes nicht wohl anstand. Das Tête-à-tête aber war es gerade, das einen Erfolg ermöglichte, weil sich so besser das Gesicht wahren ließ. Am 18. Februar 1229 kam jedenfalls ein Vertrag zustande, in dem al-Kamil Friedrich persönlich das Königreich *Jerusalem* abtrat. Der Kaiser verzichtete dabei auf den heiligen Bezirk mit der Omarmoschee, dem Felsendom und dem Tempel Salomos, wo die christlichen Pilger jedoch wieder ihr Gebet verrichten durften. Den Vertrag besiegelte ein Waffenstillstand auf zehn Jahre. So wie Friedrich sich haßerfüllter päpstlicher Kritik ob seines Erfolgs ausgesetzt sah, so mußte sich al-Kamil heftiger arabischer Verratsvorwürfe erwehren. Er ließ sich davon nicht beirren und hielt die Abmachungen bis zu seinem Ende ein, ja er informierte den Kaiser sogar über ein Komplott, das Tempelritter gegen ihn zu schmieden suchten.

Karl I. von Anjou

* März 1226, † Foggia (Apulien) 7.1.1285

Im Stauferdrama spielt er die Rolle des Schurken und Finsterlings: Karl I. aus dem Hause Anjou, einer Seitenlinie des französischen Königshauses, war zugleich Graf der Provence und beeindruckte mit seinem politischen Geschick Papst Urban IV. (1261–1264). Dieser suchte im Bemühen um Beendigung der staufischen Umklammerung des Kirchenstaats nach einem Fürsten, der die Macht und das Format hatte, *Sizilien* den Staufern zu entreißen. Karl von Anjou schien ihm wegen seines Rückhalts bei der französischen Krone und wegen seiner Talente der geeignete Kandidat. Am 9. Januar 1266 krönte Urbans Nachfolger Klemens IV. (1265–1268) den Anjou in Rom, und schon gut sechs Wochen darauf ging die römische Rechnung auf, denn Karl besiegte *Manfred*, den illegitimen Sohn und sizilischen Nachfolger Kaiser *Friedrichs II.*, am 26. Februar 1266 bei *Benevent*. Und das päpstliche Kalkül erwies sich auch deswegen als richtig, weil Karl vor keiner Grausamkeit zurückschreckte: Manfred war in der Schlacht gefallen, und auch sein staufischer Nachfolger *Konradin* unterlag Karl. In der Schlacht bei *Tagliacozzo* am 23. August 1268 besiegt, wurde der 16jährige Staufer auf der Flucht ergriffen und an Karl ausgeliefert. Der Sieger ließ Konradin und mit ihm den letzten *Babenberger* Friedrich von Österreich am 29. Oktober 1268 auf dem Marktplatz von Neapel enthaupten. Seine Dynastie hatte er damit auf lange Zeit etabliert und die staufische endgültig ausgelöscht. Zwar machte der Volksaufstand von 1282, bekannt als »Sizilianische Vesper«, seiner Herrschaft in Sizilien ein Ende, aber in Neapel konnte Karl sich halten, wo die Anjou bis 1435 regierten.

Klemens III., Papst

† Rom 28.3.1191

Der Mann, den die Kardinäle in Pisa am 19. Dezember 1187 zum Papst wählten, war von schwacher Gesundheit und ohne Erfahrung im politischen Geschäft, dennoch gelang es ihm, sowohl mit den Staufern zu einer Einigung zu kommen als auch die Kommune in Rom friedlich zu stimmen: Klemens III., vorher Paolo Scolari, stammte aus Rom, war vermögend und hatte Beziehungen zu den einflußreichsten Familien der Stadt. Das mochte ihm behilflich sein bei den Verhandlungen, mit denen er den Wiedereinzug des Papsttums in den Lateran Mitte Februar 1188 erreichte. Der Preis dafür war hoch: Die Kommune ließ sich die Anerkennung ihres Stadtherrn mit bedeutenden Zahlungen abkaufen. Der Akkord mit dem Reich wurde im Vertrag von Straßburg (3.4.1189) besiegelt. Der Kaisersohn *Heinrich VI.* räumte den Kirchenstaat und erhielt dafür die Krone. Wieder Herr über die päpstlichen Besitzungen, richtete Klemens eine effektive Finanzverwaltung unter Cencio Savelli (später *Honorius III.*) ein. Mit Inbrunst widmete er sich dem *Dritten Kreuzzug*, zu dem noch sein Vorgänger aufgerufen hatte und der im Mai 1189 in Gang kam. Um möglichst alle Kräfte Europas für das Unternehmen zu bündeln, versuchte er die Streitigkeiten zu schlichten, die die Fürsten und Herren von der Fahrt ins Heilige Land ablenken konnten. Unter seinem Pontifikat wurde die Kurie so etwas wie eine allgemeine Vermittlungsinstanz. Klemens mußte es noch erleben, daß der Kreuzzug nach *Friedrichs I. Barbarossa* Tod in Kleinasien (10.6.1190) an Schwung verlor und sich vor Akkon festlief. Als Heinrich VI., nun Alleinherrscher, im Januar 1191 nach Italien zog, um sein Erbe in Sizilien in Besitz zu nehmen, fand er den Papst nicht mehr am Leben vor.

Königswahl

Im Deutschen Reich galt im Mittelalter das Prinzip des Wahlkönigtums, wenn auch zunächst unter Beachtung des Geblütsrechts; in der Regel war damit die Erbfolge der königlichen Familie (Ottonen, Salier, Staufer) gesichert. Die Wahl selbst verlief ohne fest geregeltes Wahlverfahren. Das Stimmrecht übte de facto der Stammesadel der vier Hauptstämme (Franken, Schwaben, Sachsen, Bayern) aus. Auch die geistlichen Fürsten wählten zunächst als Angehörige ihrer Stämme; erst im 11. Jahrhundert bildeten sie einen eigenen Wahlkörper. Eine Wende im Thronfolgerecht trat mit der *Doppelwahl von 1198* ein: Der Staufer *Philipp von Schwaben* hatte die Mehrheit der Fürsten auf seiner Seite und war im Besitz der echten Reichsinsignien (Krone, Schwert, Zepter, Reichsapfel), ihm fehlten jedoch die Krönung am hergebrachten Ort *Aachen* und die Stimmen der Erzbischöfe von Köln, Mainz und Trier sowie des Pfalzgrafen bei Rhein. Die Stimmen dieser vier als führend geltenden Reichsfürsten hatte sein Konkurrent, der Welfe *Otto IV.*, für sich, der in Aachen gekrönt wurde, allerdings nur mit Nachbildungen der Insignien. Papst *Innozenz III.* übernahm die Rolle des Schiedsrichters und stellte erstmals Rechtsgrundsätze für die Königswahl auf, die sowohl das freie Wahlrecht betonten, als auch jene vier rheinischen Fürsten als für die Wahl unentbehrlich bezeichneten. Der *Sachsenspiegel* spricht Anfang des 13. Jahrhunderts bereits von sechs Fürsten, die dabeisein müssen: neben den vier rheinischen der Herzog von Sachsen und der Markgraf von Brandenburg. Nach wie vor können aber alle übrigen Fürsten gleichfalls teilnehmen. Da diese jedoch immer weniger Interesse an der Königswahl zeigten, verengte sich der Kreis der Wähler letztlich auf sieben Fürsten (zu den sechs erwähnten kam noch der König von Böhmen hinzu), die den König »kürten«. Dies Verfahren wurde bei den Königswahlen von 1257 erstmals praktiziert. Aus dem alleinigen Wahlrecht der »Kurfürsten« leiteten diese dann bald das Recht zur Absetzung des Königs ab. Beim Kurverein von Rhense (1338) traten sie zum erstenmal als organisierte Körperschaft auf. Mit der »Goldenen Bulle« von 1356, die das alleinige Wahlrecht der Kurfürsten bestätigte, wurde der Schlußpunkt unter die Entwicklung gesetzt.

Konrad III.

* 1093, † Bamberg 15.2.1152

Der erste Griff des später ersten staufischen Königs nach der deutschen Krone mißlang. Hatte sich schon der ältere Bruder *Friedrich II. der Einäugige* 1125 vergeblich Hoffnungen auf die Nachfolge beim Tod Kaiser *Heinrichs V.* gemacht und gegen *Lothar III. von Supplinburg* den kürzeren gezogen, so blieb auch Konrads Wahl zum Gegenkönig am 18. Dezember 1127 erfolglos. Seine Stunde kam dann aber unerwarteterweise nach Lothars Ende. Der Favorit und Schwiegersohn des verstorbenen Kaisers nämlich, der Welfe *Heinrich X. der Stolze*, war den deutschen Fürsten mit seinem ausgedehnten Besitz von der

Nordsee bis nach Oberitalien zu mächtig, und sie wählten am 7. März 1138 den Staufer, der ja als Enkel *Heinrichs IV.* wenigstens über seine Mutter *Agnes von Waiblingen* als Erbe der Salier gelten konnte. Die Krönung folgte eine Woche nach der Wahl in Aachen. Konrad erwies sich zumindest vordergründig dann tatsächlich als der erwünscht schwache Herrscher, schuf aber die Grundlagen für den künftigen Glanz des staufischen Hauses. Dazu gehörte auch eine schwere Hypothek, die er sich gleich nach der Thronbesteigung auflud: Er entzog dem unterlegenen Rivalen erst das sächsische Herzogtum zugunsten *Albrechts des Bären*, dann das bayerische, das er dem verwandten *Babenberger* Leopold IV. übertrug. Damit hatte er den jahrzehntelang immer wieder aufbrechenden und Jahrhunderte fortwirkenden Konflikt zwischen Staufern und *Welfen* geschürt. In Sachsen hatte Konrad keinen Erfolg, denn die welfische Partei setzte dort den unmündigen *Heinrich den Löwen* durch, während Albrecht der Bär verzichtete. In Bayern blieb die Entscheidung in der Schwebe, und der König versuchte 1142 schließlich einen Kompromiß herbeizuführen, indem er Leopolds Nachfolger *Heinrich II. Jasomirgott* zur Ehe mit *Gertrud*, der Witwe Heinrichs des Stolzen, überredete. Doch die frisch angetraute Welfin starb schon 1143, so daß der ohnedies wenig versöhnungsbereite *Welf VI.* seine Ansprüche auf Bayern aufrechterhielt, ja allmählich eine internationale Koalition gegen Konrad zusammenbrachte. Trotz der aufziehenden dunklen Wolken und des erstarkten Adels gelang es dem König, der sich auch ohne päpstliche Krönung oft bewußt Kaiser nannte, die Zentralgewalt zu festigen. Planmäßig baute er den Familienbesitz wie das Reichsgut in Franken und am Mittelrhein aus – durch Kauf, Einzug erledigter Lehen, Tausch und Neulandgewinnung (Rodung); er errichtete *Burgen* als Machtzentren und ließ diesen »Königsstaat« durch Burggrafen und aufsteigende Reichministeriale verwalten. Mit der Belehnung von Verwandten mit Fürstentümern oder ihre Einsetzung in kirchliche Pfründen hoffte er auf ähnliche Stabilisierung, doch gingen viele der solchermaßen Bedachten später eigene Wege. Seinen imperialen Anspruch mußte Konrad weitgehend aus eigener Kraft durchzusetzen suchen. Dazu gehörte die Schutzpflicht gegenüber Kirche und Papsttum, das damals unter doppelter Bedrohung stand: Zum einen wuchs der Druck des *Normannen*-Reichs in Süditalien und auf Sizilien gegen Rom, zum anderen beschnitt der Senat der Ewigen Stadt die päpstlichen Ansprüche auf ihre Regierung und vor allem ihre Einkünfte. Konrad suchte daher Anlehnung an *Byzanz*, das die normannischen Gebiete beanspruchte, und vermittelte 1146 die Ehe Kaiser *Manuels I.* mit seiner Schwägerin Bertha von Sulzbach; Konrad selbst war in zweiter Ehe mit Gertrud von Sulzbach († 1146) verheiratet. Berthas Mitgift sollte in ebenden süditalienischen Ländern bestehen, die beide Kaiser gemeinsam erobern wollten. Da aber kam eine Pflicht dazwischen, der Konrad bisher erfolgreich ausgewichen war: *Bernhard von Clairvaux* appellierte am Weihnachtstag 1146 derart eindringlich an den König, das Kreuz zu nehmen, daß es kein Ausweichen mehr gab; der gewaltige Prediger schlüpfte in die Rolle Christi und ermahnte den Herrscher: »Mensch, was soll ich denn noch alles tun, um dich meine Macht fühlen zu lassen? Gibt es etwas, was ich dir noch nicht getan habe?« Konrad gelang es noch, seinen zehnjährigen Sohn Heinrich zum König wählen zu lassen, ehe er 1147 zum *Zweiten Kreuzzug* aufbrach. Das Unternehmen wurde ein Fiasko, Konrad entrann selbst nur knapp dem Untergang, lag lange krank in Konstantinopel, versprach Kaiser Manuel in Saloniki nochmals die Rückeroberung des Normannenreichs und kehrte erst 1149 nach Deutschland zurück. Dort sah er sich bedroht von dem übermächtigen Bündnis, das Welf VI. inzwischen gegen ihn aufgebaut hatte: Sizilien, Frankreich, Ungarn und Serbien setzten Konrad unter Druck, und auch der ungeduldig gewordene Papst *Eugen III.* hegte mehr als Sympathie für die Gegner. Immerhin lehnte der König ein Angebot des römischen Senats ab, ihn zum Kaiser zu krönen, und beharrte auf päpstlicher Krönung. Das klärte die kirchliche Front, doch die welfische hielt Konrad bis Ende 1151 in Deutschland fest. Als er endlich zum Romzug und zur Kaiserkrönung aufbrechen wollte, ereilte den schon lange hinfälligen Mann eine tödliche Krankheit. In letzter Minute hatte er seinen Neffen *Friedrich I. Barbarossa* zum Nachfolger designiert. Denn der bereits gekrönte Sohn Heinrich war schon 1150 gestorben, und der jüngste Sproß Friedrich hätte als erst Siebenjähriger die staufische Thronfolge gefährden können.

Konrad IV.

* Andria (Apulien) 25./26.4.1228, † Lavello (bei Melfi, Basilicata) 21.5.1254

Als sein Sohn *Enzio* 1249 in die Gefangenschaft der Bologneser geriet, tröstete *Friedrich II.* seine Anhänger: »Da unser erlauchter Schoß überfließt von der Menge der Söhne, nehmen wir solche Nachricht mit Gleichmut auf.« Der, auf den das stolze Wort des Kaisers als nächsten zutraf, war Konrad IV., der aus Friedrichs zweiter Ehe mit *Jolande von Jerusalem* stammte. Früher, als er wohl selbst erwartete, nämlich bereits im nächsten Jahr, mußte er nach dem plötzlichen Tod seines Vaters am 13. Dezember 1250 die Zügel des Reiches in die Hand nehmen. Konrad war von Friedrich II. als Nachfolger für *Heinrich (VII.)* aufgebaut worden. 1237 zum deutschen König gewählt, wenn auch nie gekrönt worden, hatte er versucht, die staufische Machtposition gegen die Fürstenopposition in Deutschland zu halten, war 1246 bei *Frankfurt* am Main vom Gegenkönig *Heinrich Raspe* geschlagen worden und zu Weihnachten 1250 im Kloster Sankt Emmeram in Regensburg nur knapp einem Mordanschlag entronnen. Da nach Friedrichs Tod ein allgemeiner Abfall von der staufischen Sache einsetzte, beschloß Konrad, den Norden vorerst aufzugeben und sein Glück im Süden des Reiches zu machen. Er verschaffte sich Geld durch Verkauf und Verpfändung großer Teile des Reichs- und Hofgutes und nahm den Kampf um sein sizilisches Erbe auf. Im Januar 1152 landete er mit venezianischen Schiffen an der Küste Apuliens. Es gelang ihm, sich zum Herrn des Landes zu machen und auch den bisherigen Statthalter, seinen Halbbruder *Manfred*, in die Schranken zu weisen. Papst *Innozenz III.* verweigerte jedoch die Belehnung und sprach den Bann über den Staufer aus. Das hinderte diesen jedoch nicht daran, seine Sache weiter zu betreiben. Im Oktober 1253 nahm er Neapel ein und stand im Begriff, Truppen für einen Feldzug gegen Norditalien zusammenzuziehen, als ihn im Frühjahr 1254 die Malaria dahinraffte. Er hinterließ aus seiner Ehe mit Elisabeth von Bayern († 1273) einen Sohn, *Konradin*, der als letzter Staufer 14 Jahre später noch einmal den Versuch machen sollte, das Erbe Friedrichs II. anzutreten.

Konrad, Pfalzgraf bei Rhein

* um 1135, † 8.11.1195

Ein bedächtiger Mann, ein Mann des Ausgleichs: Konrad, ein jüngerer Halbbruder *Friedrichs I. Barbarossa* (aus *Friedrichs II. des Einäugigen* zweiter Ehe mit Agnes von Saarbrücken), 1156 zum Pfalzgrafen bei Rhein ernannt, nahm an mehreren Italienzügen teil und bemühte sich dort um Vermittlung zwischen Barbarossa und der Opposition in Italien. Das brachte ihm die Gegnerschaft *Rainalds von Dassel* ein, des Hauptvertreters der harten Linie. Auch sonst hatte er sich mit Rainald auseinanderzusetzen, da dieser als Kölner Erzbischof Konrads Territorialpolitik, die auf Erweiterung und Abrundung der Pfalzgrafschaft zielte, heftigen Widerstand entgegensetzte. Zeitweilig sogar mit seinem Halbbruder in Dissens, nahm Konrad am Italienzug 1166 bis 1168 nicht teil und entging so der Malariaseuche, die im August 1167 in Friedrichs Heer grassierte und unter anderen auch Konrads Widersacher Rainald dahinraffte. Die folgenden Jahre sehen ihn wieder an der Seite des Kaisers bei dessen italienischen Unternehmungen. Seine Politik des Ausgleichs setzte er unter *Heinrich VI.* fort, zum Beispiel, als es um die Freilassung des englischen Königs *Richard Löwenherz* ging. Auch bei der Aussöhnung mit dem Welfen *Heinrich dem Löwen* wirkte er mit, allerdings nur in einer passiven Rolle: Er war nicht zu Hause, als seine Frau Irmgard den Coup einer heimlichen Verheiratung ihrer Tochter *Agnes von Staufen* mit dem Sohn Heinrichs des Löwen veranstaltete, der viel zur Lösung des Knotens beitrug. Konrad blieb nur, die staufisch-welfische Ehe nachträglich abzusegnen – genau wie Heinrich VI., der die Pfalzgrafentochter eigentlich für *Philipp II. August von Frankreich* reserviert hatte.

Konrad von Rothenburg

* um 1172, † Durlach (heute zu Karlsruhe) 15.8.1196

Nach dem Tod *Friedrichs IV. von Rothenburg* wurden die staufischen Hausgüter in Franken Kaiser *Friedrichs I. Barbarossa* fünftem Sohn Konrad zugewiesen, der deshalb auch als Konrad von Rothenburg in den zeitgenössischen Dokumenten auftaucht. 1199 wurde für ihn ein Eheprojekt (mit Berengaria von Kastilien) eingeleitet, das jedoch am Einspruch des Papstes (wegen zu naher Verwandtschaft der Eheleute) scheiterte. Konrad begleitete seinen Bruder *Heinrich VI.* auf dem Romzug 1191. Im folgenden Jahr empfing er die Schwertleite sowie das Herzogtum Schwaben. Als Heinrich 1194 zur Eroberung des normannischen Königreichs in Unteritalien aufbrach, war auch Konrad, dessen militärische Fähigkeiten die Quellen hervorheben, mit von der Partie. Nach Deutschland heimgekehrt, fiel der Staufer einem Mordanschlag zum Opfer. Die Hintergründe sind unklar; es soll sich um den Racheakt eines Ehemanns gehandelt haben, dessen Gattin Konrad angeblich vergewaltigt hatte.

Konrad, Erzbischof von Mainz
* um 1130, † Riedfeld (bei Neustadt an der Aisch) 25.10.1200
Der Wittelsbacher Konrad, 1161 von *Friedrich I. Barbarossa* zum Erzbischof von Mainz erhoben, machte bald Front gegen seinen Herrn. 1164 versuchte er die Wahl des Gegenpapstes *Paschalis III.* zu verhindern, und als das nicht gelang, schloß er sich Papst *Alexander III.*, dem schärfsten Gegner des Kaisers, an und folgte ihm ins Exil nach Frankreich. Sein Mainzer Erzbistum ging derweil an den kaisertreuen Christian von Buch *(Christian I. von Mainz).* Nach dem Ausgleich zwischen Kaiser und Papst im Frieden von *Venedig* (1177) erhielt Konrad das Erzbistum Salzburg. 1183 kehrte er in das durch Christians Tod frei gewordene Mainz zurück. In den folgenden Jahren widmete er sich der Reorganisation seines Erzbistums, das unter seinem Vorgänger stark für die Zwecke des Reiches in Anspruch genommen worden war. In dieser Zeit wurde auch mit dem Bau des Mainzer Domes begonnen. Gegen Ende seines Lebens schrieb sich Konrad noch in die Geschichte der Kreuzzüge ein. Er gehörte zum Vorauskommando, das Kaiser *Heinrich VI.* 1197 nach Akkon schickte (der eigentliche Kreuzzug fiel durch den frühen Tod des Monarchen dann aus). Er regelte im Januar 1198 die Nachfolge im Königreich *Jerusalem* nach dem Tod Heinrichs von Champagne, vermochte aber militärisch wenig auszurichten. Bei seiner Rückkehr 1199 war der staufisch-welfische Thronstreit im vollen Gang und eine Vermittlung, wie Konrad sie vorhatte, nicht mehr möglich. Immerhin gelang es

ihm noch, einen anderen Thronstreit, nämlich in Ungarn, im Sommer 1200 zu schlichten.

Konrad von Marburg
† bei Marburg a. d. Lahn 30.7.1233
Deutschlands erster Inquisitor: Die frühesten Nachrichten über Konrad von Marburg stammen aus den Jahren 1215/1216. Sie zeigen den »Magister«, der möglicherweise Mitglied des Prämonstratenserstifts Arnstein bei Koblenz war, als Kreuzzugpropagandisten in Nord- und Mitteldeutschland. Konrad erwarb sich das Vertrauen der thüringischen Landgrafenfamilie; er verwaltete die landgräflichen Kirchenlehen während der Kreuzfahrt Ludwigs IV. (1226/1227) und wurde Beichtvater der jungen Landgräfin *Elisabeth.* Auf die Nachricht vom Tod ihres Mannes – er starb noch vor der Einschiffung zum Kreuzzug in Otranto (Apulien) am 11. September 1227 – übernahm Konrad die Vormundschaft über Elisabeth, die unter seiner geistlichen Führung ein heiligmäßiges, ganz der Armen- und Krankenpflege gewidmetes Leben führte. Nach ihrem Tod (17.11.1231) betrieb Konrad sogleich das Heiligsprechungsverfahren, dessen Ausgang er allerdings nicht mehr erleben sollte. Er hatte gemäß einem päpstlichen Auftrag, den er im Oktober 1231 erhalten hatte, mit der Ketzerinquisition im Gebiet des Mittelrheins begonnen. Dabei ging er mit erschreckender Härte vor: Manche seiner Opfer mußten den Feuertod erleiden, und Konrad scheute sich auch nicht, hochgestellte Persönlichkeiten in seine Verfolgungen einzubeziehen. Das wurde ihm zum Verhängnis; aufgebrachte Adlige erschlugen ihn im Juli 1231.

Konradin
* auf der Burg Wolfstein (bei Landshut) 25.3.1252,
† Neapel 29.10.1268
Rom quillt über von bunten Bändern, Fahnen, Lorbeerzweigen und Blumengebinden, alle Häuser und Fenster sind an diesem Julitag des Jahres 1268 geschmückt, die Kirchenglocken dröhnen, die schönsten Frauen und Mädchen der Stadt strömen zusammen, um den Jüngling aus Deutschland mit Gesang, Tanz und Musik zu empfangen. Und da reitet er durch die jubelnde Menge und erreicht endlich das Kapitol, umgeben von Fürsten

und Edlen, der 16jährige, der gekommen ist, sich ein Königreich zu erobern, »Corradino«, der kleine Konrad, wie ihn die Römer zärtlich nennen, und die Begeisterung kennt überhaupt keine Grenzen mehr. Aller Glanz der Stauferzeit schien noch einmal wiederbelebt, als der Enkel *Friedrichs II.* mit dem Namen Konrad (der, dem italienischen Beispiel folgend, in der Verkleinerungsform Konradin erhalten blieb) nach Italien kam. Er war der Sohn *Konrads IV.*, hatte den Vater jedoch nie gesehen, denn dieser war noch vor Konradins Geburt zum Zug in den Süden aufgebrochen, von wo er nicht wiederkehren sollte. Konradin hatte seine Kindheit in Deutschland verbracht. Versuche der Stauferpartei, den kleinen Herzog von Schwaben zum deutschen König zu erheben, waren fehlgeschlagen. Es blieb der Erbanspruch auf das sizilische Königreich, und als nach dem Tod *Manfreds* in der Schlacht von *Benevent* (1266) die kaiserliche Partei in Oberitalien, die Ghibellinen in der Toskana und die von *Karl von Anjou* unterdrückten Adligen im Königreich Sizilien Hilfe aus Deutschland erbaten, hatte sich Konradin entschlossen (oder war von seinen Ratgebern dazu gedrängt worden), dem Beispiel seines Vaters zu folgen und – als letzter seines Geschlechts – die Fahrt in den Süden anzutreten. Ein Unternehmen, das eigentlich nur scheitern konnte. Dennoch, zunächst ließ es sich gut an. In Augsburg sammelten sich die Truppen, und im September 1267 brach man auf und gelangte über Verona nach Pavia und Pisa. Der Bannfluch Papst Klemens' IV. vom 18. November 1267 blieb wirkungslos. Ein Abenteurer namens Heinrich von Kastilien, Senator in Rom, ebnete dem jungen Staufer den Weg in die Ewige Stadt. Von dort sollte es weitergehen in Richtung Lucera (Apulien), wo sich die sarazenische Besatzung im Aufstand gegen Karl von Anjou befand. Doch dessen Heer zog den Deutschen entgegen und schlug sie am 23. August 1268 bei *Tagliacozzo*. Konradin floh mit wenigen Getreuen. Bei Astura an der Küste südlich von Anzio wurde er Anfang September gefangengenommen und an Karl ausgeliefert, der ihn in Neapel als »Räuber, Empörer, Aufwiegler und Verräter» zum Tod verurteilen ließ. Zusammen mit seinem Freund Friedrich von Österreich und einigen anderen Gefährten mußte Konradin das Blutgerüst besteigen. Nach dem Bericht eines Chronisten waren seine letzten Worte ein Gedenken an seine Mutter Elisabeth von Wittelsbach: »O Mutter, welches Leiden bereite ich dir!« Die Leichen der Hingerichteten wurden auf Befehl Karls am Strand verscharrt. Erst im folgenden Jahr gestattete der Anjou eine Beisetzung in der Kirche Santa Maria del Carmine. Der Tod des schönen jungen Staufers wurde alsbald von Sagen und Legenden umrankt: Ein Adler stürzt herab auf die Richtstätte, taucht seine Schwingen in das Blut des Hingerichteten und fliegt davon; am Platz, wo Konradins Haupt fiel, bleibt ein feuchter Fleck, der niemals trocknen will ... Die Tragödie Konradins wurde zu einem Lieblingsthema der deutschen Dichtung – kein Wunder, enthält sie doch alle Ingredienzen, die Schauer und Rührung hervorrufen können. Hier Lichtgestalt, dort finsterer Tyrann. Hier, beim 16jährigen Königssohn, Schönheit, Naivität und Arglosigkeit der Jugend und eine glühende Begeisterung, die nichts weiß von der Schlechtigkeit der Welt, dort, beim Gegenspieler Karl, die dünne, eisige Luft der Politik, in der nur überlebt, wer zu jeder List und Gewalttat fähig ist. In mehr als 100 Konradin-Dramen und -Fragmenten, von Johann Jakob Bodmers »Conradin von Schwaben« (1771) bis zu Konrad Weiß' »Konradin von Hohenstaufen« (1938), wird der tragische Gegensatz entfaltet. Auf die Spitze getrieben, nämlich mit dem Idealismus der Jugendbewegung und der Opferbereitschaft der Weltkriegsgeneration verbunden, erscheint der Konradin-Mythos in der Erzählung »Konradin reitet« von Otto Gmelin (1933): Reiten, unterwegs sein, einer Sehnsucht folgend, die sich nicht genügt, ist das Schicksal des adligen Kindes, »reiten in die Welt, in den Kampf, in die Ferne, in den Tod und bereit auch zum Opfer«. Auch wer an der Drehbank steht, am Schreibtisch sitzt oder hinterm Pflug geht, so der Dichter, soll sich wie der Staufer fühlen, denn »solange Jugend sucht und leidet, träumt und flammt, glaubt und handelt, bist du nicht tot, Konradin«.

Konstanz, Frieden von

Die im *Frieden von Venedig* 1177 angebahnte Verständigung zwischen Kaiser und *Lombardenbund* wurde sechs Jahre später vertraglich abgesichert. *Friedrich I. Barbarossa* und sein Sohn *Heinrich VI.* ratifizierten am 20. Juni 1183 in Konstanz ein entsprechendes Abkommen. Barbarossa ließ den Anspruch auf die

Regalien, den alten Zankapfel seit dem Reichstag von *Roncaglia* 1158, fallen und begnügte sich mit einmaligen Abfindungen oder jährlich gezahlten Ablösesummen. Dafür hatten die Städte ihm den Treueid zu leisten und beim Durchzug kaiserlicher Truppen das Fodrum, eine Heersteuer, zu zahlen. Die in den Kommunen frei gewählten Konsuln mußten von einem kaiserlichen Beamten und alle fünf Jahre vom Kaiser selbst in ihr Amt eingeführt werden. Der Kaiser blieb oberste Appellationsinstanz für wichtige Streitfragen. Mit dem Frieden von Konstanz war der Bund der oberitalienischen Städte anerkannt. Gleichzeitig sollte er als Ordnungskraft in das Reich einbezogen werden. Letzteres ließ sich aber in der Wirklichkeit kaum mehr durchsetzen.

Konstanz, Vertrag von

Zwar hatte sich inzwischen ein Automatismus entwickelt, nach dem der gewählte deutsche König auch die Kaiserkrone empfing – aber eben nur in Rom und tunlichst vom Papst. *Friedrich I. Barbarossa* sann daher gleich nach Regierungsantritt auf eine Verständigung mit Papst *Eugen III.*, die am 23. März 1153 in Konstanz gelang. Hochrangige Abgesandte des Königs und des Papstes handelten ein Abkommen aus, das den Staufer verpflichtete, die aufständischen Römer und damit die Ewige Stadt für den Papst zu unterwerfen, wofür ihm dieser bei der nächstmöglichen Romfahrt die Kaiserkrönung zusagte. Beide Seiten sicherten einander zu, gemeinsam Begehrlichkeiten von seiten das byzantinischen Kaisers (in der Urkunde nur als »König« bezeichnet) auf italienische Territorien abzuwehren, die Ehre des jeweils anderen mit allen ihren Machtmitteln zu schützen und keinen Separatfrieden mit den Feinden des Partners, im Falle des Papstes eben die Römer, aber auch das normannische Königreich in Neapel-Sizilien, zu schließen. Daß der Kaiser den »honor papatus«, also die päpstliche Würde, zu schützen versprach, entsprach der Tradition. Daß aber der Papst auch umgekehrt den »honor imperii«, die Unantastbarkeit des Reiches, mit allen kirchlichen Mitteln zu verteidigen beschwor, löste Erstaunen aus und lag ganz auf der Linie Friedrichs. Diesem ging es um Gleichrangigkeit des weltlichen mit dem geistlichen Oberhaupt der Christenheit, die er beide als unmittelbar von Gott eingesetzt verstand. Darin bestätigte ihn auch ein weiterer Passus des Abkommens: Er verpflichtete Friedrich, den Zustand der römischen Kirche, wie er vor 100 Jahren geherrscht habe, wiederherzustellen. Das spielte auf das damals gute Einvernehmen zwischen Kaiser Heinrich III. (1039–1056) und Rom an und damit auf einen Herrscher, der bei der Einsetzung von Päpsten das entscheidende Wort geführt hatte. Friedrich wollte es gern ebenso halten, doch die Zeiten waren nicht mehr so. Nachdem Papst Eugen III. noch im selben Jahr verstorben war, erneuerte sein Nachfolger *Hadrian IV.* zwar den Konstanzer Vertrag 1155, brach ihn aber schon nach ersten Zerwürfnissen mit dem von ihm noch vertragsgemäß gekrönten Kaiser im folgenden Jahr, indem er eigenmächtig mit den Normannen den Frieden von *Benevent* schloß. Und im Oktober 1157 war mit dem anmaßenden Auftreten der päpstlichen Legaten auf dem Reichstag zu *Besançon* das Abkommen endgültig Makulatur.

Konstanze von Aragonien

* um 1182/1183, † Catania (Sizilien) 23.6.1222

Es erinnert an die alttestamentliche Geschichte von Jakob, Rahel und Lea: Der Bräutigam, der die jüngere Tochter haben will, muß erst mal die ältere heiraten ... Für den achtjährigen *Friedrich II.* wurde im Jahr 1202 ein Eheprojekt arrangiert, das die Heirat mit Sancha (* um 1185) vorsah, der Tochter Alfons' II. von Aragonien (1152–1156). Zwei Jahre später wurde das Verlöbnis gelöst, an Sanchas Stelle trat ihre zwei Jahre ältere Schwester Konstanze, die gerade Witwe geworden und somit frei war. 1208 war der neue Ehevertrag perfekt: Im August 1209 heirateten Konstanze und Friedrich, Sancha ging ins Kloster. Konstanze brachte eine ansehnliche Mitgift in die Ehe, 500 spanische Reiter, mit denen Friedrich seine Herrschaft, auf Sizilien einigermaßen gefestigt, nun auch auf dem Festland zu etablieren hoffte. Daraus wurde vorerst nichts, da die Spanier noch während der Vorbereitungen zum Feldzug fast alle durch eine Seuche hinweggerafft wurden. Zwei Jahre nach der Hochzeit kam *Heinrich (VII.)* zur Welt, Konstanzes erstes und einziges Kind aus der Ehe mit Friedrich. Während Friedrichs Abwesenheit in Deutschland amtierte Konstanze 1212 bis 1216 als

Regentin im Königreich Sizilien; 1220 wurde sie mit ihm zusammen in Rom zur Kaiserin gekrönt.

Konstanze von Sizilien
* 1154, † Palermo 28.11.1198
Das dynastische Prinzip stand im Mittelalter an oberster Stelle, und Außenpolitik war daher oft nichts als angewandtes Erbrecht. Der vorzeitige Tod eines Herrschers konnte kunstvoll geschmiedete Bündnissysteme zum Einsturz bringen, eine umsichtig plazierte Eheschließung die größten Perspektiven eröffnen. Eine Heirat, die in diesem Sinne Weltgeschichte machte, war die zwischen Konstanze aus dem Hause Hauteville, Tochter des Normannenkönigs Roger II. von Sizilien (1130–1154), und ihrem elf Jahre jüngeren Bräutigam, dem deutschen König *Heinrich VI.* Im Januar 1186 wurde sie in Mailand mit allem Pomp begangen. Heinrichs Vater *Friedrich I. Barbarossa* hatte die Sache eingefädelt; er verfolgte damit die Absicht, den Frieden zwischen dem Königreich *Sizilien* und dem Reich zu befestigen. Aber es sollte sich noch mehr daraus ergeben, im normannischen Königshaus herrschte nämlich gefährlicher Nachwuchsmangel. Als Wilhelm II. von Sizilien am 18. November 1189 starb, waren keine direkten Nachkommen da. Kinder hatte der Normannenkönig nicht, und seine Brüder waren vor ihm gestorben. Die nächste erbberechtigte Verwandte war seine Tante Konstanze. Unversehens bot sich den Staufern die Gelegenheit, das Normannenreich in die Hand zu bekommen. Zwar erhoben die sizilischen Barone einen der Ihren, *Tankred von Lecce*, zum König, aber gestützt auf den Erbanspruch seiner Frau, konnte Heinrich nach seiner und Konstanzes Kaiserkrönung (15.4.1191) den Kampf um das Reich in Unteritalien eröffnen und 1194 auch zu einem siegreichen Ende bringen. Konstanze, die er während des Feldzugs in Iesi (bei Ancona) zurückgelassen hatte, brachte dort am 26. Dezember 1194 den Thronfolger *Friedrich II.* zur Welt – angeblich in einem Zelt auf dem Marktplatz, vor allem Volk, um den Gerüchten die Stirn zu bieten, sie sei unfruchtbar oder schon viel zu alt, um noch Kinder zu bekommen. Im März 1195 zur Regentin des Königreichs Sizilien ernannt, übte sie nach dem frühen Tod Heinrichs VI. (28.9.1197) die volle Herrschaft aus. Unter Verzicht auf den

deutschen Königstitel ließ sie ihren dreijährigen Sohn zu Pfingsten 1198 in Palermo zum König von Sizilien krönen und von Papst *Innozenz III.* mit dem normannischen Königreich belehnen. Ihr plötzlicher Tod im November 1198 unterbrach die Verhandlungen mit dem Papst um den Erhalt der Sonderrechte des sizilischen Königs. Testamentarisch hatte sie Innozenz zum Vormund ihres Sohnes bestellt; das verstärkte künftig den Einfluß der Kurie in Sizilien, das die Päpste seit je schon als ihr Eigen betrachtet hatten.

Kreuzzugbewegung, Kreuzzüge

In der zweiten Hälfte des 11. Jahrhunderts sah sich *Byzanz* stetigen Angriffen der Seldschuken in Kleinasien ausgesetzt. Wiederholt ergingen Hilferufe an die Päpste in Rom. Die Kaiser in Konstantinopel dachten dabei an ein Expeditionskorps aus dem Westen, das bei der Verteidigung gegen die muslimischen Invasoren helfen sollte, selbstverständlich unter byzantinischem Befehl. Das Gesuch wurde jedoch im Abendland ganz anders interpretiert. Es traf auf Zeitströmungen, von denen man im Oströmischen Reich wenig ahnte, und Papst Urban II., der 1088 den Stuhl Petri bestieg, wußte sie zu bündeln. Seit 1054 waren Ost- und Westkirche getrennt, innerhalb einer gemeinsamen militärischen Intervention des Abendlands mochte die Wiedervereinigung der beiden Kirchen zu bewerkstelligen sein. Damit verbanden sich Vorstellungen von einem »gerechten Krieg« gegen Glaubensfeinde, konkret die Erfahrungen der Reconquista, des Kampfes gegen die Mauren, der schon seit einigen Jahrzehnten auf der Iberischen Halbinsel in Gange war, und allgemein verbreitete Endzeitängste, die die Bereitschaft zu Bußübungen und Wallfahrten gewaltig ansteigen ließen. Hinzu kam die von den Kluniazensertheologen entwickelte Idee einer Friedensbewegung, die für eine sinnvolle Nutzung der aggressiven Energien der abendländischen Ritterschaft eintrat. Dies alles faßte Urban II. zu einem Programm zusammen, dem Kreuzzug. Vor allem aber wies er der Bewegung ein Ziel, das jede Mühe lohnte: *Jerusalem* und die Befreiung des Heiligen Grabes. Nun war Jerusalem schon seit einem halben Jahrtausend in den Händen der Muslime, und der Pilgerbetrieb dort hatte immer leidlich funktioniert; zu einer »Befreiungsaktion«

bestand also kein rechter Anlaß. Aber der Gedanke einer bewaffneten Wallfahrt ins Heilige Land hatte sich beim Papst und seiner Umgebung festgesetzt, und er war es, der zündete. Der Aufruf zum Kreuzzug, im November 1095 auf der einer Synode in Clermont (Auvergne) formuliert, fand Widerhall bei allen Schichten des Volkes; Ritterheere machten sich genauso auf den Weg wie Bauernhaufen. Im Juli 1099 eroberten die Kreuzfahrer Jerusalem, besetzten Palästina und Syrien und gründeten einen Staat, das Königreich Jerusalem. Bis zu dessen Untergang im Jahr 1291, fast zwei Jahrhunderte also, bildeten die christlichen Niederlassungen im Heiligen Land einen Fixpunkt der europäischen Politik. Ständig muslimischen Angriffen ausgesetzt, brauchte der Außenposten des Abendlands stets neue Zufuhr von Menschen, und nach dem ersten erfolgreichen Kreuzzug mußten zahlreiche weitere organisiert werden. An die Staufer-herrscher von *Konrad III.* bis *Friedrich II.* trat regelmäßig die Pflicht heran, das Kreuz zu nehmen; am *Zweiten* (1147–1149), *Dritten* (1189–1192) und *Fünften Kreuzzug* (1228/1229) waren sie maßgeblich beteiligt. In ihre Epoche fallen auch Unternehmen, die als Kreuzzüge deklariert wurden, aber mit der ursprünglichen Idee wenig zu tun hatten, etwa der Feldzug gegen die Albigenser in Südfrankreich (1209–1229), der Wendenkreuzzug (1147) und die Strafaktion gegen die Stedinger Bauern an der Unterweser (1233/1234). Einige Male wurde sogar – im Rahmen ihrer Auseinandersetzungen mit dem Papsttum – gegen sie selbst das Kreuz gepredigt. Das geschah der »apokalyptischen Bestie« Friedrich II. genauso wie seinem Sohn *Manfred* und seinem Enkel *Konradin.* So trugen etwa die Kämpfer, die 1248 für den Gegenkönig *Wilhelm von Holland* nach Aachen marschierten, das Kreuz auf ihren Mänteln, und nicht anders die Truppen des Staufergegners *Karl von Anjou* in den Kämpfen von 1266 und 1268.

Kyffhäuser

In einer Höhle tief im Berg schlummert Friedrich Barbarossa. Er sitzt auf einem Stuhl aus Elfenbein an einem Marmortisch, sein Bart ist durch die Tischplatte gewachsen. Um ihn herum liegen schlafend seine Ritter, gewappnet und gerüstet. In langen Zeitabständen wacht der Kaiser auf und schickt einen Knaben nach oben, der Ausschau halten soll, ob die Raben noch um den Berg fliegen. Wenn das der Fall ist, muß er noch weitere 100 Jahre schlafen. Aber eines Tages ist es soweit: Der Kaiser verläßt den Berg und stellt des Reiches Herrlichkeit wieder her. – Das ist die Sage vom Kyffhäuser. In dieser Form ist sie allerdings ein Produkt späterer Zeiten. Dem Berg im Thüringischen wurde nicht sofort die Ehre zuteil, als Aufenthalt des verzauberten Kaisers zu gelten, und die Sage war ursprünglich auch nicht mit dem Rotbart verknüpft, sondern entstand um die Figur *Friedrichs II.* Der war schon zu seinen Lebzeiten eine heißumstrittene Persönlichkeit gewesen, von seinen Anhängern als Messias verehrt, von seinen Feinden als Ausbund der Hölle verflucht. Man hatte ihn in Deutschland kaum gesehen, und als die Nachricht von seinem Tod kam, wollte sie keiner glauben. Er halte sich verborgen und werde bei passender Gelegenheit wieder erscheinen, hieß es. *»Falsche Friedriche«* machten sich das zunutze, aber ihre Enttarnung nützte nichts, zäh hielt sich die Friedrich-Verehrung. Die Geschichte wäre aber wohl in Vermischung mit ähnlichen Sagen (das Motiv des »guten« Herrschers, der im verborgenen auf seine Wiederkehr wartet, ist uralt und weit verbreitet) aufgegangen, wenn sie sich nicht im 15. Jahrhundert als Ortssage an der Burgruine des Kyffhäusers lokalisiert hätte. Dessen Nähe zur alten Königspfalz Tilleda mit ihren Erinnerungen an Ottonen und Staufer tat ein übriges, die Sage in diesem Gebiet festzuhalten. Nicht von ungefähr fanden sich 1525 die aufständischen Bauern am Kyffhäuser zusammen; der Glaube an einen guten und gerechten König spielte eine wesentliche Rolle im deutschen Bauernkrieg. Im Lauf der Zeit fand eine Veränderung statt: Das Bild Friedrichs II. verblaßte und wurde durch das seines Großvaters *Friedrich I. Barbarossa* ersetzt. Die Romantik mit ihrer Verklärung des Mittelalters und ihrer Glorifizierung der Nation gab der Erzählung vom König im Berg dann den entsprechenden Tiefgang. Im schlafenden Barbarossa fand sie das Symbol der alten Reichseinheit, die machtvoll wiedererweckt werden sollte. 1817 veröffentlichte Friedrich Rückert sein Kyffhäuser-Gedicht, das die Stimmung aufs genaueste ausdrückt: »Der alte Barbarosse, / Der Kaiser Friederich, / Im unterirdschen Schlosse / Hält er verzaubert sich … Er hat hinabgenommen / Des Reiches Herrlichkeit / Und wird einst wiederkommen / Mit ihr, zu seiner Zeit.« Mochte Heinrich Heine dagegen in »Deutschland. Ein Wintermärchen« (1844) spotten: »Herr Rotbart – rief ich laut – du bist / Ein altes Fabelwesen, / Geh leg dich schlafen, wir werden uns / Auch ohne dich erlösen ...« – die Rückertsche Auffassung der Kaisersage setzte sich durch. Im 1871 gegründeten preußisch-deutschen Kaiserreich wurde sie ohne weiteres auf die regierenden Häupter des Hauses Hohenzollern übertragen. Felix Dahn begrüßte den weißbärtigen Kaiser Wilhelm I. als »Barbablanca«, und 1891 bis 1897 wurde auf dem Kyffhäuser ein Denkmal errichtet, das den nationalen Traum vom wiedererrichteten Reich der Stauferkaiser in Stein bannte: Oben prangt Wilhelm I. zu Pferde, und am Fuß des Denkmals erwacht ein uralter Barbarossa aus tiefem Schlummer. Das DDR-Regime ließ den 81 Meter hohen Monumentalbau unangetastet. So blieb er erhalten bis heute.

Landesausbau und Kolonisation

In Mitteleuropa kam es während des 11. bis 13. Jahrhunderts zu einer erheblichen Ausweitung des Kulturlandes und zur Intensivierung der Landwirtschaft. Diese Entwicklung wurde durch den starken Bevölkerungsanstieg vorangetrieben. Im großen Stil wurde gerodet, schließlich gab es damals noch genug große Waldgebiete, die erschlossen werden konnten. Das galt für den altdeutschen Raum ebenso wie für die Gebiete, die von der *Ostsiedlung* berührt wurden. An der Nordseeküste wurde Land durch Eindeichungen, in den Flußniederungen durch Entwässerungsmaßnahmen gewonnen. Hatte man bisher Nahrung hauptsächlich aus der Jagd, dem Fischfang, der Haltung von Weidevieh und dem Gartenbau (Gemüse, Obst) bezogen, weniger dagegen aus dem Getreideanbau, so kehrte sich nun das Verhältnis um; die Getreideprodukte wurden zahlreicher und wichtiger. Das führte zu rationeller Nutzung der Böden, und es setzte sich die Dreifelderwirtschaft durch: im ersten Jahr Winterfrucht, im zweiten Sommerfrucht, im dritten Brache. Der Binnenkolonisation kam zugute, daß die alte Form der Grundherrschaft in Gestalt des Fronhofsystems verschwand und die Bauern größere Freizügigkeit und Selbständigkeit erhielten. Die Grundherren, geistliche wie weltliche, unterstützten den Landesausbau durch Privilegien und Freiheitsrechte; Träger der materiellen Lasten, die mit den Rodungen verbunden waren, blieben aber die Bauern. In gewissem Maße beteiligten sich auch die Klöster der *Zisterzienser* an der Landerschließung. Neue Siedlungsformen kamen auf: Zu den bisherigen Mustern – Einzelhöfen und Haufendörfern – traten im Zuge des planmäßigen Landesausbaus auch Straßendörfer, Hufendörfer und Rundlinge, letztere eine Art Wehrsiedlung in gefährdeten Gebieten. Ortsnamen, die auf -hagen, -rode, -roda oder -reuth enden, verweisen noch heute auf die Ausweitung des Kulturlands im Hochmittelalter.

Landfrieden

Im Mittelalter war Frieden nichts Selbstverständliches, Frieden mußte hergestellt werden. Bereits aus der Zeit der Karolinger und der Salier sind Friedensgebote der Herrscher überliefert. Daran und mehr noch an den »Gottesfrieden«, den die Kirche schon lange vehement forderte, knüpfte die von den weltlichen

Gewalten seit der zweiten Hälfte des 11. Jahrhunderts geschaffene Landfriedensgesetzgebung an. Thüringen, Schwaben und Bayern machten dabei die Vorreiter. 1103 verkündete *Heinrich V.* einen Landfrieden von vier Jahren, der im ganzen Reich Gültigkeit haben sollte. Damit wurden bestimmte Orte (besonders die Kirchen) und Bevölkerungsgruppen (Kleriker, Frauen, Kaufleute, Juden) unter Schutz gestellt und zugleich der Versuch unternommen, das Fehdewesen einzudämmen. Neuartig war dabei die Androhung von schweren Strafen wie Rädern, Enthaupten oder Verstümmeln, die das überkommene System von Bußen, das heißt Schadensersatzleistungen, ablöste. Die Strafverfolgung lag nun auch nicht mehr in der Hand des Geschädigten oder seiner Familie, sondern wurde zu einer Aufgabe der öffentlichen Gewalt gemacht. Ein Landfrieden kam zustande durch einen Eid, den die beteiligten Fürsten sich gegenseitig leisteten und teilweise auch schon von ihren Leuten wiederholen ließen. Unter *Friedrich I. Barbarossa* wurde der Landfrieden (Erlasse von 1152, 1158 und 1188) zum Instrument der kaiserlichen Gerichtsbarkeit. Ein Netz von Eidesleistungen sollte alle Teile der Gesellschaft überspannen und gewährleisten, daß der Rechtsweg überall eingehalten wurde. Mit dem *Mainzer Landfrieden*, einer Schöpfung *Friedrichs II.* von 1235, wurde eine neue Entwicklung eingeleitet: Strafsatzungen entfielen weitgehend, in den Mittelpunkt rückte die Bekämpfung des Fehdewesens, des Grundübels der Zeit. Es stellte sich jedoch heraus, daß allein auf königliche Initiative hin der Friede nicht zu bewerkstelligen war, zu sehr befand sich das Königtum in Abhängigkeit von den territorialen Kräften, als daß es ohne deren Mitwirkung hätte viel erreichen können. Die Landfrieden des 13. und 14. Jahrhunderts entstanden daher im Zusammenwirken von Königtum und Landesherrschaft, teilweise auch in Form von Bünden der Territorialgewalten untereinander. Erst 1495 war mit der Einführung des »Ewigen Reichslandfriedens« durch Kaiser Maximilian I. die Epoche regional und zeitlich begrenzter Friedensordnungen beendet.

Legnano, Schlacht bei

Die Lage der Kaiserlichen in Oberitalien war im Frühjahr 1176 denkbar schlecht: Einen Teil seines Heeres hatte *Friedrich I.*

Barbarossa nach dem Vorfrieden von *Montebello* entlassen, ein anderer war unter *Christian I. von Mainz* südwärts gegen die Sizilianer vor Rom gezogen, ein Rest stand in und bei Pavia, und der Kaiser selbst hatte in *Chiavenna* Herzog *Heinrich den Löwen* vergeblich um militärische Hilfe ersucht. Nur 1000 Ritter und ebensoviel Fußvolk brachten ihm neun geistliche und sieben weltliche Reichsfürsten im März über die Alpen; Friedrich nahm sie in Como in Empfang. Hätte er sie mit seinen anderen noch unter Waffen stehenden Truppen vereinigen können, wäre er einem lombardischen Angriff wohl gewachsen gewesen, denn auch die Gegner waren noch nicht vollzählig. Aber sie waren auf der Hut; schließlich konnten sie sich ausrechnen, daß der Kaiser versuchen würde, sich mit seinen südlich stationierten Regimentern zu vereinigen, und zogen daher Friedrich entgegen. Mit ihrer Übermacht hofften sie, die Kaiserlichen einzeln zu schlagen, zumal sie davon ausgehen konnten, daß die von Norden herankommende kleine Streitmacht vom Gebirgsübergang und von den Marschstrapazen geschlaucht sein würde. Ein vernünftiger Feldherr hätte alles daran gesetzt, Gefechte und schon gar eine offene Schlacht zu vermeiden, bis er seine Truppen vereinigt hätte. Doch das wäre gegen Friedrichs und seiner Ritter Ehre gegangen, und so entwickelte sich am 29. Mai aus einem Zusammenstoß der deutschen Vorhut von 300 Reitern mit 700 mailändischen Kämpfern bei Legnano am Olonafluß eine Schlacht, weil Friedrich seinen Leuten zur Hilfe eilte. Das tat er mit solcher Wucht, daß die feindliche Reiterei sich zu kopfloser Flucht wandte und dabei die eigenen Linien überrannte. Die Kaiserlichen setzten nach, warfen mehrere Einheiten, liefen sich dann aber im Zentrum gegen das gegnerische »Hauptbanner« fest. Das bemerkten die Fliehenden, kehrten um und faßten Friedrichs kleine Truppe in der Seite. Erst fiel der kaiserliche Fahnenträger, und dann sahen die Ritter auch Barbarossa selbst mit seinem Pferd stürzen, hielten ihn für tot und gaben ihre Sache endgültig verloren. Drei lange Tage, über die kein Chronist Auskunft gibt, blieb Friedrich verschollen – Kaiserin *Beatrix von Burgund* trug bereits Witwenkleidung –, ehe er wieder bei den Seinen in Pavia auftauchte. Gewiß hätte er nun erneut zum Kampf sammeln lassen können, doch der Besiegte war, anders als zu Beginn des Kriegszugs, nicht mehr entschlossen, sich gegen die lombardischen Städte und den von ihm nicht anerkannten Papst *Alexander III.* durchzusetzen. Er muß in den schweren Stunden seiner Flucht vom Schlachtfeld eingesehen haben, daß das Schisma, an dem Kirche und Reich litten, nicht mit Gewalt zu beseitigen war. Und so kompromißlos er früher zu den Waffen gegriffen hatte, schlug er nun konsequent einen Verständigungskurs ein, der in den Frieden von *Venedig* münden sollte.

Lehensverfassung
Grundlage der Staats- und Gesellschaftsordnung des Mittelalters war das Lehenswesen: die Entlohnung von Diensten nicht mit Geld, sondern mit Bodenerträgnissen. Wer Kriegs-, Hof- und andere Dienste leistete, wurde mit der Nutznießung am Boden in Form eines »Lehens« (lat.: feudum, auch beneficium) aus den königlichen Domänen entschädigt. Die bereits in spätrömischer Zeit geübte Landleihe wurde ergänzt durch das germanische Prinzip der beiderseitigen Gefolgschaftstreue. Erst das persönliche Verhältnis zwischen Lehensherr und Gefolgsmann verwandelte die dingliche Rechtsbeziehung der Landleihe in das persönliche Lehensverhältnis. Die Staatsgewalt beruhte mithin auf den zu Lehen an treueverpflichtete Vasallen ausgegebenen Ämtern, deren Inhaber sich je nach Rang mit bestimmten Insignien schmücken durften. Das Gegenseitigkeitsverhältnis begründete auch ein Widerstandsrecht für den Fall, daß der Lehensherr die Herrentreue brach und zum Tyrannen verkam. Die großen Lehensherren, die ihr Lehen unmittelbar vom König oder Kaiser hatten (Kronvasallen), schufen sich ihrerseits durch Lehensvergabe an ihre »Dienstmannen« eine Gefolgschaft. Es entwickelte sich so eine klar gegliederte Lehenspyramide, deren Spitze der König einnahm und deren Fundament die Unterlehensträger bildeten, die Masse des königlichen Reiter-(= Ritter-)Heeres. Dabei wurden die eigentlich nur »geliehenen« Besitzungen und Ämter mit der Zeit erblich und entwickelten eine Tendenz zur Eigenherrschaft und damit zur Zersplitterung der Macht in der politischen Führungsschicht (Adel). Hausmacht wurde so zu einem wichtigen Herrschaftsmittel, und spätestens *Friedrich I. Barbarossa* wandelte daher aus staufischem Interesse heraus die früheren Herzogtümer auf der Grundlage

der Stämme zu Territorialherzogtümern mit dynastischer Verankerung um. Das führte allerdings allmählich zum sogenannten Leihezwang, der den Herrscher in der Vergabe von großen Lehen (Fahnenlehen) an das Erbrecht band und die Landesherren auf lange Sicht gegenüber der Krone stärkte.

Lombardenbund

Italien erlebte im Hochmittelalter eine Art Wirtschaftswunder. Besserung der klimatischen Bedingungen, Rückgang der Seuchen, Nachlassen der Invasionen und Raubzüge aus dem slawischen Osten und dem islamischen Bereich führten zu erheblichem Bevölkerungswachstum, zur Intensivierung der Landwirtschaft und Gewinnung neuen Kulturlands. Am deutlichsten war der Aufschwung sichtbar in Oberitalien, wo von alters her die Handelsverbindungen zusammenliefen und Gewerbe und Handwerk in den Städten konzentriert waren. Hier fand ein Prozeß der »Urbanisierung« statt – die Städte wurden zu Magneten für das Umland, ihre Einwohnerzahl schwoll an, es bildete sich eine neue, selbstbewußte Klasse heraus: das Bürgertum. Im Schatten des Investiturstreits (1075–1122), der die kaiserliche Macht in Italien weitgehend lahmlegte, entstanden neue Formen der Selbstverwaltung: Die Bürger nahmen die Stadtherrschaft durch gewählte Konsuln selbst in die Hand, die geistlichen Stadtherren und kleinen Lehensträger wurden entmachtet. Mitte des 12. Jahrhunderts präsentierten sich *Mailand*, Vicenza, Padua und andere als mächtige Stadtstaaten, die sich niemandem mehr untertan fühlten. Um so größer ihr Unwillen, als *Friedrich I. Barbarossa* auf dem Reichstag von *Roncaglia* 1158 die *Regalien*, die Rechte des Reiches in Italien, wiederherzustellen befahl. Mailand vor allem leistete Widerstand und wurde daraufhin 1162 erobert und zerstört. Es kam jedoch wenig später zu Zusammenschlüssen mehrerer Städte: 1167 wurde mit Unterstützung Papst Alexanders III. der Lombardenbund gegründet, dem zahlreiche Städte und Feudalherren beitraten. Zwar konnte Friedrich das bedeutende *Venedig* aus der Allianz herausbrechen, aber es gelang ihm weder, die Bundesfeste *Alessandria* zu erobern, noch die Verhandlungen in *Montebello* (1175) zu einem richtigen Ende zu bringen. 1176 mußte er die schwere Niederlage von *Legnano* hinnehmen. Der Frieden, den

Papst und Kaiser 1177 in Venedig schlossen, brachte immerhin einen Waffenstillstand. Sechs Jahre später (1183) wurde der Krieg in *Konstanz* mit einem Friedensschluß beendet. Barbarossa verzichtete auf die meisten Regalien und erkannte den Lombardenbund an. – Vier Jahrzehnte später flammten die Kämpfe in ganz ähnlicher Konstellation wieder auf. Diesmal war es Barbarossas Enkel *Friedrich II.*, der die Reichsgewalt in Oberitalien wiederherstellen wollte, bevor er auf den Kreuzzug ging. Der Lombardenbund schloß sich 1226 erneut auf 25 Jahre zusammen. Die Städte verbündeten sich mit dem rebellierenden Kaisersohn *Heinrich (VII.)*, wurden aber 1237 bei *Cortenuova* von Friedrich II. geschlagen und zu Friedensverhandlungen gezwungen. Da der siegreiche Kaiser jedoch auf bedingungsloser Unterwerfung bestand, formierte sich der Bund zu neuem Widerstand. Friedrich II. scheiterte 1238 vor Brescia, konnte aber nach 1240 sein Regiment in Mittel- und Oberitalien festigen. Eine Niederlage vor Parma (1248) warf ihn jedoch wieder zurück. Beim Tod des Kaisers im Dezember 1250 war der Kampf noch nicht entschieden, aber mangels eines gemeinsamen Gegners löste sich der Bund der Städte auf.

Lorch

An der Pfarrkirche von Lorch (bei Schwäbisch-Gmünd, Baden-Württemberg) unterhielten die Staufer seit der Mitte des 11. Jahrhunderts ein Kollegiatstift, das der Familie als Grablege diente. Um 1100 gründete *Friedrich I. von Staufen* in Lorch ein Benediktinerkloster, in dessen Kirche *Konrad III.* vermutlich 1139 die Gebeine seiner Vorfahren umbetten ließ. Die Abtei wurde in der Reformationszeit (1535) aufgehoben.

Lothar III. von Supplinburg

* 1075, † Breitenwang (Tirol) 4.12.1137

Schon 1125 konnten sich die Staufer als treue Vasallen des letzten salischen Kaisers *Heinrich V.* Hoffnung auf die deutsche Krone machen. Doch die Fürsten entschieden sich aus Furcht vor einer staufischen Machtballung mehrheitlich für den Sachsenherzog Lothar von Supplinburg (gemeint ist der Ort Süpplingenburg bei Braunschweig), einen Mann aus unbedeutendem Grafengeschlecht, der seine politische Bedeutung kraft eigener

Entschlossenheit gewonnen hatte und dennoch mangels Hausmacht weniger zu fürchten war. An der Spitze der unbotmäßigen norddeutschen Fürsten hatte Lothar 1115 Heinrich V. in der Schlacht am Welfesholz besiegt und damit die Königsgewalt in den nördlichen und östlichen Grenzgebieten sowie in Sachsen weitgehend ausgeschaltet. Am 30. Mai 1125 wurde er gegen Schwabenherzog *Friedrich II. den Einäugigen* in Mainz zum deutschen König gewählt und 14 Tage später in Aachen gekrönt. Entscheidend dabei war nicht zuletzt die Stimme Heinrichs IX. des Schwarzen von Bayern, den Lothar wohl durch die Zusage einer Ehe seiner Tochter *Gertrud* mit dem Sohn des Welfen gewonnen hatte. Dabei war der Bayernherzog Schwiegervater des Staufers, und die Annahme dürfte nicht übertrieben sein, daß in seinem Treuebruch die Wurzel des welfisch-staufischen Konflikts zu suchen ist, der mit kurzen Unterbrechungen fast das ganze folgende Jahrhundert beherrschen sollte. Die Staufer nämlich akzeptierten die Wahl Lothars lange nicht, ja sie konfrontierten ihn in Gestalt *Konrads III.*, Bruder des gescheiterten Einäugigen, mit einem Gegenkönig (18.12.1127). Er konnte sich zwar nicht durchsetzen und unterwarf sich Lothar 1135, doch schuf er sich eben durch diese Niederlage paradoxerweise eine gute Ausgangsposition für die Nachfolge des 1133 in Rom zum Kaiser gekrönten Herrschers. Lothar hatte die Kaisermacht durch intensive Ostmission und -kolonisation und Vergabe entsprechender Lehen gestärkt und wurde von Dänemark, Polen und Böhmen als Lehensherr anerkannt. Auch gegenüber dem Papsttum hatte er unter Ausnutzung eines Schismas die Königsrechte behaupten und sichern können, wobei er sich stets auf die ihm treu ergebenen Welfen unter seinem Schwiegersohn Herzog *Heinrich X. dem Stolzen* mit seiner großen Hausmacht von der Ostsee bis nach Oberitalien stützen konnte. Ihm übergab er nach einem Italienzug 1137 auf dem Totenbett die Markgrafschaft Tuszien sowie die Reichsinsignien und designierte ihn damit, obschon nicht förmlich, zum Thronerben. Wie aber den Staufern 1125, wurde nach Lothars Ableben dem Welfen die große Machtfülle zum Verhängnis, weil die Fürsten nun den Staufer Konrad vorzogen, was den staufisch-welfischen Gegensatz weiter verschärfen sollte.

Lothringen

Nach Kaiser Lothar (840–855) war der mittlere Teil des Fränkischen Reiches benannt. In den Zeiten des Niedergangs der karolingischen Macht bildete »Lotharingien« den Zankapfel zwischen Ost- und Westfranken, bis es 926 endgültig ans Ostfränkische (= Deutsche) Reich kam. 965 trennte es sich in Ober- und Niederlothringen, wobei der letztere Teil in der ersten Hälfte des 12. Jahrhunderts in die Herzogtümer Limburg und Brabant zerfiel. Zur Stauferzeit war nur noch Oberlothringen übrig, das Gebiet an der Mosel mit den Hauptorten Toul, Metz und Verdun, das bald allein die Bezeichnung Lothringen führte. Herzog Gerhard (1048–1070) begründete hier eine Dynastie, die im Mannesstamm bis 1431 hielt.

Lübeck

1143 gründete Graf Adolf II. von Holstein eine Siedlung auf einer von Trave und Wakenitz umflossenen Halbinsel. Der Ort sollte zu einer Metropole des Nordens aufsteigen: Lübeck, wie die Stadt nach dem flußabwärts gelegenen slawischen Liubice hieß, überflügelte als Handelsplatz sehr rasch das bisherige Zentrum Bardowick (nördlich von Lüneburg). Das rief dessen Schutzherrn *Heinrich den Löwen* auf den Plan. Er verbot um 1156 den Fernhandel in Lübeck und versuchte, eine eigene Stadt in der Nähe zu gründen. Als das mißglückte, zwang er den Holsteiner Grafen, ihm Lübeck abzutreten, und machte die Entwicklung der Stadt nunmehr zu seiner eigenen Sache. 1160 verlegte er das Bistum Oldenburg von Ostholstein nach Lübeck und wertete die Stadt damit weiter auf. Durch Zuzug vor allem aus Westfalen vergrößerte sich Lübeck; eine vom Holsteiner Grafen Adolf III. um 1190 gegründete Gegenstadt wurde 1226 eingemeindet, und um 1300 betrug Lübecks Einwohnerzahl etwa 15000. Zur Stadt gehörten Territorien im Umland: So war traveabwärts der Zugang zum Meer gesichert, und auch die Flußschiffahrt auf Wakenitz und Stecknitz war unter Kontrolle. 1226 erhielt Lübeck von Kaiser *Friedrich II.* die Reichsfreiheit verliehen, die bis 1937 gelten sollte. Über den Hafen der Stadt verliefen bedeutende Handelsströme, sowohl in Nord-Süd-Richtung als auch in Ost-West-Richtung. Salz, Heringe, Tuche waren die hauptsächlich umgeschlagenen Waren, dazu kamen Aktivitäten in Zusammenhang mit der Missionstätigkeit des *Deutschen Ordens*. Was *Venedig* als Organisator der Pilgertransporte ins Heilige Land bedeutete, das stellte Lübeck als Ein- und Ausschiffungshafen des Nachschubs nach Preußen dar. Ein weiterer, hochbedeutender »Exportartikel« war das Lübische Recht. Lübecks Verfassung, ganz auf die Interessen der tonangebenden Fernhändlerschicht zugeschnitten, wurde von mehr als 100 Städten im Ostseeraum übernommen. Ihr Kennzeichen war die beherrschende Stellung des Rates, einer Körperschaft, die sich durch geheime Zuwahl selbst ergänzte und von Kaufleuten dominiert wurde. Der Rat beanspruchte auch das Recht der Findung von Strafurteilen und überließ dem herkömmlichen Vogtgericht nur die Urteilsverkündung und -vollstreckung. Er sorgte durch die Anlage von Stadtbüchern, die alle vor dem Rat geschlossenen Geschäfte verzeichneten, für die Ausbildung eines unabhängigen städtischen Schriftwesens. Im Laufe des 13. Jahrhunderts gewann Lübeck eine beherrschende Stellung im Ostseeraum. Durch Bündnisse (meist zur Befriedung der Handelswege) mit anderen Städten Norddeutschlands – zunächst Hamburg, dann Wismar, Rostock, Stralsund, Greifswald und Lüneburg – legte es den Grund für die *Hanse*, innerhalb derer es gleichfalls eine führende Position einnahm.

Lucera, Kolonie von →Sarazenen

Ludwig VII., König von Frankreich
* 1120, † Paris 18.9.1180
Auf dem *Zweiten Kreuzzug* wurde Ludwig VII. von Frankreich zum Kampfgefährten des Staufers *Konrad III.* – als der deutsche König, im Oktober 1147 bei Doryläon von den Türken besiegt, sich unter den Schutz des französischen Heeres begab, das seinen Vormarsch bedächtiger gestaltet hatte und so dem Desaster entgangen war. Während Konrad bald danach krankheitshalber die Kreuzfahrt aufgab, zogen die verbliebenen Reste seines Heeres mit den Truppen Ludwigs ins Heilige Land – ohne allerdings dort viel auszurichten. Für Ludwig wurde der Kreuzzug neben den militärischen Mißerfolgen auch noch zum persönlichen Fiasko: Den Quellen zufolge ging während des

Aufenthalts in Palästina seine Ehe mit *Eleonore von Aquitanien* in die Brüche. Nach der Scheidung, die 1152 erfolgte, war er ein bedeutendes Territorium los, denn Eleonore brachte ihr aquitanisches Erbe ihrem neuen Gatten Heinrich II. von England (1154–1189) zu. Im *Alexandrinischen Schisma* nahm Ludwig Partei gegen die Staufer und die von ihnen aufgestellten Gegenpäpste. Er schloß sich nach einer an Protokollfragen gescheiterten Zusammenkunft mit Kaiser *Friedrich I. Barbarossa* (29.8.1162) Papst *Alexander III.* an, dem er 1162 bis 1165 Zuflucht in Frankreich gewährte. 1171 jedoch näherte er sich abermals dem Staufer, den Gewohnheiten der Zeit entsprechend über ein Heiratsprojekt. Das kam zwar nicht zustande, aber in Umrissen wurde hier die staufisch-kapetingische Allianz sichtbar, die unter *Friedrich II.* und *Philipp II. August* vollendet werden sollte.

Lyon, Konzil von (1245)

Das Konzil, das sich im Juni/Juli 1245 in Lyon versammelte, war keines von den ganz großen: Es kamen nur etwa 150 Bischöfe (beim Laterankonzil von 1215 waren es über 400 gewesen), dennoch war es durch die Ladung von Prälaten und Fürsten nach der Auffassung des Veranstalters, Papst *Innozenz IV.*, ein »allgemeines« Konzil. Die Einberufung wurde mit den Mißständen im Klerus, dem »Übermut« der Sarazenen (sie hatten 1244 Jerusalem besetzt), der Bedrängung des auf byzantinischem Boden errichteten Lateinischen Kaiserreichs, der Gefährdung des Abendlands durch die *Mongolen* und der Kirchenverfolgung seitens Kaiser *Friedrichs II.* begründet. Das Konzil erließ Konstitutionen (Verfügungen) zum kirchlichen Prozeßrecht und zur Verwaltung des kirchlichen Besitzes, es legte Umlagen für das notleidende Lateinische Kaisertum von Konstantinopel fest, es forderte Maßnahmen zur Wiedergewinnung Jerusalems und zur Abwehr der Mongolen. Beherrschendes Thema der Zusammenkunft aber war die Auseinandersetzung mit dem Staufer, was schon aus der Wahl des Ortes hervorging. Das letzte Konzil, zu Ostern 1242 nach Rom einberufen, hatte Friedrich II. gewaltsam verhindert. Innozenz IV. war deshalb über Genua nach Frankreich ausgewichen und hatte in Lyon sein Quartier aufgeschlagen, wo er auch noch bis zum Tod seines Feindes (13.12.1250) blieb. Trotz Ladung war der Staufer nicht in Lyon erschienen. Statt seiner vertrat der Großhofrichter Thaddäus von Suessa den kaiserlichen Standpunkt – durchaus geschickt und beredt, wie die Quellen meinen. Aber das half nichts: Innozenz sprach am letzten Sitzungstag, dem 17. Juli 1245, die Absetzung Friedrichs aus. Das war noch nicht der »Sieg des Papsttums über den Kaiser«, als der er gefeiert wurde, aber der Anfang vom Ende der Stauferdynastie.

Mailand

Bereits zur Römerzeit besaß Mailand geostrategische Bedeutung, stellte es doch den natürlichen Mittelpunkt eines dichten Netzes von Verkehrswegen zu Land und zu Wasser zwischen der Alpenregion und Mittelitalien, zwischen Adria und Tyrrhenischem Meer dar. Nach der Reichsordnung, die Kaiser Diokletian 293 erließ, war es mehr als ein Jahrhundert lang Regierungssitz des westlichen Reichsteils. Nach einer Zeit des Niedergangs erlebte Mailand seit dem 8. Jahrhundert wieder einen Aufschwung und entwickelte sich zügig zu einem Wirtschaftszentrum ersten Ranges. Damit ging ein Zuwachs an politischer Macht einher, die Stadt beherrschte ein ausgedehntes Territorium, das bis zum Lago Maggiore und zum Comer See reichte. Zu Beginn der Stauferzeit bestand in Mailand ein eigenverantwortliches Stadtregiment mit konsularischer Verfassung, getragen von einer aus Laien gebildeten Führungsschicht, die den eigentlichen Stadtherrn, den Erzbischof, entmachtet hatte. Unter den Stadtstaaten der Lombardei strebte Mailand eine Führungsstellung an; massive Unterdrückung der Konkurrenten (Unterwerfung von Lodi 1111, Zerstörung von Como 1127) bot den deutschen Herrschern die Möglichkeit, als Ordnungsmacht in Norditalien zu intervenieren. 1154 zerstörte *Friedrich I. Barbarossa* einige feste Plätze und Burgen im Mailänder Umland; um die Stadt selbst anzugreifen, fehlten ihm vorerst die Mittel. 1158 jedoch hatte er sie beisammen. Nach einem Vernichtungsfeldzug, den Barbarossa rund um Mailand veranstaltete, kapitulierte die Stadt am 7. September 1158. Die Gesetze, die Friedrich anschließend auf dem Reichstag von *Roncaglia* beschließen ließ, fachten jedoch die Empörung in Mailand sofort wieder an. Im Mai 1161 begann Barbarossas Krieg gegen die Mailänder, ein Krieg, in dem die Bestialitäten, an denen die Zeit ohnehin nicht arm war, noch auf die Spitze getrieben wurden. Es regierte das Prinzip der – heute würde man sagen – verbrannten Erde. Systematisch zerstörten die kaiserlichen Truppen die Nahrungsgrundlagen des Landes: Obstgärten, Weinberge, Kornfelder. Wer den Mailändern Lebensmittel lieferte, bekam die Hand abgehackt. Eines Tages erschien in der Stadt ein Verstümmelter, dem ein Auge und die Nase fehlte. Er führte hinter sich fünf Blinde – Gefangene, denen Barbarossa hatte die Augen ausstechen lassen. Der Elendszug sollte den Bürgern klarmachen, was ihnen bei weiterem Widerstand blühte. Am 1. März 1162 bot die ausgehungerte Stadt ihre Unterwerfung an. Der Kaiser nutzte das, um gründlich abzurechnen. In einer ausgeklügelten Zeremonie mußten die Mailänder ihre Schuld eingestehen und Gehorsam schwören. Ihre Stadt ließ Barbarossa vollständig zerstören, wobei Räumkommandos aus Lodi, Cremona und anderen Kommunen, die mit dem Reich verbündet waren, mit anpackten. Mailand sollte auf ewig unbewohnbar bleiben; den Einwohnern gab der Sieger auf, sich eine Existenz als Bauern im Umland zu suchen. Damit war eine hochentwickelte städtische Gesellschaft von Handwerkern, Händlern, Gewerbetreibenden und Bankiers hinabgedrückt auf den Status eines agrarischen Gemeinwesens. Aus diesem – wenn man so will – Morgenthau-Plan wurde nichts. Der Steuerdruck, der seit den Beschlüssen von Roncaglia auf den oberitalienischen Städten lastete, trieb auch andere Kommunen zum Widerstand. 1167 gründeten sie den *Lombardenbund*, unter dessen Schutz die Mailänder mit dem Wiederaufbau ihrer Stadt begannen. Wieder herrschte Krieg zwischen dem Kaiser und den Städten, diesmal hauptsächlich um die Bundesfeste *Alessandria*. Nach dem Scheitern der Friedensverhandlungen von *Montebello* (1175) verlagerte sich das Geschehen in die Gegend von Mailand. Bei *Legnano* erlitt Barbarossa am 29. Mai 1176 eine fürchterliche Niederlage. Den Ausschlag gab dabei der heldenhafte Einsatz zweier Kontingente aus dem wiedererstarkten Mailand, die sich um den Fahnenwagen ihrer Stadt, den Carroccio, geschart hatten. Nach dem Frieden von *Konstanz* (1183) besserten sich die staufisch-mailändischen Beziehungen; nicht von ungefähr wählte Barbarossa 1186 Mailand als Ort für die prunkvolle Hochzeit seines Sohnes *Heinrich VI.* Ende des 12. Jahrhunderts hatte die Stadt ihre alte Vormachtstellung in Oberitalien zurückgewonnen.

Mainzer Pfingstfest

»Ich vernahm von keinem Feste / In aller Zeiten Märe, / Das ähnlich glanzvoll wäre«, singt Heinrich von Veldeke († um 1200) in seinem Epos »Eneit«. Gemeint ist das Mainzer Pfingstfest von 1184, Höhepunkt der Regierungszeit *Friedrichs I. Bar-*

barossa. Der Dichter war selbst Gast in Mainz und mit ihm einige französische Troubadours, die in ihren Lobeshymnen die Veranstaltung gar mit den Hoffesten des Königs Artus und Alexanders des Großen verglichen. Eine beeindruckende Anzahl von geistlichen und weltlichen Fürsten mit ihrem Gefolge war versammelt, allein der Herzog von Böhmen brachte 2000 Mann mit. Selbst aus Italien, Frankreich, Ungarn und Spanien waren Ritter gekommen. Insgesamt sollen 40000 Menschen zum Fest »Ohnegleichen«, wie ein Chronist sagt, nach Mainz geströmt sein; zu ihrer Unterbringung errichtete man auf dem rechten Rheinufer gegenüber der Stadt eine riesige Zeltstadt. Der Kaiser zeigte sich als spendabler Gastgeber, riesige Mengen an Geflügel, Schlachtvieh, Brot und Wein standen bereit. Der Anlaß des Festes war die Schwertleite, das heißt die Mündigkeit und Waffenfähigkeit der Kaisersöhne *Heinrich VI.* und *Friedrich V. von Schwaben*. Diese wurde am zweiten Tag feierlich vollzogen; die Jünglinge zeigten ihr Können in der Führung von Schwert und Lanze, danach zog man in die Kirche, wo Friedrich und Heinrich das Rittergelübde ablegten und ihre Ritterschwerter empfingen. Anschließend mußten sie tun, was von Herrschern verlangt wurde: Sie mußten Geschenke verteilen. Das große Turnier, das darauf folgte, sah sogar noch den alten Kaiser hoch zu Roß im Kampfgetümmel. Am dritten Tag blies ein Sturm einen Teil der Festbauten davon, was die Festlaune nur kurz zu beeinträchtigen vermochte. Das Mainzer Pfingstfest, sicherlich eine der prächtigsten Veranstaltungen des Hochmittelalters, war eine Apotheose des *Rittertums*: Der Kaiser und seine Söhne zeigten sich als die ersten Ritter des Imperiums. »Eine solche Faszination hatte die Idee der Ritterschaft gewonnen, daß das ritterliche Band Kaiser, Könige, Herzöge, Grafen und Ministerialen umwand ... Was an Glanz, am Zauber beim Namen der Staufer aufleuchtet – hier auf dem Fest ›Ohnegleichen‹, wurde der Mythos staufischer Ritterschaft geboren« (E. Wies).

Mainzer Reichslandfriede

Am 15. August 1235 verkündete *Friedrich II.* auf dem großen Hoftag in Mainz ein Landfriedensgesetz. Dieses, übrigens das erste Reichsgesetz in deutscher Sprache, sollte den Fürstenprivilegien der *Confoederatio cum principibus ecclesiasticis*

(1220) und des *Statutum in favorem principum* (1231) zur Seite gestellt werden und gleichzeitig deren Bedeutung mindern. Es betonte die Hoheit des Reiches besonders in Fragen der Rechtsprechung sowie des Münz-, Zoll- und Geleitwesens; entsprechende Rechte seien den Fürsten nur zur Ausübung überlassen. Jegliche Mißachtung der königlichen Hoheitsrechte konnte als Friedensdelikt gewertet werden. Über die Politik des *Landfriedens* wurden so königliche Prärogative gewahrt. In der Frage der Bekämpfung des Fehdewesens blieb das Gesetz allerdings hinter den Errungenschaften früherer Generationen zurück. Während *Friedrich I. Barbarossa* ein vollständiges Verbot der Selbsthilfe angestrebt hatte, ließ Friedrich II. die Fehde nach vorherigem gescheiterten Sühneversuch zu. Bis zum Ewigen Landfrieden Kaiser Maximilians I. von 1495 blieb der Mainzer Reichslandfriede Grundlage aller Friedensbemühungen des Reiches, mangels ausgebildeter Reichsorgane konnte er jedoch wenig Wirkung entfalten.

Manfred

* 1232, † bei Benevent 26.2.1266

In Dantes »Göttlicher Komödie« trifft ihn der Dichter im Fegefeuer; der Tote, blond und schön, weist auf seine Wunden und spricht: »Manfred bin ich! / Als zweimal mich durchbohrt des Feindes Schwert, / Da übergab ich weinend meine Seele / Dem Richter, der Verzeihung gern gewährt.« Zur Zeit, da diese Verse entstanden (Dante verfaßte die »Divina Commedia« zwischen 1313 und 1321), war in Italien die Erinnerung an den Untergang der Staufer noch mächtig, waren die traurigen Schicksale *Enzios* und *Konradins* jedermann geläufig, und so auch der Schlachtentod des Kaisersohns Manfred. Als Sproß aus der wohl später legitimierten Verbindung *Friedrichs II.* mit der Markgräfin *Bianca Lancia* wuchs Manfred in der intellektuell anregenden Atmosphäre des sizilischen Hofes auf. Zeitweilig erteilte ihm der Vater persönlich Unterricht, später zog er ihn auch zur Mitarbeit an seinem Falkenbuch heran. 1250 erhielt er testamentarisch das Fürstentum Tarent und die Statthalterschaft in Italien. Nach dem Tod seines Halbbruders *Konrad IV.* am 21. Mai 1254 übernahm er für dessen minderjährigen Sohn *Konradin* die Regentschaft. Als seine Gattin Beatrix von Savoyen starb (vermutlich 1257), heiratete er in zweiter Ehe *Helena von Epiros*. Die griechische Prinzessin machte Manfreds süditalienische Stauferresidenz noch einmal zum Musenhof und Dorado für Spielleute, Dichter und Musiker – letzter Abglanz glanzvoller Stauferkultur. Auf das Gerücht vom Tod Konradins wagte Manfred 1258 den Griff nach der Macht. Er ließ sich zum König von Sizilien wählen und am 10. August 1258 in Palermo krönen. Papst *Innozenz IV.*, Lehensherr über Sizilien, sprach daraufhin den Bann über ihn aus. 1260 besiegten Manfreds Truppen im Bund mit der Stadt Siena die guelfischen Florentiner bei Montaperti. Der Staufer brachte den größten Teil der Toskana unter seine Herrschaft. Er stand im Begriff, in die Lombardei zu marschieren, als Papst Urban IV. (1261–1264) *Karl von Anjou* gegen ihn ins Land rief. Dem Franzosen wurde das Königreich Sizilien, das die Päpste stets als ihr Eigentum betrachteten, zu Lehen gegeben. Bei *Benevent* kam es am 26. Februar 1266 zur Entscheidungsschlacht, die Karl gewann. Der Leichnam Manfreds wurde erst nach zwei Tagen gefunden, der Sieger ließ ihn auf dem Schlachtfeld beisetzen. Von dort soll der Bischof von Cosenza, ein Stauferhasser, später die Gebeine entfernt und auf ungeweihter Erde verstreut haben. Manfreds Familie wurde ins Gefängnis gesperrt, wo seine Frau Helena und seine drei Söhne zugrunde gingen; einzig die Tochter Beatrix (* nach 1258, † vor 1307) wurde 1282 freigelassen. Die Historiker bescheinigen Manfred hohe geistige Gaben und politisches Talent, daneben Skrupellosigkeit und Härte – Eigenschaften, die in gleicher Weise seinem Vater eigen waren, nur daß Manfred nicht mit gleicher Autorität auftreten konnte, da ihm die Legitimität fehlte und er obendrein durch sein Vasallenverhältnis zum Papst in seinen Möglichkeiten eingeschränkt war.

Manuel I. Komnenos, Kaiser von Byzanz
* 1120, † Konstantinopel 24.9.1180
In der langen Kaiserherrschaft Manuels I. aus dem Hause Komnenos – er regierte von 1143 bis 1180 – kam es zu mehreren staufisch-byzantinischen Begegnungen, die aber sämtlich unter einem schlechten Stern standen. Manuel war seit 1146 mit Bertha von Sulzbach († 1158/1160), der Schwägerin König *Konrads III.*, verheiratet. Mit diesem zusammen plante der

byzantinische Herrscher 1148 einen Angriff gegen die Normannen in Unteritalien. Das Unternehmen zerschlug sich jedoch, da ein Eheprojekt, mit dem das Bündnis gesichert werden sollte, nämlich eine Heirat zwischen einer byzantinischen Prinzessin und Konrads Sohn Heinrich (IV.), durch den frühzeitigen Tod des Bräutigams (1150) nicht zustande kam. In ähnlicher Weise – über eine geschickt plazierte Eheschließung – sollte nach der Königswahl *Friedrichs I. Barbarossa* die Allianz zwischen Ost und West bekräftigt werden. Dem Rotbart war Maria, die Nichte Manuels, zugedacht. Doch die politischen Konstellationen standen dem entgegen, Manuel gedachte sich nach der Unterwerfung des Normannenreichs in Italien festzusetzen, was nicht im Sinne des deutschen Königs und künftigen Kaisers war, der sich obendrein im Vertrag von Konstanz (1153) dem Papst gegenüber verpflichtet hatte, alle byzantinischen Ansprüche zurückzuweisen. Ein negativer Ausgang war auch der Mission *Christians I. von Mainz* beschieden. Der Erzbischof verhandelte 1170 in Konstantinopel über einen Ehebund zwischen einem Sohn Barbarossas und einer byzantinischen Prinzessin. Der Geistliche kehrte mit leeren Händen heim; schuld waren nach wie vor die byzantinischen Gebietsforderungen in Italien, auf die man im Westen nicht eingehen wollte.

Markward von Annweiler

† in Sizilien September 1202

Wie weit man es als *Ministerialer*, das heißt ursprünglich Unfreier, bringen konnte, zeigt sich in der Biographie des Markward von Annweiler. 1184 erhielt er das Amt des Truchsesses am Hof *Heinrichs VI.* Als Legat in Italien löste er vielfältige politische und militärische Aufgaben und nahm am Kreuzzug *Friedrichs I. Barbarossa* 1189/1190 teil. Nach dem Tod des Kaisers kehrte er nach Deutschland zurück, wo er zum Reichstruchseß ernannt wurde. Abermals im Dienst Heinrichs VI., eroberte er für diesen 1194 Sizilien und bekam 1195 mit seiner Freilassung zugleich die Herzogtümer Ravenna und Romagna, die Mark Ancona und die Grafschaften Abruzzo und Molise zu Lehen. Nach dem Tod Heinrichs VI. (1197) trat Markward als selbsternannter Vertreter der staufischen Reichsidee mit dem Anspruch auf die Regentschaft im Königreich Sizilien hervor.

Die Kaiserinwitwe *Konstanze* reagierte mit der Ausweisung Markwards und aller anderen Deutschen. Darauf versuchte sich Markward in Mittelitalien zu etablieren, konnte sich aber nicht gegen Papst *Innozenz III.* behaupten. Die Verwirrung nach Konstanzes frühem Tod (1198) nutzte er, um mit Unterstützung des deutschen Königs *Philipp von Schwaben* den Kampf um die Macht in Sizilien neu zu eröffnen. Es gelang ihm, den minderjährigen *Friedrich II.* am 18. Oktober 1201 in seine Gewalt zu bringen (das Gezerre um seine Person, das der künftige Kaiser als Kind erlebte, sollte eine der prägenden Erfahrungen seines Lebens werden), aber Markwards plötzlicher Tod im folgenden Jahr (er starb an Dysenterie) machte alle hochfliegenden Pläne zunichte.

Mathildische Güter

Der Zankapfel des Hochmittelalters: Ein Jahrhundert lang stritten deutsche Könige und Kaiser mit den Päpsten um die sogenannten Mathildischen Güter. Um 1080 schenkte Markgräfin Mathilde von Tuszien (* 1046, † 24.5.1115), die letzte Erbin des Hauses Canossa, ihre Besitzungen in Ober- und Mittelitalien (weniger in Tuszien selbst, sondern vor allem in den Grafschaften Modena, Reggio, Mantua, Brescia und in der Romagna gelegen) dem Heiligen Stuhl und erhielt sie als Lehen zurück. 1111 setzte sie Kaiser *Heinrich V.* zu ihrem Erben ein. Ob dieser die frühere Schenkung an die römische Kirche anerkannte, ist unklar. Jedenfalls nahm er die Güter 1116 in Besitz. 1228 bis 1230 versuchte der Staufer *Konrad III.*, der sich als Erbe Heinrichs V. betrachtete, sie an sich zu bringen, was den Widerspruch des Papstes hervorrief. König *Lothar III. von Supplinburg* erkannte bei den Verhandlungen um die Kaiserkrönung 1133 die Güter als päpstliches Eigentum an, kam aber gegen eine jährliche Zahlung von 100 Pfund Silber in ihren Besitz. Er verlieh Mathildes Güter weiter an seinen Schwiegersohn *Heinrich X. den Stolzen.* Dessen Bruder *Welf VI.* war der nächste, der die Ländereien zu Lehen hatte; er verdankte sie *Friedrich I. Barbarossa*, dem nach seinem Regierungsantritt (1152) am Ausgleich mit den Welfen gelegen war. Eben unter Friedrich verschärften sich aber die Auseinandersetzungen mit der römischen Kirche, da der deutsche König nach dem Reichstag von

Roncaglia (1158) ein Reichsrecht auf die Mathildischen Güter beanspruchte. Weder in den Friedensverhandlungen von *Anagni* (1177) noch in denen von *Konstanz* (1183) konnte eine dauerhafte Einigung erzielt werden. Auch *Philipp von Schwaben* und sein Nachfolger *Otto IV.* traten noch als Herren der Mathildischen Güter auf. Erst *Friedrich II.* sprach 1213 mit der Goldbulle von *Eger* den Verzicht des Reiches aus. Zu diesem Zeitpunkt war allerdings von dem einstmals riesigen Besitz schon einiges verlorengegangen. Kommunen wie Modena und Reggio hatten sich Teile angeeignet und die Mathildischen Vasallen genötigt, Bürgereide abzulegen.

Melfi, Konstitutionen von
Nach der Rückkehr vom Kreuzzug (1229) und der Einigung mit dem Papst im Frieden von *San Germano* (Juli/August 1230) ging *Friedrich II.* daran, eine umfassende rechtliche Neuordnung des Königreichs Sizilien vorzunehmen. Eine Kommission, in der möglicherweise Friedrichs Ratgeber *Petrus de Vinea* eine führende Rolle spielte, legte einen Entwurf vor, der auf einem Hoftag in Melfi (Basilicata) im August 1231 beraten wurde. Im September wurden die Gesetze verkündet; der Kaiser gab ihnen den Namen »Liber Augustalis«, indes gingen sie als »Konstitutionen von Melfi« in die Geschichte ein. In insgesamt 219 Einzelgesetzen regeln sie das allgemeine Verfahrens- und das Prozeßrecht, das Straf- und das Verwaltungsrecht, daneben auch das Lehens- und Zivilrecht. Das Gesetzgebungswerk stützte sich auf die Verwaltungs- und Rechtspraxis des zentralistisch gelenkten Normannenstaats in Unteritalien und verarbeitete auch Einflüsse aus dem »Corpus iuris civilis« Kaiser Justinians (6. Jahrhundert) sowie aus byzantinischen und langobardischen Quellen. Um es in seinem vielsprachigen Herrschaftsgebiet durchzusetzen, ließ Friedrich der lateinischen Fassung bald eine griechische folgen. Die Konstitutionen von Melfi, erster Versuch einer umfassenden staatlichen Rechtskodifikation im Mittelalter, lassen alle Elemente des für seine Zeit hochmodernen Staatsaufbaus Friedrichs II. erkennen: Zurückdrängung des Lehenswesens, zentralisierte Verwaltung und Rechtsprechung, juristisch gebildetes Berufsbeamtentum, stehendes Heer, staatlich gelenkte Wirtschaft, Staatsmonopole und ein straffes

Steuersystem. Sie galten in Neapel und Sizilien noch bis zum Anfang des 19. Jahrhunderts.

Ministerialen, Ministerialität

»Ministeriales« gab es bereits in merowingischer und karolingischer Zeit; die Bezeichnung war üblich für abhängige Gefolgsleute, die als Vertraute des Königs zu militärischen Aufgaben und zur Wahrnehmung der Hausämter herangezogen wurden. Als rechtlich abgegrenzter Stand traten die Ministerialen seit der Wende vom 10. zum 11. Jahrhundert hervor, und zwar beginnend im Bereich der geistlichen Herrschaften. Diese wollten der Gefahr der Entfremdung von Besitz und Rechten durch den Adel entgegenwirken und bedienten sich der Ministerialen zur Verwaltung ihrer Grund- und Stadtherrschaften. Trotz des Aufstiegs blieben Elemente der Unfreiheit: Die Ministerialen durften das Gut, mit dem sie für ihre Dienste entlohnt wurden, nur an Leute ihres Herrn verkaufen, der Herr hatte das Recht, bei schlecht geleistetem Dienst das Gut einzuziehen, und auch Eheschließungen mußten von ihm genehmigt werden. Im 12. Jahrhundert verringerte sich der Abstand zu den freien Rittern: Das Dienstgut wurde zum Lehen, die Ministerialen wurden in die Lehenshierarchie eingegliedert. Als Reichsministerialen wurden sie von den deutschen Königen und Kaisern zu vielfältigen Diensten als Vögte, Burggrafen oder Richter in den Reichslanden herangezogen. In der Stauferzeit boten sich ihnen dabei in der Verwaltung Reichsitaliens die bedeutendsten Aufgaben. Dort gelangten dann auch einzelne von ihnen, wie etwa *Markward von Annweiler*, in die höchsten Positionen und konnten sich eigene Herrschaften aufbauen. Im späten Mittelalter verschwanden die letzten Reste von Unfreiheit, und die Ministerialität ging im niederen Adel auf.

Minnesang

Einer der Hauptbegriffe der ritterlich-höfischen Kultur im deutschen Sprachraum war zur späteren Stauferzeit das mittelhochdeutsche Wort »minne«, das soviel wie »Liebe, liebende Verehrung« bedeutet und um das sich ein ganzes Geflecht von gesellschaftlichen Formen und Normen rankte. Im engeren Sinn ging es dabei, wohl vom Marienkult beeinflußt, um den Dienst des in aussichtsloser Liebe entbrannten Ritters für eine hochgestellte verheiratete Frau. Ihre Unerreichbarkeit spornte gerade zu besonders intensivem und einfallsreichem Werben um ihre Gunst an. Ihr widmete der Ritter seine Kämpfe auf Turnieren und im Krieg, zu ihrem Preis schuf und sang er zur Fidel oder Harfe Lieder, die allerdings nie den Namen der Dame nennen durften und stets gebändigt zu bleiben hatten – ganz im Sinne des Ideals der »mâze«, eines Sichmäßigens und Bescheidens in jeder Situation. Dieser »hohen Minne« entsprach in direkterer Form die Verehrung von Frauen geringeren Standes (»niedere Minne«), wie sie in den etwas später einsetzenden Mädchenliedern mittelhochdeutscher Dichter Ausdruck fand. Kulturprägend aber wirkte vor allem die asketische, weniger auf das Ziel gerichtete als an der Form orientierte Verehrung für die hohe »frouwe« (Herrin), der der Ritter/Dichter seinen »dienst« anbot, der er »triuwe« und »stæte« (Treue) gelobte und um deren »hulde« er warb. Für das Aufkommen dieser literarischen Form des Minnesangs in kunstvollen Reimstrophen vermutet man durch die *Kreuzzüge* aufgenommene Impulse orientalischer Lyrik, die zuerst auf die französischen Troubadoure wirkten. Ihre Abenteuer- und Liebesgesänge setzten um die Mitte des 11. Jahrhunderts ein, der deutsche Minnesang nahm ein Menschenalter später den Ton auf und erreichte trotz Übernahme vieler formaler Muster eine durchaus eigene lyrische Intensität. Die Vertreter des frühen Minnesangs – zu nennen sind der Kürenberger und Dietmar von Aist – bereiteten seit etwa 1180 die Blütezeit vor, die mit Namen wie Friedrich von Hausen, Heinrich von Morungen, Heinrich von Veldeke und Hartmann von Aue verbunden ist. Eine Sonderstellung nimmt *Walther von der Vogelweide* ein, der in einigen Liedern schon vom »hohen« Minnesang abrückte, die Reize der Landmädchen pries und von erotischer Erfüllung sang. Nachklänge finden sich bei Neidhart von Reuental († um 1240) und bei fahrenden bürgerlichen Sängern, die in ihrer »dörperlichen Dichtung« noch stärker an Motive der mittellateinischen Vagantendichtung anknüpften, wie sie etwa bei den Trink- und Liebesliedern des *Archipoeta* auftraten. Das höfische Leben der Stauferzeit wäre ohne den Minnesang undenkbar, der in die rauhe Männerwelt ein Stück Gesittung und Bändigung brachte. Selbst ein so harter

Herrscher wie *Heinrich VI.* umgab sich nicht nur mit Minnesängern, sondern verfaßte – vielleicht – selbst Strophen in diesem Ton. Mit der Stauferzeit neigte sich daher nicht zufällig auch der Minnesang seinem Ende zu, der um 1250 mit Ulrichs von Lichtenstein († 1275) »Frauendienst« und seiner Klage über den Verfall ritterlicher Zucht verklang.

Mongolen

Um die Wende des 12. zum 13. Jahrhundert einigte Temudschin (mongolisch für »Schmied«) die Mongolenstämme im Nordosten der heutigen Mongolischen Republik und wurde 1206 unter dem Namen Dschingis-Khan von einer Reichsversammlung auf den Thron erhoben. Damit begann der Aufstieg der Mongolen zur Weltmacht. In wenigen Jahrzehnten eroberten sie Nordchina, Zentralasien und Nordpersien und drangen nach Aufspaltung in Teilhorden unter den Söhnen des Großkhans bis Syrien und Osteuropa vor. Im Frühjahr 1241 besiegten sie in zeitlich und räumlich aufeinander abgestimmten Operationen ein polnisch-deutsches Ritterheer bei Liegnitz (9.4.1241) und ein Aufgebot des ungarischen Königs Béla IV. bei Mohi (11.4.1241). Die Kunde von den fürchterlichen Niederlagen verbreitete sich rasch in Europa. Kaiser *Friedrich II.* rief die Herrscher des Abendlands in flammenden Manifesten zu einer gemeinsamen Aktion auf, unternahm darüber hinaus jedoch nichts. Er ging auch nicht auf das Angebot König Bélas ein, der ihm die Lehensoberhoheit über Ungarn versprach, falls er das Land von der Mongolengefahr befreie. Die Gründe für sein Zögern teilte er in Briefen an seine Anhänger mit: Bei den gegenwärtig fortdauernden Kämpfen mit dem Papst und den lombardischen Städten sei es nicht möglich, ein Heer ins Ausland zu schicken, die Feinde daheim würden keineswegs so lange stillhalten. Diese Sorge war nicht unbegründet; während Friedrichs Abwesenheit auf dem Kreuzzug 1228/1229 waren tatsächlich päpstliche Truppen in Sizilien eingefallen. Die weiteren Ereignisse ließen Friedrichs Abwarten gerechtfertigt erscheinen. Ein geplanter Vorstoß der Mongolen gegen Nowgorod und die Ostsee unterblieb, der gegen Schlesien gerichtete Angriffskeil bog nach der Schlacht von Liegnitz nach Süden ab, wo ihm König Wenzel I. von Böhmen mit Erfolg entgegentrat. Der

Tod des Großkhans Ögödei am 11. Dezember 1241 veranlaßte die Mongolen zum Abzug aus Ungarn und Polen, womit die akute Bedrohung des Abendlands erst einmal aufhörte. Papst *Gregor IX.* hatte 1241 das Kreuz gegen die »Tataren« – so nannte man die Mongolen zumeist – gepredigt, aber eher widerwillig; schließlich war er selbst völlig vom Kampf gegen den Stauferkaiser in Anspruch genommen. Erst unter *Innozenz IV.* nahm die Kirche sich des Mongolenproblems gründlicher an. Auf dem Konzil von *Lyon* (1245) wurde beschlossen, Gesandtschaften loszuschicken, die die Mongolen zur Einstellung aller Angriffe und zur Annahme der Taufe bewegen sollten. Nebenher hatten die Gesandten auch den Auftrag, die militärische Macht und die weiteren Absichten der Mongolen auszukundschaften und das Terrain für ein Bündnis gegen die Muslime im Nahen Osten zu sondieren. Die Emissäre brachten wertvolle Nachrichten zurück, mit denen der bisher in Europa grassierenden Ahnungslosigkeit bezüglich der Völker Asiens ein wenig abgeholfen werden konnte. Zu einem befriedigenden Austausch kam es jedoch nicht, da die Mongolen vom Papst Unterwerfung und Anerkennung ihrer Weltherrschaft forderten, die Kirche dagegen den Übertritt zum Christentum als erste Bedingung einer künftigen Allianz stellte.

Montebello

Nach der erfolglosen Belagerung von *Alessandria*, der nach dem verhaßten Papst *Alexander III.* benannten Festung des *Lombardenbunds*, standen sich die Kaiserlichen und die Truppen des Städtebunds in der Ebene beim Dorf Montebello südlich des Po gegenüber. Der erwartete Angriff *Friedrichs I. Barbarossa* aber blieb aus, weil auch seine Leute dringend eine Atempause brauchten. Am 14. April 1175 trafen sich Delegationen beider Seiten auf einem Platz vor der Burg von Montebello. Man kam gleich zur Sache und wider alle Erwartungen auch zum Abschluß eines Vorfriedens auf der Basis der grundsätzlichen Bereitschaft der Städte, sich dem Kaiser wieder zu unterwerfen. Einzelheiten des endgültigen Friedensschlusses sollten je drei Emissäre aushandeln, wobei für Fälle der Uneinigkeit die Entscheidung bei den sechs Konsuln der Stadt Cremona liegen sollte. Letzteres war nicht ohne Risiko für den Kaiser, denn Cremona war Bundesmitglied. Die Stadt war aber auch eine ehrgeizige Rivalin der führenden Bundesmacht *Mailand*, und genau damit kalkulierte Friedrich. Zur Besiegelung des Vorfriedens zogen am 15. April die Truppen der Lombarden am Kaiser vorüber, wobei sie ihre Fahnen vor ihm senkten und die Waffen niederlegten; die Konsuln empfingen den kaiserlichen Friedenskuß. Alessandria war nur insofern in die Abmachung einbezogen, als der Festung ein zweimonatiger Waffenstillstand gewährt wurde. In Verkennung der fortdauernden Differenzen entließen beide Seiten Teile ihrer Truppen; der Kaiser trennte sich vor allem von den teuren Söldnerhaufen, der eigentlichen Elite seines Aufgebots. Das wog schwer, noch schwerer aber wog die Tatsache, daß für ihn die Zuführung neuer Kräfte ungleich komplizierter und aufwendiger war als für die Lombarden. Und frische Truppen brauchte er schon sehr bald wieder, denn die Städte forderten die Anerkennung Papst Alexanders III. und lehnten die von den Cremoneser Konsuln als Kompromiß vorgeschlagene Schleifung von Alessandria kategorisch ab, so daß die Verhandlungen von Montebello schon nach wenigen Tagen scheiterten. Der Kaiser entsandte umgehend den Erzbischof von Köln, *Philipp von Heinsberg*, nach Deutschland, um die deutschen Fürsten zu erneuter Heeresfolge zu verpflichten. Ein flankierender Versuch Friedrichs, sich mit dem Papst auf Kosten des Lombardenbunds zu verständigen, mißglückte; die Wiederaufnahme der Feindseligkeiten war nur noch eine Frage der Zeit.

Neapel

Gegründet als griechische Kolonie, bewahrte Neapel auch in römischer Zeit und darüber hinaus sein hellenisches Gepräge. 553 kam es unter byzantinische Herrschaft, von der es sich im 7. Jahrhundert weitgehend befreite. Unter eigenen »Duces«, zumeist den Bischöfen beziehungsweise seit der zweiten Hälfte des 10. Jahrhunderts Erzbischöfen, hielt Neapel sowohl den Angriffen der Langobarden aus dem benachbarten Benevent als auch denen der Sarazenen stand. Handel und Handwerk (vor allem Metallverarbeitung und Leineweberei) nahmen einen beträchtlichen Aufschwung, und auch die Kultur blühte in Neapel: Die geistlichen Herren betätigten sich als Literatursammler. Zugleich ließen sie religiöse Toleranz walten, der griechische Ritus existierte neben dem lateinischen. Die Eingliederung Neapels in das normannische Königreich *Sizilien* 1139 bedeutete wohl den Verlust der politischen Autonomie, er führte aber nicht zu größeren Umwälzungen, da große Teile der neapolitanischen Führungsschicht in den Feudaladel integriert wurden. Auch der Machtwechsel von den Normannen zu den Staufern (Einzug *Heinrichs VI.* in Neapel im August 1194) vollzog sich problemlos. Zu dieser Zeit betrug die Einwohnerzahl etwa 30000, die Siedlung begann über die alten römischen Stadtmauern hinauszuwachsen. Ihre Expansion setzte sich fort, als *Karl von Anjou* 1266 Herr von Neapel wurde. Er machte es zur Hauptstadt seines Reiches; durch Zuzug aus Florenz und Katalonien wuchs seine Bedeutung als Handels- und Gewerbezentrum. – In Neapel entstand in der Stauferzeit eine Universität mit ganz eigenem Charakter. Ihr Gründer, *Friedrich II.*, errichtete 1224 ein »Studium« – so die damalige Bezeichnung –, das Unterricht in allen erlaubten Wissenschaften erteilen sollte. Hauptziel war allerdings, Juristen für die Regierung und Verwaltung des Königreichs Sizilien auszubilden. Der Staufer plante die Universität als Kaderschmiede seines Staates und ohne die Kirche in irgendeiner Weise daran zu beteiligen. »Akademische Freiheit« gab es nicht. Die Lehrer wurden von der Regierung bezahlt, die auch Studienablauf und Prüfungen überwachte. Landeskindern war verboten, auswärts zu studieren; wer sich wissenschaftlich ausbilden wollte, war auf die neapolitanische Universität angewiesen. Eine Ausnahme gab es nur im Fach

Medizin: Der Vorrang, den Salerno auf diesem Gebiet genoß, wurde anerkannt. Dagegen versuchte Friedrich II. seiner Universität in Italien das Monopol in der Rechtswissenschaft zu sichern, indem er 1226 die Stadt Bologna mit ihrer 1119 gegründeten Hochschule, einer Juristenhochburg, in die Acht erklärte. Der Gewaltakt blieb indes wirkungslos; vielmehr hatte Friedrichs Gründung noch lange mit inneren Schwierigkeiten zu kämpfen und mußte mehrmals »reformiert« werden. Den speziellen Zuschnitt als Staatsuniversität behielt die Hochschule auch unter dem folgenden Regiment der Anjou in Neapel.

Normannen
»Northmanni«, Männer aus dem Norden, heißen die Wikinger in fränkischen Quellen; daraus wurde der Name Normannen. Nachdem die skandinavischen Krieger ein Jahrhundert lang in Piratenmanier die Küsten zunächst Englands, dann des Karolingerreichs heimgesucht hatten, machten sie sich um 900 an der Seinemündung seßhaft. 911 gründete einer ihrer Führer, Rollo, das Herzogtum Normandie. Von dort startete 1066 die Invasion Englands unter dem Normannenherzog Wilhelm dem Eroberer. Ab 1016 verdingten sich Normannen als Söldner in Unteritalien. Mitglieder der Familie Hauteville, etwa Wilhelm Eisenarm († 1046), Robert Guiscard († 1085) und Roger I. († 1101), schufen sich aus Ländereien, die sie Byzantinern und Sarazenen abnahmen, eigene Herrschaften in Apulien, Kalabrien und auf Sizilien. Eine Generation später faßte Roger II. († 1154) die normannischen Grafschaften und Fürstentümer des Südens zum Königreich *Sizilien* zusammen. Der Normannenstaat vereinigte westlich-lateinische, griechische und arabische Traditionen; er wurde zentralistisch gelenkt und von einem effektiven Beamtenapparat verwaltet. Diese »modernen« Strukturen wurden von den Staufern übernommen, als sie sich, 1186 eingeleitet durch die Heirat *Heinrichs VI.* mit *Konstanze*, der letzten Erbin des Hauses Hauteville, in den Besitz des Königreichs Sizilien setzten.

Österreich
Erstmals 996 taucht der Name »Ostarrichi« in einer Urkunde Kaiser Ottos III. für das Hochstift Freising auf. Gemeint war damit die etwa drei Jahrzehnte zuvor im Gebiet beiderseits der Donau zwischen Enns und Tulln errichtete bayerische Ostmark. Erst 1147 kam die Bezeichnung »Austria« auf. 1156 wurde die Mark in ein Herzogtum umgewandelt, und im *Privilegium minus* wurde *Heinrich II. Jasomirgott*, der auf *Bayern* verzichtete, die Herzogsgewalt über die gegenüber der alten Ostmark erweiterte Mark Österreich zugesprochen. Ein Novum war dabei, daß sich die Herrschaft des Herzogs nicht mehr wie früher auf einen Personenverband (»Stamm«) gründete, sondern auf ein Land – der Lehensgeber *Friedrich I. Barbarossa* trug damit den verfassungsrechtlichen Entwicklungen hin zum Territorialstaat Rechnung. Unter Herzog Leopold V. († 1194) kam die Steiermark an Österreich. Die beiden Länder zu einem Königreich zu vereinigen gelang jedoch nicht. Die Verhandlungen, die der letzte Herzog aus dem Geschlecht der *Babenberger*, Friedrich II., deswegen mit seinem Namensvetter Kaiser *Friedrich II.* führte, scheiterten 1245. Der plötzliche Tod des Herzogs im folgenden Jahr brachte Ottokar II. von Böhmen und Béla IV. von Ungarn auf den Plan. 1254 teilten sie das babenbergische Erbe unter sich auf. Österreich, vermehrt um die Grafschaften Pitten, Wiener Neustadt und den Traungau, fiel an Ottokar. Nach dessen Niederlage und Tod in der Schlacht bei Dürnkrut gegen das Heer Rudolfs von Habsburg (26.8.1278) begann die Herrschaft der Habsburger in Österreich.

Ostsiedlung
In der deutschen Geschichte spielt die Ostsiedlung, das heißt die Besiedlung und wirtschaftlich-kulturelle Durchdringung der von den Germanen in der Völkerwanderung aufgegebenen und an die Slawen gefallenen Ostgebiete, eine bedeutende Rolle. Ihre Hauptphase fällt in die Stauferzeit – ohne daß allerdings die Staufer viel dazu taten, wie auch sonst das Königtum insgesamt wenig Einfluß nahm. Das Kolonisationswerk trugen andere: Mönche, Ritter, Bauern, Händler und Bergleute. – Die Anfänge der Ostsiedlung datieren in die Epoche der Karolinger. Nach dem Sieg über die Awaren (796) schob sich die bayeri-

sche Siedlung bis zur Theiß vor. Vom Erzbistum Salzburg aus wurde die Mission vorangetrieben. Gegen die Slawen wurde ein Grenzsicherungssystem, die Marken, geschaffen. Diese reichten von der Ostsee bis an den Böhmerwald, eine eigentliche Kolonisation fand in ihnen aber noch nicht statt. Unter den Ottonen gab es weitere Expansion: Unter anderem wurden die Bistümer Brandenburg und Havelberg (948) im Slawengebiet gegründet, doch machte der große Slawenaufstand 983 alles wieder zunichte. Erst im 12. Jahrhundert setzte eine neue Welle der Siedlungsbewegung ein. Drei Fürstenhäuser übernahmen dabei die Führung: die Schauenburger, denen bereits 1110 die Grafschaft Holstein übertragen wurde, die Wettiner, die die Mark Meißen (1123) und Lausitz (1136) erhielten, und die Askanier, die mit der Nordmark belehnt wurden, die sie unter *Albrecht dem Bären* zur Mark Brandenburg ausweiten konnten. *Heinrich der Löwe* besiegte 1160 die slawischen Abodriten und verlegte das Bistum Mecklenburg nach Schwerin; Mitte des 13. Jahrhunderts war Mecklenburg überwiegend deutsch. In Pommern förderten die Herzöge deutsche Siedlungen und Städtegründungen, ebenso geschah dies in Schlesien und in Ungarn, wo sich Bauern aus dem Moselgebiet in Siebenbürgen ansiedelten. Zumeist erfolgte die Kolonisation nach vertraglicher Landübergabe und ohne daß die einheimische Bevölkerung drangsaliert wurde. Siedlungsunternehmer (»Lokatoren«) organisierten den Zuzug der Siedler und die Landverteilung. Die Siedler, unter denen nahezu alle nordwest- und mitteldeutschen Stämme vertreten waren, genossen gegenüber den slawischen Einwohnern eine bevorzugte Rechtsstellung. Neben dem Bevölkerungsüberschuß in der Heimat war dies das zweite Motiv, das die Menschen dazu bewog, in den Osten zu ziehen. Die Unterschiede zwischen Kolonisten und Einheimischen ebneten sich aber im Lauf der Zeit ein. Etwas anders verlief die Kolonisation des *Deutschen Ordens* in Preußen. Hier wurden die slawischen Preußen mit Gewalt unterworfen und zwangsbekehrt. Nach dem Ende der Stauferzeit wurden die Reichsgrenzen durch die deutsche Ostsiedlung nicht mehr verschoben. Seit Mitte des 14. Jahrhunderts kam die Bewegung dann allmählich zum Erliegen.

Otto IV.
* Braunschweig (?) um 1175, † Harzburg (bei Goslar) 19.5.1218

Drei Könige aus staufischem Haus hatten genügt, eine gewisse Staufermüdigkeit, ja -abneigung im Reich zu erzeugen. Die Dynastie war manchen der Fürsten schon zu mächtig, und da traf es sich günstig, daß beim Ableben *Heinrichs VI.* die Nachfolge zwar geregelt war, aber auf einmal doch nicht so zwingend erschien. Gewiß, Heinrichs Sohn *Friedrich II.* war bereits gewählt, doch stand er unter der Vormundschaft des Papstes, und dem war gar nicht an einer Fortsetzung der staufischen Umklammerung des Kirchenstaats von Sizilien und vom Reich aus gelegen. Als daher Heinrichs Frau *Konstanze von Sizilien* nach dem Tod des Kaisers ihr Erbe vom Reich löste und den minderjährigen Friedrich unter Verzicht auf die Reichskrone 1198 zum König von Sizilien krönen ließ, schlug die Stunde des Welfen Otto, Sohn *Heinrichs des Löwen*. Als Kind schon hatte er seinen Vater 1180 ins englische Exil begleiten müssen und war dort von *Richard Löwenherz* gefördert, 1190 zum Grafen von York und 1196 zum Grafen von Poitou unter dem Titel eines Herzogs von Aquitanien ernannt worden. Er schien der antistaufischen Partei unter Führung des Erzbischofs *Adolf I. von Köln* der ideale Kandidat, um dem nun nächsten Staufererben *Philipp von Schwaben* den Thron streitig zu machen, obwohl er kein Reichsfürst war. Adolf ließ Otto am 9. Juni 1198 von seinem Anhang zum deutschen König wählen und krönte ihn zwar nur mit nachgebildeten Insignien, aber immerhin am richtigen Ort *Aachen*, dessen sich der staufische Rivale noch nicht bemächtigt hatte. Sonst hätte Otto IV., ein Name, den seine Eltern offenbar in bewußtem Rückgriff auf die Sachsenkaiser, insbesondere auf Otto I. den Großen, gewählt hatten, in Deutschland wohl kaum Fuß zu fassen vermocht. Er hatte es so schon schwer gegen den Staufer und konnte sich eigentlich nur auf den geringen welfischen Anhang, das Ausland und Papst *Innozenz III.* stützen, der ihn 1200 als König anerkannte und über Philipp den Kirchenbann verhängte – ohne aber den Gesprächsfaden zu ihm ganz abreißen zu lassen. Otto mußte dem Papst dafür weitreichende Zugeständnisse machen, seine Gebietserwerbungen in Reichsitalien billigen und ihm Hilfe beim Durchsetzen seines

Lehensanspruchs auf Sizilien zusagen. Das schwächte Ottos Stellung in Deutschland allerdings weiter, und als er durch die Niederlage gegen Philipp bei Wassenberg (westlich von Köln) 1206 auch militärisch ins Hintertreffen geriet, gab selbst der Papst Ottos Sache verloren. Sein Rücktritt war bereits vereinbart, als die Ermordung seines Kontrahenten die Lage schlagartig veränderte. Otto stellte sich am 11. November 1208 erneut zur Wahl und fand nun allenthalben Anerkennung, nachdem er sich sicherheitshalber mit Philipps ältester Tochter *Beatrix* (* 1198) verlobt hatte; für die Ehe (erst 1212 geschlossen) war sie noch zu jung. Auf einem Romzug krönte Innozenz III. Otto am 4. Oktober 1209 zum Kaiser, obwohl dem Papst bereits erhebliche Zweifel am neuen Imperator gekommen waren. Sie erwiesen sich als nur allzu berechtigt, denn Otto nahm entgegen aller Eide die staufische Politik wieder auf, behandelte die Gebietsgewinne des Papstes wieder als Reichslehen und griff im Herbst 1210 auch nach Sizilien. Nun ereilte ihn am 18. November 1210 der Kirchenbann. Das hätte den Kaiser wenig berührt, wenn Innozenz nun nicht auch einen dramatischen Schwenk in seiner Sizilienpolitik vollzogen hätte: Gestützt auf den französischen König *Philipp II. August* ließ er sein staufisches Mündel *Friedrich II.* von einigen wenigen deutschen Fürsten im September 1211 zum künftigen Kaiser wählen. Otto kehrte im März 1212 nach Deutschland zurück, wo bereits viele zum Staufer übergelaufen waren und wo er durch den plötzlichen Tod seiner jungen Frau am 11. August 1212 weiter an Boden verlor. Wenig später tauchte auch Friedrich im Reich auf, und es wurde zudem ruchbar, daß Otto für Kirche und Fürsten schmerzhafte Reformen plante. Nun konnte der Welfe nur noch darauf hoffen, daß sein Verbündeter, König *Johann Ohneland* von England, in Frankreich siegreich blieb, denn dann würde eine starke Säule der gegnerischen Koalition wegbrechen. Es kam im Juli 1214 im Poitou und bei *Bouvines* aber umgekehrt: Johann wie Otto unterlagen den Franzosen. Der Kaiser mußte sich in seine braunschweigischen Erbländer zurückziehen und dem Staufer das deutsche Feld überlassen.

Otto I., Herzog von Bayern
* Kelheim (?) um 1120, † Pfullendorf (bei Überlingen) 11.7.1183
Noch ehe der Wittelsbacher Otto als sechster seines Namens die Nachfolge seines Vaters Otto V. als bayerischer Pfalzgraf antrat, tauchte er in der engeren Umgebung von *Friedrich I. Barbarossa* auf, den er 1154 auf seinem ersten Italienzug begleitete. Beim Rückzug 1155 zeichnete sich der Wittelsbacher durch Kühnheit beim Fall von *Verona* aus und konnte daheim 1156 sein Erbe antreten. Im Jahr darauf zog er mit dem Kaiser nach Burgund und hätte auf dem Reichstag von *Besançon* aus Empörung über die Anmaßung von Papst *Hadrian IV.* um ein Haar dessen Legaten umgebracht, wäre nicht Friedrich dazwischengetreten. Der Kaiser beauftragte ihn dann zusammen mit seinem Kanzler *Rainald von Dassel* mit einer Mission in Italien, wo sie den zweiten Italienzug Barbarossas vorbereiten sollten, indem sie die kaisertreuen Städte um sich scharten und die erforderlichen Mittel beschafften. Otto stand im Kampf des Kaisers gegen Papst *Alexander III.* im heimischen Bayern wie auf weiteren Italienzügen unverbrüchlich auf Barbarossas Seite, machte 1177 dessen Schwenk zur Aussöhnung im Frieden von *Venedig* ohne Zögern mit und erreichte 1179 auch die persönliche Vergebung des Papstes bei einem Besuch in Rom zusammen mit seinem Bruder Konrad, der seit 1177 Erzbischof von Salzburg war. Ottos Kaisertreue machte sich 1180 bezahlt, als ihn Friedrich nach dem Sturz *Heinrichs des Löwen* am 16. September mit dem Herzogtum Bayern belehnte, von dem allerdings die Steiermark abgetrennt wurde. Das Pfalzgrafenamt ging an seinen gleichnamigen jüngeren Bruder Otto VII. († 1189; dessen Sohn Otto VIII. ermordete 1208 den deutschen König *Philipp von Schwaben* und wurde im Jahr darauf auf der Flucht erschlagen). Zwar blieben dem einstigen Haudegen und neuen Herzog Otto I. nur noch wenige Jahre, doch verstand er sie durch geschickte Städte-, Heirats- und Adelspolitik zu nutzen. Sie verschaffte ihm und seinem Haus eine so treue Gefolgschaft, daß sich mit seiner Herrschaft die Wittelsbacher auf Dauer in Bayern etablieren konnten.

Otto von Burgund

* 1166/1167, † Besançon 13.1.1200

Er sollte das burgundische Erbe seiner Mutter verwalten, kam aber nicht zu Rande damit: Otto, dritter Sohn *Friedrichs I. Barbarossa* aus der Ehe mit *Beatrix von Burgund*, wurde nach dem Tod des Vaters (1190) zum Pfalzgrafen von Burgund ernannt. Er sah sich dort jedoch mit den Ansprüchen einer jüngeren Linie des Grafenhauses Burgund konfrontiert. Beim Versuch, auf das Elsaß auszuweichen, verstrickte er sich in Kämpfe mit den Grafen von Mömpelgard (Montbéliard) und dem Bischof von Straßburg. Es gelang ihm, mehrere seiner Widersacher auszuschalten (den einen ermordete er sogar eigenhändig während einer Verhandlung), ohne allerdings seine Herrschaft dauerhaft etablieren zu können. Erst seiner Witwe Margarete von Blois-Champagne († 1230) wurde gestattet, die Grafschaft zu regieren.

Otto von Freising

* um 1112, † Kloster Morimond (bei Langres, Haute-Marne) 22.9.1158

Er war über seine Mutter, die Kaisertochter *Agnes von Waiblingen*, eng mit den Staufern verwandt; *Konrad III.* war sein Halbbruder, *Friedrich I. Barbarossa* sein Neffe. Otto von Freising studierte in Paris und trat um 1132 in das Zisterzienserkloster Morimond im damaligen Burgund ein, dessen Abt er 1138 wurde. Im selben Jahr erhielt er das Bistum Freising. In seinem geistlichen Amt betrieb er besonders die Reform von Domkapitel und Domschule und förderte die religiösen Gemeinschaften der Augustiner und Prämonstratenser. Auch die politisch-militärischen Ereignisse seiner Zeit gestaltete er mit: Beim *Zweiten Kreuzzug* führte er den Teil des deutschen Heeres, der beim Marsch durch die Türkei einen anderen Weg als die Hauptmacht nahm und so der Katastrophe von Doryläon am 25. Oktober 1147 entging. Seinen Ruhm in der Nachwelt begründeten zwei historiographische Werke: die 1143 bis 1146 entstandene Weltchronik »Historia de duabus civitatibus« (Geschichte der beiden Reiche), in der die Weltgeschichte im heilsgeschichtlichen Sinn als Kampf zwischen dem Gottesstaat und dem durch Gewalt und Unglauben geprägten weltlichen Staat gedeutet wird, und die »Gesta Friderici« (Taten Friedrichs), in denen Otto das Leben des Stauferkönigs bis 1156 erzählt; vom Kaplan *Rahewin* wurde das Werk bis 1160 fortgeführt.

Palermo
Als Gründung der Phöniker war Palermo bereits im Altertum ein bedeutender Mittelmeerhafen. Seit 535 byzantinisch, fiel es 831 an die *Sarazenen*, die es zur Hauptstadt ihres Reiches auf Sizilien machten. 1072 wurde Palermo von den *Normannen* erobert. Diese ließen der griechischen wie der muslimischen Bevölkerung weitgehende Freiheit. Dadurch dauerte die kulturelle Prägung der Stadt durch arabische und byzantinische Einflüsse noch lange fort. Mit der Niederlassung lateinischer Mönche und der Zuwanderung von Rittern, Klerikern und Kaufleuten aus der Normandie und anderen Teilen Frankreichs sowie aus Oberitalien setzte in der dreisprachigen Stadt ein Prozeß der Latinisierung ein, der in der zweiten Hälfte des 13. Jahrhunderts als abgeschlossen gelten konnte. Die Assimilierung der Muslime vollzog sich auf Umwegen; viele von ihnen gingen zunächst zum griechischen Christentum über und wandten sich dann erst in einem zweiten Schritt zusammen mit den Griechen dem lateinischen Christentum zu. Beim Machtwechsel von den Normannen zu den Staufern hielt es Palermo zunächst mit der Partei *Tankreds von Lecce*, leistete aber keinen Widerstand, als *Heinrich VI.* vor seinen Mauern erschien. Am 20. November 1194 hielt der Kaiser Einzug, und die Stadt begrüßte ihn mit orientalischer Prachtentfaltung. Am Weihnachtstag desselben Jahres ließ Heinrich sich im Dom von Palermo zum König von Sizilien krönen. Der Herrscher, eben noch bejubelt, zeigte sich aber sogleich von seiner harten und gefährlichen Seite, indem er Nachrichten von einer Verschwörung, die sich in der Stadt gebildet haben sollte, aufgriff, um ein fürchterliches Strafgericht unter dem normannischen Adel zu halten. In der Regierungszeit *Friedrichs II.* erlebte Palermo einen gewissen Abstieg, jedenfalls in den Perioden, da der Staufer seine Residenz aufs italienische Festland oder gar nach Deutschland verlegte. Gleichwohl nahm er auch aus der Ferne regen Anteil an den Geschicken der Stadt. So sorgte er für den Schutz der Juden, förderte die Ansiedlung von Sarazenen aus dem Umland und verhinderte andererseits, daß sich Franziskanermönche in arabischen Vierteln niederließen. Friedrich bestimmte auch den Dom von Palermo als Grablege seines Geschlechts. In dem 1170 bis 1185 erbauten Gotteshaus ruhen in Sarkophagen aus blutrotem

Porphyr neben den Gebeinen des Normannenkönigs Roger II. († 1154) auch diejenigen Friedrichs II., seiner Eltern *Konstanze* und Heinrich VI. und, in einem Marmorsarkophag, die seiner ersten Gattin *Konstanze von Aragonien*. »Ich habe nie fürstliche Grabmäler christlicher Zeit gesehen, die so großartig und mächtig, gleichsam für ewige Dauer berechnet wären als diese«, schreibt Ferdinand Gregorovius in seinen »Wanderjahren in Italien« (1856–1877).

Papsttum
In einem jahrhundertelangen Prozeß war die römische Kirche zur geistlichen Vormacht im christlichen Abendland geworden und ihr Bischof, der Papst, als Nachfolger des Apostels Petrus und Stellvertreter Christi, zu ihrem unbestrittenen Oberhaupt und zur höchsten Autorität in allen Fragen der Lehre und Disziplin. Doch beständig ungeklärt blieb ihr Verhältnis zur weltlichen Macht. Der Anspruch auf Überordnung der Kirche war da – Papst Gelasius I. hatte ihn, anknüpfend an Gedanken des Kirchenvaters Augustinus, 494 in einem Brief an den oströmischen Kaiser Anastasius I. formuliert: »Zwei sind es, erhabener Kaiser, von denen vornehmlich diese Welt regiert wird: die geheiligte Autorität der Bischöfe und die königliche Gewalt. Von diesen Ämtern ist das der Bischöfe von um so größerem Gewicht, weil sie auch für die Könige der Menschen im göttlichen Gericht werden Rechenschaft ablegen müssen. Denn du weißt, gnädiger Sohn, daß du, ob du auch durch deine Würde an der Spitze des Menschengeschlechts stehst, dennoch den Vorstehern der göttlichen Dinge demütig den Nacken beugst und von ihnen die Ursachen deines Heils erwartest.« Die Verhältnisse sahen jedoch lange Zeit ganz anders aus. Das Königtum trat als Schutzmacht der Kirche auf, die Karolinger etwa verhinderten Übergriffe der römischen Lokalgewalten und sicherten sich dafür die Mitbestimmung bei der Papstwahl, und nicht anders hielten es die Ottonen und die ersten Salier. So installierte Otto III. 996 seinen Vetter Brun von Kärnten auf dem Papstthron, und Heinrich III. setzte auf den Synoden von Sutri und Rom 1046 drei streitende Päpste ab und erhob einen deutschen Bischof auf den Stuhl Petri. Heinrich war es aber auch, der die geistliche Erneuerungsbewegung der Mönche von Cluny

(an der Saône) förderte, und eben aus dieser kluniazensischen Reform erwuchsen die Kräfte, die fortan dafür sorgten, daß das Papsttum gegenüber der weltlichen Gewalt ständig Boden gewann. Asketisch und weltabgewandt, nach einer verschärften Benediktinerregel lebend, waren die Kluniazenser von jeglicher weltlichen und bischöflichen Oberhoheit befreit und allein dem päpstlichen Schutz unterstellt. Ziel der von Cluny ausgehenden Reformbewegung war die Wiederherstellung kirchlicher Zucht und Frömmigkeit. Das hätte noch nicht zum Stein des Anstoßes werden müssen, die eigentliche Sprengkraft lag darin, daß die Kluniazenser, im Bestreben, kirchliche Ämter nur den Würdigsten vorzubehalten, ein Verbot der Laieninvestitur forderten, das heißt, weltliche Herren sollten künftig keine kirchlichen Ämter mehr vergeben können. Damit wurde das bestehende Reichskirchensystem mit seiner Ämtervergabe gegen Dienst für Adel und Krone in Frage gestellt. Als mit Gregor VII. (Hildebrand) 1073 ein entschiedener Repräsentant der Reformbewegung auf den päpstlichen Stuhl gelangte, war der Zusammenstoß unvermeidbar. Fast ein halbes Jahrhundert lang, von 1075 bis 1122, lähmte der Investiturstreit mit dem Papsttum die Handlungsfähigkeit der deutschen Politik. An seinem Ende stand das Wormser Konkordat Kalixts II. und *Heinrichs V.*, ein Kompromiß, der dem König den Verzicht auf die Investitur auferlegte und die Bischöfe aus ihrer Beamtenstellung befreite und zu selbständigen Reichsfürsten machte. In der Stauferzeit erneuerten sich die Konflikte zwischen weltlicher und geistlicher Macht. Ihren Ausgang nahmen sie an der Italienpolitik des Königtums. Friedrich I. Barbarossa wollte die *Regalien*, die alten Reichsrechte, wiederherstellen und traf dabei auf den Widerstand der lombardischen Kommunen, denen der Papst zur Seite trat. Auf dem Reichstag von *Besançon* 1157 fiel das verhängnisvolle Wort vom »beneficium«, der Wohltat, oder in anderer Übersetzung: dem Lehen, das der König vom Papst empfange. 20 Jahre Kämpfe folgten, aber die von Barbarossa inthronisierten Gegenpäpste vermochten keine Autorität zu entfalten, am Ende mußte der Kaiser in *Venedig* mit seinem Widersacher *Alexander III.* Frieden schließen. Mit der Hochzeit zwischen seinem Sohn *Heinrich VI.* und *Konstanze*, der Erbin des normannischen Königreichs Sizilien, landete er 1186, vier

Jahre vor seinem Tod, noch einen »Coup«, der dem Papsttum künftig schwer zu schaffen machen sollte. Denn mit dem Reich in Unteritalien, wenn es auch erst noch erkämpft werden mußte, bekamen die Staufer eine Basis, um den Kirchenstaat von Norden und Süden in die Zange zu nehmen. Im Pontifikat *Innozenz' III.* erreichte das Papsttum den Gipfel seiner Machtentfaltung: Bei der *Doppelwahl von 1198* erhob sich Innozenz zum Schiedsrichter über die deutschen Könige und gebot über bedeutende Landesherrschaften in Mittelitalien. Die Kirche trat mehr und mehr auch als Territorialmacht in Erscheinung, und auf dem Laterankonzil von 1215 präsentierte sie sich in eindrucksvoller Geschlossenheit. Sie schaffte es in den folgenden Jahrzehnten auch, Anschluß an die sozialreligiösen Bewegungen, etwa der *Bettelorden* oder der Spiritualen um *Franz von Assisi*, zu finden und diese unter ihre Fittiche zu bringen, bevor sie in die »Ketzerei« abglitten. Doch die Auseinandersetzungen mit der weltlichen Macht waren noch nicht zu Ende. Als Barbarossas Enkel *Friedrich II.* Miene machte, die Italienpolitik seines Großvaters wiederaufzunehmen, zogen die Päpste alle Register. Vor allem unter *Gregor IX.* und *Innozenz IV.* gewann der Kampf an Erbitterung und Härte. Ein wilder Propagandakrieg wurde gegen die »apokalyptische Bestie« auf dem Kaiserthron entfacht, nicht einmal vor Mordkomplotten schreckte man zurück, und es ergingen Bannflüche; auf dem Konzil von *Lyon* 1245 wurde schließlich die Absetzung Friedrichs verkündet. Beim Tod des Kaisers 1250 war noch nichts entschieden, aber den Nachfolgern *Konrad IV.* und *Manfred* fehlte die nötige Basis, um sich gegen die Kirche durchzusetzen. Durch die Lehensvergabe des Königreichs Sizilien an *Karl von Anjou* 1265 glaubte das Papsttum endlich die staufische Bedrohung von Süden her los zu sein. Das sollte sich jedoch als Trugschluß erweisen. Die Herrschaft der Anjou lastete weit drückender auf Italien als die der Staufer, und als Papst Bonifaz VIII. 1302 mit der Bulle »Unam sanctam« seine Herrschaftsansprüche gegenüber dem französischen König so behaupten wollte, wie es seine Vorgänger gegenüber den deutschen Herrschern getan hatten, kam es sehr schnell zur Niederlage des Papsttums. 1309 mußte Klemens V. den Sitz der Kurie ins südfranzösische Avignon verlegen, wo das Papsttum fast sieben Jahrzehnte lang in »babylonischer Gefangenschaft« hauste.

Paschalis III., Gegenpapst

† Rom 20.9.1168

Als *Viktor IV.*, der Papst, den *Friedrich I. Barbarossa* 1159 gegen *Alexander III.* hatte wählen lassen, am 20. April 1164 in Lucca starb, sorgte des Kaisers Kanzler *Rainald von Dassel* sogleich dafür, daß ein neuer Gegenpapst eingesetzt wurde; dem unbeugsamen Alexander sollte keine Atempause vergönnt sein. Als Kandidaten benannte er Guido von Crema, Kardinalpriester von San Callisto, einen Mann aus adliger Familie; als Paschalis III. wurde er nach einer Wahl, an der nur zwei Kardinäle, zwei deutsche Bischöfe und der römische Stadtpräfekt beteiligt waren, in Lucca geweiht. Der unter Mißachtung aller Vorschriften installierte Papst blieb unter dem Schutz des kaiserlichen Militärs zunächst in Mittelitalien; der von Rainald inszenierten Erhebung und *Heiligsprechung Karls des Großen* in Aachen 1165 stimmte er zu. Im Sommer 1167 zog er mit Friedrich I. nach Rom, wurde am 22. Juni in Sankt Peter inthronisiert und vollzog am 1. August die (Fest-)Krönung am Kaiserpaar. Als im August eine Malariakatastrophe im Heer den Kaiser zwang, sich aus Rom zurückzuziehen, schloß Paschalis sich ihm an. Er nahm Quartier in Viterbo und kehrte erst Anfang 1168 unter dem Schutz deutscher Truppen nach Rom zurück. Er starb wenig später in der Festung neben Sankt Peter.

Petrus de Vinea

* Capua vor 1200, † San Miniato (bei Florenz) April 1249

In Dantes »Göttlicher Komödie« gehört er zu denen, die dem Dichter in der Hölle begegnen. »Ich bin's«, klagt der Schatten, »der einst das Herz des Friederich / Mit zweien Schlüsseln auf- und zugeschlossen / Und sie so sanft und leis gedreht, daß ich, / Nur ich, sonst keiner, sein Vertraun genossen« – bis der Verrat geschah und sein Herr sich gegen ihn wandte: Petrus de Vinea, nach Behauptung späterer Quellen aus schlichten Verhältnissen stammend, arbeitete sich nach dem Jurastudium in der Kanzlei *Friedrichs II.* hoch. Im September 1224 ist er als Richter am Großhofgericht bezeugt. Möglicherweise war er an der Redaktion der Konstitutionen von *Melfi* (1231) beteiligt. Er diente dem Kaiser auf zahlreichen diplomatischen Missionen, unter anderem vermittelte er 1235 die Ehe Friedrichs mit *Isabella von England.* Seit Mai 1243 war er Protonotar (Kanzleichef) und Logothet (Sprecher des Kaisers), damit besaß er die Machtfülle eines leitenden Ministers. Wie es zu seinem Sturz und Tod kam, bleibt rätselhaft. Friedrich ließ ihn im Februar 1249 in Cremona wegen des Verdachts auf Verrat und Bestechlichkeit festnehmen; vielleicht hatte Petrus geheime Verbindungen zur Kurie unterhalten. Besitzgierig war er auf jeden Fall: Sein beträchtliches Vermögen ist nicht ohne Korruption zustande gekommen, und was auf unterer Ebene üblich sein mochte, wurde dem Mann an der Spitze, der die Gesetze gegen den Amtsmißbrauch selbst formuliert hatte, nicht nachgesehen. Möglicherweise wurde Petrus aber auch bloß Opfer einer Hofintrige, die um so wirkungsvoller anschlug, als das Klima am Hof in dieser Zeit heftigster Kämpfe mit dem Papst und den oberitalienischen Städten bereits von Mißtrauen und Argwohn beherrscht war. Friedrich ließ Petrus de Vinea nach der Verhaftung blenden und auf die Reichsburg San Miniato bringen. Dort starb der Gefangene an seinen Verletzungen. Nach einer anderen Version beging er Selbstmord, und zwar auf bizarre Weise. Da er nichts mehr sehen konnte, fragte er die Wächter in seinem Verlies, ob sich zwischen ihm und der Wand irgendwelche Gegenstände befänden. Als diese verneinten, rannte er gegen die Kerkermauer und zerschmetterte sich den Schädel daran. Seine hinterlassenen Werke zeigen ihn als gewandten Schriftsteller; der erhabene und glanzvolle Stil, in dem die großen Manifeste Friedrichs gehalten sind, verdankte er der klassischen Bildung seines Beraters. Petrus de Vineas Briefe dienten noch Generationen von Kanzlisten als Formularbehelf. Auch zur volkssprachlichen Literatur seiner Zeit trug er mit selbstverfaßten Kanzonen und Sonetten bei.

Pfalzen

Ein Leben im Sattel: Die deutschen Könige und Kaiser des Mittelalters hatten keine Hauptstadt, keine Residenz, keine fest installierte Verwaltung. Sie konnten manches delegieren und zuverlässige Mitarbeiter schicken. Aber oft genug mußten sie sich selbst auf den Weg machen, mitsamt ihrer Kanzlei, um an Ort und Stelle zu schlichten, zu ordnen und Recht zu sprechen, und die Feldzüge mußten sie auch meist persönlich führen. An verschiedenen Orten des Reiches standen deshalb Anlagen zur Verfügung, die als Regierungssitz für eine gewisse Zeit dienen konnten, die Pfalzen. Das Wort ist, wie auch »Palast«, abgeleitet vom lateinischen »palatium«, ursprünglich der Name der kaiserlichen Residenz auf dem Palatinischen Hügel in Rom, später allgemeine Bezeichnung für ein öffentliches Amtsgebäude. Zu einer Pfalz gehörten nicht nur Wohngebäude zur standesgemäßen Unterbringung des Herrschers, seiner Familie und des engeren Hofstaats, sondern auch ein repräsentativer Saalbau, in dem Versammlungen, Gerichtstage und Empfänge stattfinden konnten, eine Kirche als Bethaus und würdiger Rahmen religiöser Feiern sowie ein Wirtschaftshof zur Versorgung des Königs und seines Gefolges. Waren die Pfalzen zur Zeit der Karolinger im allgemeinen noch unbefestigt, so wurde es später üblich, sie mit Wehranlagen zu versehen. Zur Hochblüte gelangte der Pfalzenbau unter *Friedrich I. Barbarossa.* Dem Staufer kam es darauf an, Zeichen seiner Königsherrschaft zu setzen; zu seinem Bauprogramm gehörte daher auch die Erneuerung älterer Anlagen, vor allem solcher Karls des Großen, in dessen Nachfolge sich Barbarossa sah – wie schon sein Biograph *Rahewin* erkannte: »Die herrlichen von Karl dem Großen einst erbauten Pfalzen und mit rühmlichster Pracht gezierten Königshöfe … hat er aufs herrlichste wiederhergestellt und hierbei einen hervorragenden Beweis der ihm angeborenen Seelengröße gegeben … Die königliche Pracht dieser Dinge und ihre reiche Menge, die größer ist, als daß man sie schildern könnte, erweckt das Staunen des Beschauenden.« So eindrucksvoll der Pfalzenbau Friedrichs I. auch war, lassen sich doch nicht alle staufischen Pfalzen auf seine Regierungszeit datieren. Bei einigen ist erwiesen, daß sie erst unter *Heinrich VI.* und *Friedrich II.* errichtet oder vollendet wurden; das ungeheure Lösegeld, das für die Freilassung des englischen Königs *Richard Löwenherz* erpreßt wurde, dürfte manche dieser Königsbauten finanziert haben. Wie die Pfalzen ausgesehen haben, ist nur noch aus literarischen Beschreibungen, aus alten Zeichnungen und Gemälden und archäologischen Funden zu rekonstruieren.

Anders als die großen Sakralbauten dieser Zeit blieb keine der Pfalzen unangetastet erhalten. Sie wurden von neuen Besitzern umgebaut oder verschwanden (in den Städten) unter neuer Bebauung. So künden nur Ruinen, Mauerreste und ausgegrabene Grundmauern von der einstigen Pracht der Pfalzen in Nimwegen, Ingelheim, Kaiserslautern, Kaiserswerth bei Düsseldorf, Wimpfen, Gelnhausen, Eger, Seligenstadt oder Nürnberg. Von einigen Pfalzen, wie etwa Hagenau, ist kaum zu sagen, wie ihr Grundriß gewesen ist, und von den Bauten, die Barbarossa in Norditalien errichten ließ, fehlt überhaupt jede Spur.

Philipp von Schwaben

* um 1175, † Bamberg 21.6.1208

Nur der Bischof von Speyer und der Truchseß von Waldburg waren beim König, als der Mann mit dem bloßen Schwert das Zimmer betrat. »Steck das Schwert in die Scheide, hier ist nicht der Ort, es zu gebrauchen«, sagte der König. Aber der andere schrie: »Hier ist der Ort, deinen Verrat zu bestrafen«, sprang vor und hieb den König in den Hals. Tödlich verwundet sank dieser hin. Der Truchseß, der seinem Herrn helfen wollte, bekam einen Hieb ab, der Mörder aber floh. Tatort: die Pfalz des Bischofs von Bamberg. Täter: Pfalzgraf Otto von Wittelsbach. Opfer: Philipp von Schwaben, König von Deutschland. Die Mordtat von Bamberg beendete eine Herrscherlaufbahn, die eigentlich gerade erst hatte beginnen sollen. Als jüngster Sohn *Friedrichs I. Barbarossa* ursprünglich für den geistlichen Beruf bestimmt, gab Philipp diesen jedoch 1193 auf und beteiligte sich am Italienzug *Heinrichs VI.* 1195 wurde er mit dem Herzogtum Tuszien und den *Mathildischen Gütern* belehnt, nach dem Tod seiner Brüder, *Friedrichs V. von Schwaben* (1191) und *Konrads von Rothenburg* (1196), auch mit dem Herzogtum Schwaben. 1197 heiratete er die byzantinische Prinzessin *Irene*, die Witwe König Rogers III. von Sizilien. In den Wirren nach dem Tod Heinrichs VI. (28.9.1197) stellte ihn die Stauferpartei als Kandidaten für den Königsthron gegen den Welfen *Otto IV.* auf. Philipp wollte davon zunächst nichts wissen, ließ sich dann aber doch bei der *Doppelwahl von 1198* in Mainz zum König krönen. Er sicherte sich außenpolitisch durch ein Bündnis mit dem französischen König *Philipp II. August* ab; der staufisch-welfische Gegensatz geriet so in das Fahrwasser der englisch-französischen Auseinandersetzungen. Als Papst *Innozenz III.*, dem beide Könige ihre Wahlanzeige geschickt hatten, sich um die Jahreswende 1200/1201 für den Welfen als legitimen König aussprach, ignorierte Philipp das päpstliche Votum. Im Besitz größerer materieller und finanzieller Ressourcen als sein Gegner, gewann er langsam die Oberhand im Reich. Am 27. Juli 1206 besiegte er Otto in der Schlacht bei Wassenberg (bei Erkelenz). Da der Papst bald danach auf Distanz zum glücklosen Welfen ging und die geänderten Machtverhältnisse in Deutschland anerkannte, schien für Philipp der Weg zur unangefochtenen Herrschaft frei. Just in dieser Situation aber wurde er ermordet. Ein politisches Motiv stand vermutlich nicht hinter der Tat von Bamberg. Otto von Wittelsbach soll sich für eine oder sogar zwei geplatzte Verlobungen gerächt haben. Dem Pfalzgrafen war 1203 Philipps Tochter *Beatrix die Ältere* versprochen worden, die Verbindung wurde aber später gelöst. 1207/1208, kurz vor dem Mord also, soll das Eheprojekt kurzzeitig wiederaufgenommen worden sein; ungewiß aber, ob diesmal die vorige Beatrix oder eine jüngere Schwester gleichen Namens die Braut sein sollte. Auf jeden Fall kam Otto von Wittelsbach nach der Tat nicht davon: Am 5. März 1209 wurde er bei Regensburg von Marschall Heinrich von Kalden und dem Sohn eines früher von ihm ermordeten Edlen getötet.

Philipp II. August, König von Frankreich

* Paris 21.8.1165, † Mantes-la-Jolie (Yvelines) 14.7.1223

Bereits zu Zeiten *Ludwigs VII.* hatte es erste Annäherungen zwischen den französischen Königen und den Staufern gegeben. Ludwigs Sohn und Nachfolger Philipp II. August, am 1. November 1179 in Reims gekrönt, war es dann, der das staufisch-kapetingische Bündnis zur vollen Entfaltung brachte. Seine Lebensaufgabe – neben einem eher ungern zusammen mit *Richard Löwenherz* abgeleisteten Kreuzzug (1190/1191) – sah er darin, die englische Herrschaft über große Teile Frankreichs (Normandie, Anjou, Maine, Touraine, Poitou, Guyenne, Gascogne) zu beenden. Da England traditionell mit den Welfen verbündet war, ergab sich das Zusammengehen mit den Staufern fast von selbst. So verständigten sich während des deutschen Thronstreits von 1198 Philipp II. August und der Staufer *Philipp von Schwaben* über eine Militärhilfe, die der Franzose für seinen Kampf gegen *Johann Ohneland von England* (der seinerseits den Welfen *Otto IV.* finanziell unterstützte) erhalten sollte. Durch den Tod Philipps von Schwaben (1208) trat eine Unterbrechung der Beziehungen ein. Drei Jahre später wurden sie jedoch im Vertrag von Vaucouleurs (19.11.1211) wiederbelebt. Es war jetzt *Friedrich II.*, der dem Kapetinger als Partner gegenübertrat. Der Staufer versprach, niemals ohne Wissen des französischen Königs Frieden mit Johann Ohneland oder dessen Verbündetem Otto IV. (inzwischen Kaiser) zu schließen, noch den Feinden Philipp II. Augusts innerhalb seines Reiches Schutz zu gewähren. Dafür erhielt er 20000 Mark Silber, mit denen er im folgenden Jahr seine Wahl zum deutschen König finanzierte. Durch den Vertrag von Vaucouleurs bildeten sich die Parteien, die 1214 bei *Bouvines* zu einer der großen Entscheidungsschlachten der Weltgeschichte aufeinandertrafen.

Philipp von Heinsberg, Erzbischof von Köln
* um 1130, † vor Neapel 13.8.1191
Nach dem Urteil des Historikers Friedrich von Raumer war Philipp von Heinsberg ein kluger, ruhmbegieriger Mann, dem Geistlichkeit und Kirche wenig bedeuteten – letzteres traf allerdings auf manchen der damaligen Standesgenossen zu. Philipp, zunächst Domdekan in Köln und Dompropst in Lüttich, wurde von *Rainald von Dassel* in die Reichspolitik eingeführt. Anfang Januar 1167 trat er das Amt des Reichskanzlers an und übernahm noch im selben Jahr nach Rainalds Tod (14.8.1167) das Erzbistum Köln. Der versierte Diplomat diente den Staufern, *Friedrich I. Barbarossa* wie dessen Sohn *Heinrich VI.*, auf zahlreichen Missionen. So vermittelte er im Streit zwischen England und Frankreich (1168), handelte die Friedensverträge von *Anagni* und *Venedig* (1176/1177) aus und wirkte an der Versöhnung zwischen Heinrich VI. und *Heinrich dem Löwen* (1190) mit. Dazwischen hielt er es zeitweilig mit der antistaufischen Partei. Das lag an seiner ausgreifenden Territorialpolitik, die das Kölner Erzbistum zu einer Bedrohung seiner Nachbarn im Westen des Reiches hatte werden lassen, wogegen sich auf Betreiben Barbarossas eine Koalition aus Luxemburg, Namur

und Hennegau bildete. Die Querelen dauerten von 1184 bis 1188; danach vermochte Heinrich VI. den Kölner Erzbischof wieder mit den Staufern auszusöhnen, indem er ihn auf dem Reichstag von Nürnberg Pfingsten 1190 »so zart wie ehrenvoll behandelte« (Raumer) und ihm obendrein einige Zölle und Münzstellen verlieh und verpfändete Güter zurückgab. Philipp starb im kaiserlichen Heerlager vor Neapel.

Pommern

Das Gebiet beiderseits der Oder war seit dem 7. Jahrhundert durch westslawische Stämme besiedelt worden. Anfang des 12. Jahrhunderts etablierte sich die Dynastie der Greifen, deren Herrschaft bis 1637 anhielt. Der Stammvater des Greifengeschlechts, Wartislaw I., mußte sich jedoch 1121 den Polen unterwerfen und die Christianisierung seines Landes dulden. Die polnische Oberhoheit zerfiel allerdings schon 1138; dafür geriet Pommern nun im Zuge der deutschen *Ostsiedlung* in den Machtbereich erst *Albrechts des Bären,* dann *Heinrichs des Löwen.* Nach dessen Sturz unterstellte sich Pommerns Herzog Boleslaw I. 1181 dem deutschen Kaiser *Friedrich I. Barbarossa* und erhielt das Land als Lehen; der Herzogstitel, den die Greifen sich einige Jahre zuvor zugelegt hatten, war damit anerkannt. Schon bald aber sah sich das neue Herzogtum dänischem Druck ausgesetzt: 1185 mußte Bogislaw I. dem Dänenkönig Knut VI. huldigen, und erst die Niederlage, die dessen Bruder und Nachfolger Waldemar II. in der Schlacht bei *Bornhöved* 1227 erlitt, machte der dänischen Oberhoheit über Pommern ein Ende. Die von den Herzögen geförderte deutsche Besiedlung erreichte im 13. Jahrhundert ihren Höhepunkt; Städte wie Stettin, Wolgast, Stargard, Kolberg und Rügenwalde wurden zu Stützpunkten der aufblühenden *Hanse.*

Prämonstratenser

Im Jahr 1120 gründete der heilige Norbert von Xanten (* um 1080, † 1134) im Wald von Prémontré bei Laon in Nordfrankreich eine geistliche Gemeinschaft, die sich nach ihrer ersten Niederlassung Prämonstratenser nannte. Der Orden lebte nach strengen Regeln; seine Mitglieder, obgleich überwiegend dem Adel entstammend, leisteten Handarbeit, fasteten häufig und hielten untereinander vollständige Gütergemeinschaft. Die Bewegung griff rasch nach Deutschland über: Bereits 1122 entstand in Cappenberg bei Lünen in Westfalen das erste deutsche Prämonstratenserkloster, und mit der Erhebung Norberts zum Erzbischof von Magdeburg 1126 und der Bestätigung der Ordensregel durch Papst Honorius II. im selben Jahr wurden die Voraussetzungen für ein großangelegtes Engagement der Mönche im Reich geschaffen. Das Stift Magdeburg gewann Ausstrahlungskraft im gesamten ostelbischen Raum, neben den *Zisterziensern* wurden die Prämonstratenser hier zu Pionieren der *Ostsiedlung*. 1139 ließen sie sich in Breslau nieder, 1144 in Jerichow bei Tangermünde, weitere bedeutende Stifte entstanden in Böhmen (Strahov bei Prag, Leitomischl, Seelau und Tepl). Zur Zeit seiner stärksten Ausdehnung um 1200 zählte der Orden etwa 600 Klöster in ganz Europa und im Vorderen Orient. Im Spätmittelalter büßte er gegenüber den besonders in den Städten aktiven *Bettelorden* an Bedeutung ein.

Privilegium minus

Gestärkt als Kaiser von seinem ersten Italienzug zurückgekehrt, suchte *Friedrich I. Barbarossa* 1155 nach Mitteln, den stets gefährdeten Reichsfrieden zu festigen. Im Wege stand ihm dabei vor allem der Konflikt zwischen dem Welfen *Heinrich dem Löwen*, seinem Vetter und mächtigsten deutschen Fürsten, und dem *Babenberger Heinrich II. Jasomirgott*, dem Friedrichs Onkel und Vorgänger *Konrad III.* 1141 das ursprünglich welfische Herzogtum Bayern übertragen hatte. Der Kaiser belehnte im Oktober 1155 wieder den Welfen mit Bayern, doch wollte sich Heinrich Jasomirgott dem nicht fügen. Lange, teils geheime Verhandlungen waren nötig, ehe am 8. September 1156 eine Einigung erzielt und auf dem Reichstag in Barbing bei Regensburg besiegelt war: Von Bayern wurde die Ostmark abgetrennt und zu einem eigenen über die Enns nach Westen hin erweiterten Herzogtum Österreich erhoben und der Babenberger damit belehnt. Zeremoniell ging das so vor sich: Heinrich Jasomirgott gab zum Zeichen seines Verzichts auf Bayern dem Kaiser sieben Fahnenlanzen, die dieser an Heinrich den Löwen weiterreichte, woraufhin der neue Bayernherzog zwei der Lanzen zum Zeichen seines Verzichts auf die Ostmark dem Kaiser zurückgab, die dieser wiederum dem neuen österreichischen Herzog aushändigte und ihn auf diese Weise förmlich belehnte. Am 17. September wurde der Handel im später sogenannten Privilegium minus urkundlich festgehalten. Wörtlich übersetzt, handelt es sich dabei also um einen »kleinen Freiheitsbrief«, der allerdings große Zugeständnisse an den Babenberger enthielt. Das begann schon damit, daß er ausdrücklich an Heinrich und seine »erhabene Gattin« Theodora, eine byzantinische Prinzessin, gerichtet war. Damit nicht genug: Der Kaiser akzeptierte nach byzantinischer Rechtsauffassung, daß auch die Herzogin in die Belehnung einbezogen wurde, ja daß für Österreich männliche wie weibliche Erbfolge gelten sollte. Bei Kinderlosigkeit sollte das Herzogspaar zudem frei über die Vergabe des Erbes bestimmen dürfen. Des weiteren schränkte das Privileg die Pflichten des Herzogs ein: Er war künftig nur noch gehalten, auf Reichstagen zu erscheinen, wenn diese in Bayern stattfanden, und er mußte Heerfolge nur dann leisten, wenn »der Kaiser einen Feldzug in Staaten oder Länder, die an Österreich grenzen, anordnen sollte«. Außerdem stand ihm die unbeschränkte Gerichtshoheit in Österreich zu. Das Privileg hatte weitreichende lehensrechtliche Folgen, ging es doch von der Verankerung der Herzogsgewalt im Stammesverband ab und setzte an dessen Stelle die territoriale Begründung von Herrschaft. Vielleicht hatte hier erstmals *Rainald von Dassel* seine Hand im Spiel, der zu Jahresbeginn das Amt des Kanzlers beim Kaiser angetreten hatte.

Propaganda →Publizistik

Prophezeiungen

Aufstieg und Fall der Großen dieser Welt werden gern von Prophezeiungen aller Art begleitet. So ging es auch den Staufern; um die Person *Friedrichs II.* schlang sich sogar ein ganzer Kranz von Weissagungen. Der Wundermann, das Staunen der Welt, wie ihn die Zeitgenossen titulierten, forderte auch regelrecht dazu heraus. Sein Lebensstil, seine Bildung, seine Freigeisterei, die Tücke und Grausamkeit, die er gegen seine Feinde üben konnte, die halborientalische Welt, aus der er kam – alles das war dazu angetan, die Menschen zu faszinieren. Aber nicht allein naive Phantasie entzündete sich am rätselhaften Wesen des Staufers, manche Prophetie war auch bewußt erzeugt und diente politischen Zwecken. So ist dann auch ein Fragezeichen hinter manchen Orakelspruch des seinerzeit hochberühmten *Joachim von Fiore* zu setzen; vielfach liefen nämlich Weissagungen um, die gar nicht von dem Heiligen stammten, sondern von kundigen Nachahmern in die Welt gesetzt worden waren, »joachitische« Weissagungen gab es noch lange nach dem Tod des Sehers (1202). Eine dieser Geschichten lautete, Joachim habe Kaiser *Heinrich VI.* schon vor der Geburt Friedrichs verkündet, daß seine Gemahlin *Konstanze von Sizilien* mit einem Dämon schwanger gehe. Das baute auf älteren Prophezeiungen auf, nach denen Konstanze ihrem Geschlecht Unglück bringen würde. Die Dämonentheorie war später das Zentralargument der päpstlichen Partei im Kampf gegen Friedrich II.; die Kurie hielt eisern fest daran, daß ihr Gegner vom Satan gezeugt sein müsse. Er sei eines der Häupter des apokalyptischen Drachen und dazu ausersehen, die Verfolgung der Kirche zum Abschluß zu bringen, hieß es in einer joachitischen Weissagung, und das gleiche Etikett bekamen dann auch noch Friedrichs Sohn *Manfred* und Alfons von Kastilien, einer der Thronprätendenten während des *Interregnums*, angehängt. Dagegen entwickelte sich eine prostaufische Prophetie – teilweise genauso bewußt gefördert und verbreitet wie die antistaufische. Sie erhob Friedrich II. zum Messias und Retter der Kirche, und als er starb, wurden auf ihn die Weissagungen der antiken Sibyllinischen Bücher übertragen: vom »Adler aus dem Osten«, der in seinen Jungen weiterlebe, vom Friedenskaiser, der das paradiesische Reich errichten werde ... Auch von einem »dritten Friedrich« war die Rede, der kommen und das Werk vollenden werde, das Friedrich II. und sein Großvater *Friedrich I. Barbarossa* begonnen hätten, und utopische Hoffnungen richteten sich danach auf entfernte Stauferverwandte wie Friedrich den Freidigen von Thüringen und Meißen († 1323) und Friedrich II. von Aragonien († 1337). Im 14. und 15. Jahrhundert gewann die deutsche Kaisersage feste Gestalt: Am Ende der Zeiten werde Friedrich II. wiederkommen, um Reich und Kirche zu erneuern. Er werde auch einen letzten Kreuzzug ins Heilige Land unternehmen und nach der Eroberung Jerusalems seine Herrschaftszeichen an einem dürren Baum (dem Kreuz) aufhängen, denn das anbrechende Reich des Friedens brauche keinen Herrscher mehr. Mit der charakteristischen Verschiebung von Friedrich II. auf Friedrich I. Barbarossa ging die Prophetie dann in die Sage vom schlafenden Kaiser im *Kyffhäuser* ein.

Publizistik
Die öffentliche Behandlung von aktuellen Streitfragen in Wort und Schrift – so die gebräuchliche Definition von Publizistik – war im Mittelalter kaum entwickelt. Nur die wenigsten konnten überhaupt lesen und schreiben, außerdem stießen Vervielfältigung und Verbreitung des geschriebenen Wortes in einer Zeit vor Erfindung des Buchdrucks und der Einführung moderner Verkehrsmittel auf größte Schwierigkeiten. Der Austausch von Meinungen blieb den Herrschenden vorbehalten, denen wiederum fast ausschließlich Kleriker zur Hand gingen. Dadurch wurde lange Zeit der Charakter der Publizistik als ein Kampf mit Bibelzitaten geprägt. – Erste Ansätze bildeten sich während des Investiturstreits (1075–1122). Die Auseinandersetzungen innerhalb der Kirche um Fragen der Reform sowie der Streit zwischen Kaiser und Papst um das Verhältnis von weltlicher und geistlicher Gewalt brachten eine neue literarische Gattung hervor, die »Libelli de lite« (Streitschriften). Zumeist auf Defensive bedacht, dienten sie weniger der Überzeugung des Gegners als der Bekräftigung des eigenen Standpunkts. Dabei ist zu vermuten, daß seitens der Kirche diese Schriften auch durch Wanderprediger und Mönche verbreitet wurden und daß es bereits Übersetzungen in die Volkssprache gab, die von der Kanzel verlesen wurden und so das einfache Volk erreichten. Ähnliches geschah während der *Kreuzzüge*. Das Abendland erfuhr durch Wanderprediger von der berühmten Synode von Clermont (1095), auf der Papst Urban II. die Christenheit zur Befreiung des Heiligen Grabes aufgerufen hatte. Und zur Vorbereitung des *Zweiten Kreuzzugs* richtete *Bernhard von Clairvaux* ein regelrechtes Schreibbüro ein, das von seinen Aufrufen massenhaft Abschriften anfertigte. Dem folgten schließlich auch die weltlichen Herrscher; vor allem unter *Friedrich II.* gewann das Kanzleiwesen an Ausdehnung. Ein ganzes Heer von Schreibern war damit beschäftigt, die Manifeste und Pamphlete zu kopie-

ren, mit denen der Staufer für seine Sache warb. In *Petrus de Vinea* und anderen fand er Mitarbeiter, die es stilistisch mit den Autoren der Kurie aufnehmen konnten. Publizistik wurde Propaganda: Im Endkampf zwischen Kaiser und Papst, der nach dem Bannfluch gegen Friedrich 1239 einsetzte, kam es nicht mehr so sehr darauf an, nachzuweisen, daß man selbst recht, sondern daß der Gegner unrecht habe. Die Verunglimpfung ging ins Totale: Als »apokalyptische Bestie« stellte Papst *Gregor IX.* den Staufer hin und dichtete ihm jede Art von Laster und Sünde an. Dieser revanchierte sich, indem er seinen Gegner, der ja »Papst nur dem Namen nach sei«, der Ketzerei bezichtigte. Mit dem Vorwurf, der *Antichrist* zu sein, belegten sich die Parteien wechselseitig. Manches von dem, was die kaiserliche Kanzlei in diesem Meinungskampf aufbrachte, mutet erstaunlich modern an. Friedrichs Manifeste nahmen, nicht anders als es drei Jahrhunderte später die Flugschriften der Reformation taten, die Kirche in Schutz gegen ihre unwürdigen Amtsinhaber und beschworen das Bild der apostolischen Gemeinde herauf, die es zu erneuern gelte.

Rahewin

† zwischen 1170 und 1177

Ein Geburtsdatum ist nicht überliefert, obwohl der Mann selbst als Geschichtsschreiber tätig war: Rahewin ist erstmals 1144 als »Cartularius« (Urkundenschreiber) *Ottos von Freising* bezeugt. Seit 1158 war er Propst von Sankt Veit in Freising. Er arbeitete vermutlich an Ottos Hauptwerk, der »Weltchronik«, mit und setzte auch nach dem Tod des Freisinger Bischofs (22.9.1158) dessen »Gesta Friderici«, die Lebensbeschreibung *Friedrichs I. Barbarossa*, fort. Otto war damit in Buch I und II bis zum Jahr 1156 gekommen, Rahewin fügte die Bücher III und IV an, die die Jahre bis 1160 umfassen. In diese Zeit fallen Barbarossas Feldzug gegen Polen 1157, die Niederwerfung *Mailands* und der Reichstag von *Roncaglia* 1158 – Ereignisse, über die wir dank Rahewins präziser Darstellung gut unterrichtet sind. Anders als sein Mentor Otto zeigt Rahewin wenig Neigung zu geschichtstheologischen Betrachtungen; ihm kommt es darauf an, zunächst das historische Geschehen zu ermitteln. Dem dient die Aufnahme zahlreicher Dokumente im Wortlaut; Rahewin fordert den Leser auf, sich danach selbst ein Urteil zu bilden. Seine knappe Charakteristik der politischen Ziele Barbarossas verdient zitiert zu werden: »In der ganzen Zeit seiner Herrschaft hielt er nie etwas für besser und für erfreulicher, als daß das Römische Reich durch seine Mühe und Tätigkeit das Ansehen früherer Zeiten wieder erhalte und bewahre.«

Rainald von Dassel

* um 1120, † Rom 14.8.1167

Rainald von Dassel war ein Mann, dem Treue und Prinzipienfestigkeit über alles gingen – der Historiker Ernst W. Wies vergleicht ihn gar mit dem Hagen des Nibelungenlieds, dem Vasallen, der seine Herren zwingt, konsequent zu bleiben, der sie am einmal eingeschlagenen Weg festhält und mit sich in den Untergang reißt. Kein Zweifel, in der Zeit, da Rainald von Dassel die Richtlinien der deutschen Politik bestimmte, im Jahrzehnt zwischen 1156 und 1167, geschah einiges, das wohl unterblieben wäre, wenn sein Dienstherr *Friedrich I. Barbarossa* andere, kompromißbereitere Ratgeber an seiner Seite gehabt hätte. Die Flexibilität, die Barbarossas Politik nach dem Tod des allmächtigen Kanzlers wiedergewann, spricht da eine deutliche Sprache. – In Hildesheim und Paris ausgebildet, stand Rainald von Dassel schon früh in Verbindung mit Vertretern der staufischen Partei. Über verschiedene geistliche Ämter (unter anderem das eines Dompropstes in Hildesheim) gelangte er im Mai 1156 nach der Berufung zum Reichskanzler ins Zentrum der staufischen Macht. Hier schuf er mit Einführung des Begriffs »sacrum imperium« (heiliges Reich) eine Sprachregelung, die in den Auseinandersetzungen mit dem *Papsttum* eine bedeutende Rolle spielen sollte. Die Ideen, die Rainald von Kaiser und Reich hegte, übersetzte der zu seinem Umkreis gehörende *Archipoeta* in zündende Verse. Auf dem Reichstag von *Besançon* im Oktober 1157 brach der Streit mit der Kirche offen aus. Rainald übersetzte eine Botschaft des Papstes an die Versammlung bewußt so, daß sie als Herrschaftsanmaßung und Überlegenheitsanspruch der römischen Kirche erscheinen mußte. Ein Sturm der Entrüstung war die Folge: Die deutschen Fürsten solidarisierten sich mit dem Kaiser, und der Einfluß des Reformpapsttums auf die deutsche Kirche schwand. 1158 reiste Rainald zusammen mit Otto von Wittelsbach (dem späteren *Otto I., Herzog von Bayern*) als kaiserlicher Legat in die Lombardei. Im Lager vor Mailand wurde er im Mai 1159 zum Erzbischof von Köln erhoben. Zugleich zum Erzkanzler von Italien ernannt, trat er kompromißlos für die Reichsrechte in Ober- und Mittelitalien ein und betrieb den Ausbau von Reichsterritorien mit einheitlicher Verwaltung und zentralistischer Finanzwirtschaft. 1160 leitete er zusammen mit Erzbischof *Arnold von Mainz* das Konzil von Pavia, auf dem versucht wurde, das *Alexandrinische Schisma* zu beenden. Der exkommunizierte Papst *Alexander III.* dachte jedoch keineswegs daran, aufzugeben, und der von Rainald favorisierte Gegenpapst *Viktor IV.* verlor, jedenfalls außerhalb Italiens, bald an Boden. Hatten sich die beiden Päpste zuvor schon wechselseitig mit Bannflüchen belegt, traf Rainald die Exkommunikation im Jahr 1163: Papst Alexander III. sprach über das »Haupt der Verwirrung« das Anathema aus. Als Rainalds Schützling Viktor IV. am 20. April 1164 starb, setzte der Politiker flugs einen Nachfolger ein, *Paschalis III.* Das ging unter Mißachtung aller Vorschriften vor sich und brachte auch das Reich in zunehmende Isolation (Frankreich zum Beispiel, dessen Herrscher von Rainald als »regulus«, Kleinkönig, abqualifiziert wurde, hielt es mit Alexander III.). Immerhin, der neue Gegenpapst tat, was er sollte, stimmte der von Rainald inszenierten *Heiligsprechung Karls des Großen* in Aachen (1165/1166) zu und vollzog am 1. August 1167 in Rom die (Fest-)Krönung am deutschen Kaiserpaar. Die Ewige Stadt hatte sich keineswegs freiwillig dem Erzkanzler und seiner Papstmarionette geöffnet. Blut war vor ihren Mauern geflossen, und zwar reichlich; bei *Tusculum* hatten deutsche Truppen unter Führung Rainalds und des nicht minder kriegerisch gesinnten Erzbischofs *Christian I. von Mainz* am zweiten Pfingsttag, dem 29. Mai 1167, ein römisches Heer besiegt. Die Katastrophe, die Barbarossas Heer in den Tagen nach der Krönungsfeier heimsuchte, verschonte auch Rainald nicht: Wie Tausende seiner Kampfgefährten erlag er der Malariaepidemie, die nach Wolkenbrüchen und Hitzeschauern in Rom ausbrach. – Wenn Rainald auch insgesamt kaum ein Jahr in seinem Kölner Erzbistum verbrachte, blieben seine Aufenthalte dort nicht ohne Wirkung. Rainald nahm die Reorganisation der erzbischöflichen Höfe in Angriff und gründete Klöster und Stifte in Westfalen, seine Territorialpolitik ebnete dem Nachfolger *Philipp von Heinsberg* den Weg. Am bedeutendsten war die Überführung der Gebeine der Heiligen Drei Könige nach Köln im Juli 1164. Die wertvollen Reliquien stammten aus dem zerstörten Mailand; ihre Aufstellung in der Domstadt am Rhein trug beträchtlich zu deren Prestige bei. In Köln erhielt übrigens Rainald von Dassel am 2. Oktober 1165 die Bischofsweihe – auf Drängen der deutschen Geistlichkeit; ihm selbst hatte bisher die Investitur durch Friedrich I. Barbarossa, getätigt seinerzeit im italienischen Feldlager, genügt.

Regalien

Bereits im Fränkischen Reich gab es königliche Hoheitsrechte, doch erst während des Investiturstreits (1075–1122) wurden sie begrifflich gefaßt. Eine Vereinbarung zwischen *Heinrich V.* und Papst Paschalis II. von 1111 nennt als »Regalien« unter anderem Städte, Herzogtümer, Markgrafschaften, Grafschaften, Münzstätten, Zoll, Markt, Königsvogteien und Reichsburgen. Auf dem Reichstag von *Roncaglia* 1158 erfolgte eine Erweiterung der Regalien auf sämtliche nutzbaren Hoheitsrechte schlechthin. Die Juristen des Stauferkaisers *Friedrich I. Barbarossa* wiesen nach, daß auch alle Verkehrswege (Straßen, Flüsse), Gerichtsgelder, konfiszierten Güter, Steuern, Forste, Fischereirechte, Schätze und so weiter dem König zuständen. Die Regalien wurden damit zum Hauptstreitpunkt zwischen den deutschen Herrschern und den Kommunen in Reichsitalien, vor allem den Städten des *Lombardischen Bunde*s, die nicht aufgelegt waren, derart massive Eingriffe in ihr Wirtschaftsleben zu dulden. – In Deutschland wurden Regalien seitens des Königtums als Instrumente staatlicher Verwaltung und zur Förderung des öffentlichen Wohls genutzt. Das Forst- und Jagdregal diente dem Schutz der Wälder, das Deichregal der Küstensicherung, aus Erträgen des Zollregals wurde der Straßen- und Brückenbau finanziert, mit dem Münzregal die Währungsstabilität gesichert. Besondere Bedeutung gewann das königliche Besitzrecht an Bodenschätzen, etwa an den reichen Erzvorkommen, die seit der zweiten Hälfte des 12. Jahrhunderts verstärkt abgebaut wurden. In der späten Stauferzeit wurde die Vergabe von Regalien in Deutschland zum Mittel, mit dem sich das Königtum die Gefolgschaft der Fürsten erhielt, zum Beispiel *Friedrich II.* in der *Confoederatio cum principibus ecclesiasticis* 1220 und dem *Statutum in favorem principum* 1231. Am Ende dieser Entwicklung stand die Goldene Bulle von 1356, in der bestätigt wurde, daß sich die Regalien zum größten Teil nicht mehr in königlichem Besitz befanden.

Richard Löwenherz, König von England

* Oxford 8.9.1157, † Châlus (bei Rochechouart, Haute-Vienne) 6.4.1199

Um Richard Plantagenet, schon früh als »Cœur de lion«, Löwenherz, bekannt, König von England seit 1189, ranken sich zahllose Legenden. In ihm, dem Sohn Heinrichs II. (1154–1189) und *Eleonores von Aquitanien*, fand das Hochmittelalter seinen vollendeten Ritter, mutig und tapfer, edel und großmütig, spendabel und leutselig, eine Männerschönheit und ein Ausbund an Körperstärke. Richard fing als 16jähriger mit dem Kriegführen an und kam eigentlich sein Leben lang nicht los davon. Es ging um Auseinandersetzungen mit widerspenstigen Vasallen, mit seinem Vater, mit seinen Brüdern, mit den Königen von Frankreich, deren Nachbar er als Herzog von Aquitanien war. Auch in die Geschichte der Kreuzzüge schrieb er sich ein. Als die Herren Europas 1189 zum *Dritten Kreuzzug* aufbrachen, war auch Richard mit von der Partie und blieb am längsten im Heiligen Land. Nach dem Tod *Friedrichs I. Barbarossa* im Juni 1190 und der Abreise des Rivalen *Philipp II. August* von Frankreich im August 1191 machte der Haudegen aus England den Kreuzzug dann ganz und gar zu seiner eigenen Sache. Er verrichtete eine Reihe bravouröser Waffentaten, ohne jedoch das eigentliche Ziel zu erreichen, die Wiedereroberung Jerusalems. Ein Vertrag, den er mit dem kriegsmüden Sultan *Saladin* im September 1192 schloß, schrieb das militärische Patt zwischen den Resten der Kreuzfahrerstaaten und den muslimischen Nachbarn fest. Richards Heimreise im Herbst 1192 gestaltete sich chaotisch; ein Sturm trieb seine Flotte nach Korfu, auf einem Seeräuberschiff gelangte der König an die italienische Adriaküste und schlug sich auf dem Landweg weiter nach Norden durch. Er hatte es eilig, denn in England braute sich eine Adelsverschwörung zusammen. Auf österreichischem Gebiet wurde er gefaßt und dem Landesherrn vorgeführt. Dieser, Herzog Leopold V., auch ein Kreuzzugteilnehmer, war nach seinem Dafürhalten von Richard bei der Einnahme von Akkon beleidigt und um seinen Anteil gebracht worden. Hocherfreut nahm er die Chance wahr, sich für die erlittene Unbill zu rächen. Er schaltete seinen Lehensherrn ein, Kaiser *Heinrich VI.*, der Richard zum Lehenseid zwang und ein ungeheures Lösegeld von seinen Untertanen erpreßte. Im März 1194 kam Richard auf freien Fuß. Er unterdrückte die Adelsopposition in England, schaltete seinen Bruder *Johann Ohneland* aus und förderte den bei ihm im Exil aufwachsenden Welfen und nachmaligen Kaiser *Otto IV.* Danach nahmen ihn die Kämpfe um seine Erblande in Frankreich wieder in Anspruch. Vor der Burg eines abtrünnigen Vasallen ereilte ihn der Tod in Gestalt eines verirrten Pfeils.

Ritter, Rittertum

In zahlreichen mittelalterlichen Buchmalereien und Skulpturen ist das Erscheinungsbild des Ritters bewahrt: Hoch zu Roß, bewaffnet mit Schwert und Lanze, geschützt durch Panzer,

Helm und Schild, zieht er in den Kampf. Er ist der Inbegriff des Kriegers, eine Figur, so einprägsam, daß sie zur Bezeichnung einer ganzen Epoche wurde: Stauferzeit ist Ritterzeit. – Das Rittertum war im Frankenreich aus der Notwendigkeit entstanden, zeitlich wie räumlich ausgedehnte Kriegszüge zu führen. Das Volksheer mit seinen bäuerlichen, an die Zyklen von Saat und Ernte gebundenen Aufgeboten kam für derlei nicht mehr in Frage; nur gut gerüstete und versorgte Panzerreiter waren imstande, den Krieg im einen Jahr nach Sachsen und im nächsten nach Spanien zu tragen. Bereits unter Karl dem Großen gab es die Verordnung, daß sich zum Heeresdienst zu stellen habe, wer über ausreichend Grundbesitz verfüge (den er von anderen während seiner Abwesenheit bewirtschaften lassen konnte). Die Heeresverfassung wurde auf diese Weise abhängig vom *Lehenswesen*. Eine Kriegerschicht bildete sich heraus, die sich »militia« nannte – vom lateinischen »miles« (Krieger, Soldat). Mit der Zunahme der Bevölkerung im 10. Jahrhundert vergrößerte sich diese Schicht; Zugang bekamen nun auch die *Ministerialen*, ehemalige Unfreie, die damit ihren gesellschaftlichen Aufstieg einleiteten. Eine ganz und gar dem Kriegshandwerk ergebene Gruppe war nicht leicht zu integrieren, und in der Rauflust der Ritter steckte ein ständiges Gefahrenpotential für die gesellschaftliche Ordnung. Dem versuchte die Kirche mit einer Friedensbewegung abzuhelfen, die dem Fehdewesen entgegentrat und den Rittern neue Aufgaben zuwies. In den *Kreuzzügen* fand sich das gewünschte Ventil, und für Generationen von Rittern wurde der Kampf um die heiligen Stätten der Christenheit verpflichtendes Ziel. Hier bildete sich das Ideal des christlichen Ritters heraus, der die Schwachen beschützt und für den Glauben streitet. Es fand reinsten Ausdruck in den Ritterorden, den Templern, den Johannitern und dem *Deutschen Orden*, die im Heiligen Land im 12. Jahrhundert gegründet wurden und Filialen in ganz Europa unterhielten. In dieser Zeit entwickelte das Rittertum auch seine charakteristische Kultur, zu der das ritualisierte Kampfspiel des Turniers ebenso gehörte wie eine ausgefeilte Gesellschaftsdichtung mit *Minnesang*, *höfischer Epik* und *Heldendichtung*. Die ökonomischen Veränderungen im Spätmittelalter (Ablösung der Naturalwirtschaft durch die Geldwirtschaft) und die Neuerungen auf militärischem Gebiet

(Rekrutierung von Söldnertruppen, Einführung von Feuerwaffen, denen keine Burg standhielt) entzogen dem Rittertum die wirtschaftliche und militärische Basis. Sein Ethos aber lebte fort, »ritterliches« Verhalten blieb anerkanntes Ideal auch späterer Gesellschaftsformen.

Rom

In seiner »Geschichte der Stadt Rom im Mittelalter« (1859–1872) entwirft Ferdinand Gregorovius ein Bild Roms, wie es sich zur Stauferzeit dem Besucher geboten haben mag: »[Die Stadt] glich einem von bemoosten Mauern umfaßten großen Gefilde mit Hügeln und Tälern, mit wüstem und bebautem Lande, woraus finstere Türme oder Schlösser, graue in Ruinen gehende Basiliken und Klöster, vom Efeu umschlungene Monumente kolossaler Größe, Thermen, zerbrochene Wasserleitungen, Säulenreihen von Tempeln, einzelne Säulen, betürmte Triumphbogen emporragten, während sich ein Gewirre enger und schmutziger Straßen, durch Schutt unterbrochen, unregelmäßig an Ruinen hinzog, und der gelbe Tiberstrom unter hie und da schon eingestürzten Quaderbrücken diese trümmervolle Wüste melancholisch durchfloß. Rings um die alten Mauern Aurelians lagen innerhalb öde oder als Acker bebaute Strecken, Landgütern an Ausdehnung gleich, mit emporragenden Ruinen; Weingärten und Gemüsefelder durch die ganze Stadt, gleich Oasen zerstreut, selbst in der Mitte des heutigen Rom, am Pantheon, an der Minerva, bis zur Porta del Popolo; das Kapitol bis zum Forum herab, auf dessen Schutt Türme standen; nicht minder der Palatin, die Thermen, der Circus mit Gras überwuchert, und hie und da völlig eingesumpft. Überall, wohin der Blick fiel, düster trotzige Türme mit Zinnen, aus Monumenten der Alten aufgebaut ...« Natürlicher Verfall und Kriegszerstörungen (zuletzt die Brände bei der Normanneninvasion 1084) hatten die einstige Hauptstadt des Imperium Romanum in den Rang einer Landstadt zurückfallen lassen. Bis zur Wiederentdeckung und Würdigung der antiken Altertümer sollten noch Jahrhunderte vergehen. Immerhin nahm Rom seit Ende des 12. Jahrhunderts einen ökonomischen Aufschwung, indem sich ähnlich wie in den Kommunen Mittel- und Norditaliens eine neue Schicht von Gewerbetreibenden, Kaufleuten und Bankiers etablierte, die mit

Teilen des Adels verschmolz und eine neue politische Macht, den »Populo«, bildete. Geradezu als Symbol läßt sich die Wiederherstellung der Cestiusbrücke durch die Bürger Roms 1191 bis 1193 betrachten; für die expandierende Wirtschaft waren die Verbindungen zwischen den beiden Tiberufern besonders wichtig. Zur völligen Selbständigkeit konnte die Stadt jedoch nicht gelangen, das lag hauptsächlich an der Vorherrschaft der Päpste, die in Rom, dem Regierungssitz ihres Kirchenstaats, ein weltliches Regiment zu führen gedachten. Der Konflikt, schon seit langem im Gange, dauerte noch bis ins 15. Jahrhundert. Dann erst gewannen die Päpste endgültig die Oberhand. Die Theokratie gab der Stadt ein eigentümliches Gepräge. Die großen Adelsfamilien wetteiferten darin, ihre Mitglieder in der Kurie unterzubringen, denn die hatte viel Geld zu verteilen; unaufhörlich flossen Abgaben aus dem christlichen Abendland nach Rom. Geschlechter wie die Orsini und die Colonna dominierten im Kardinalskollegium und brachten oft genug einen der Ihren auf den Heiligen Stuhl. Auch in der Stadt selbst ließ sich am Glauben verdienen. Das Pilgerwesen blühte – und so auch alle Wirtschaftszweige, die damit zusammenhingen, das Gastgewerbe genauso wie der Reliquienhandel, die Kuppelei und die Prostitution. Mit der Einführung des Heiligen Jahres (1300) erreichte das Papsttum den Zenit seines Ansehens und der fromme Tourismus seinen ersten großen Höhepunkt. Kurz darauf erfolgte jedoch der schmähliche Fall: Papst Bonifaz VIII. verlor den von ihm provozierten Konflikt mit dem französischen Königtum. Fast sieben Jahrzehnte, von 1309 bis 1376, standen die Päpste im »babylonischen Exil« zu Avignon unter der Fuchtel der französischen Könige, und ebenso lange mußten die Römer die Geldströme der päpstlichen Finanzverwaltung entbehren, denn die war mit in die neue Residenz an der Rhone gewandert.

Roncaglia, Reichstag von (1158)

Auf den »Ronkalischen Feldern«, dem traditionellen Sammel- und Musterungsplatz der deutschen Könige bei ihren Romfahrten (Roncaglia liegt in der Ebene rechts des Po bei Piacenza), kam es im November 1158 beim zweiten Italienzug *Friedrichs I. Barbarossa* zu einer der wichtigsten Reichsversammlungen der

Stauferzeit. Anwesend waren die höchsten geistlichen und weltlichen Würdenträger des Reiches sowie Delegierte aus den italienischen Städten. Der Reichstag sollte Beschlüsse zur Sicherung des Friedens nach der Unterwerfung Mailands und zur Wiederherstellung und Durchsetzung des kaiserlichen Herrschaftsanspruchs über Italien fassen. Dem diente die Hinzuziehung von vier angesehenen Bologneser Juristen und 28 gleichfalls des römischen Rechtes kundigen Stadtrichtern. Ihr Gutachten über die *Regalien* wurde zum zentralen Dokument der Versammlung; danach sollten dem König in Reichsitalien nicht nur die Hoheitsrechte über Städte, Herzogtümer, Markgrafschaften, Grafschaften, Münzstätten, Zoll, Markt, Königsvogteien und Reichsburgen zustehen, sondern gleichfalls die über Verkehrswege (Straßen, Flüsse), Gerichtsgelder, konfiszierte Güter, Steuern, Forste, Fischereirechte, Schätze und so weiter. Die Erträge aus den Regalien wurden auf jährlich 30000 Mark Silber geschätzt – eine astronomische Summe (zum Vergleich: die Stadt Frankfurt am Main zahlte laut einer Steuerliste von 1241 nur 280 Mark Silber im Jahr). Die scharfe Besteuerung aufgrund von Rechtstiteln, die der historischen Wirklichkeit nicht mehr entsprachen, rief heftigsten Widerstand in den italienischen Kommunen hervor. Im Krieg, den Barbarossa bald danach mit dem *Lombardenbund* führen mußte, ging es fast ausschließlich um die Regalien (und die Tätigkeit der vom Kaiser eingesetzten Fiskalverwaltung). Die Auseinandersetzungen endeten mit dem Frieden von *Konstanz* 1183; der Kaiser verzichtete darauf, seine Ansprüche militärisch durchzusetzen, und begnügte sich mit Ablösezahlungen und einer symbolischen Anerkennung seiner Hoheitsrechte. Neben weiteren Gesetzen zur königlichen Gerichtsbarkeit, zu Pfalzen und Steuern und zur Durchsetzung des Landfriedens wurde in Roncaglia auch ein Privileg für die fahrenden Scholaren erlassen, in dem man die Begründung der akademischen Freiheit erkennen kann. Es garantierte Schülern, »die um ihrer Studien willen reisen«, sowie ihren Lehrern Freizügigkeit bei der Wahl ihres Aufenthaltsorts und Schutz vor allem Unrecht – offenbar nichts Selbstverständliches. Das »Privilegium Scholasticum« bricht eine Lanze für den bis dahin wohl nicht gerade hochgeschätzten Stand der Professoren und ihrer Adepten: »Wer sollte sich ihrer nicht erbarmen, die durch ihre Liebe zur Wissenschaft gleichsam als Verbannte leben, sich selbst als Arme von allen Reichtümern scheiden, ihr Leben allen erdenklichen Gefahren aussetzen und häufig von den allerverächtlichsten Menschen, was nur sehr schwer zu ertragen ist, selbst körperliche Kränkungen ohne Grund hinnehmen müssen.«

Sachsen
Beim Zerfall des Karolingerreichs hatte sich im 9. Jahrhundert zwischen Harz und Weser ein sächsisches Stammesherzogtum gebildet, in dem das Geschlecht der Liudolfinger die Führung übernahm und mit Heinrich I. (919–936) den ersten deutschen König stellte. Sachsens Herrscher wuchsen danach immer mehr in die Reichspolitik hinein; unter den Ottonen, wie man die glanzvolle Reihe der Könige aus sächsischem Haus seit Otto I. dem Großen (936–973) nennt, wurde das Kaisertum erneuert. Als die Königswürde 1024 an die fränkischen Salier überging, geriet Sachsen in eine Abseitsstellung. 1073 kam es sogar zum Aufstand des sächsischen Adels gegen König *Heinrich IV.*, der den früheren Reichsbesitz im Harzvorland hatte wiederherstellen wollen. Auch der Nachfolger *Heinrich V.* bekam die sächsische Opposition zu spüren; 1115 wurde sein Heer am Welfesholz bei Mansfeld von einem sächsischen Aufgebot geschlagen. Der Sieger vom Welfesholz, der Sachsenherzog *Lothar III. von Supplinburg*, wurde 1125 zum deutschen König gewählt. Durch Einheirat des Welfen *Heinrich X. der Stolze* (er schloß 1127 die Ehe mit Lothars Tochter *Gertrud von Supplinburg*) wurde Sachsen in die Auseinandersetzung zwischen Staufern und *Welfen* verwickelt. Unter Lothar III. von Supplinburg begann die Hauptphase der deutschen *Ostsiedlung*, vorangetrieben durch die Grafengeschlechter der Schauenburger, Wettiner und Askanier und vor allem durch Lothars Enkel *Heinrich den Löwen*. Nach dem Regierungsantritt *Friedrichs I. Barbarossa* (1152) schienen die Interessen zwischen dem Reich und Sachsen konform zu gehen, zumal der Staufer seinem Vetter Heinrich dem Löwen die Herrschaft über *Bayern* verschafft hatte. Aber der Sachsenherzog raffte mit harter Hand zusammen, was er kriegen konnte, und baute sich ein Imperium auf, dessen Schatten bald bedrohlich über dem Reich lag. 1179 griff Barbarossa die Klagen von Heinrichs Nachbarn auf, um einen vernichtenden Schlag gegen den Rivalen im Norden zu führen. Auf dem Reichstag von Gelnhausen 1180 wurde das Herzogtum Sachsen (das schon längst kein Stammesherzogtum mehr war, sondern ein riesiges Konglomerat verschiedener Territorien) geteilt: Westfalen fiel an das Erzbistum Köln, Wittenberg und Lauenburg gingen zusammen mit der sächsischen Herzogswürde an

den Askanier Bernhard, den zweiten Sohn *Albrechts des Bären*. Sachsen-Wittenberg wurde zur Keimzelle des Kurfürstentums Sachsen, das sich später elbaufwärts bildete. Von den Teilungen war der Hausbesitz Heinrichs des Löwen um Braunschweig und Lüneburg ausgenommen. Sein Enkel Otto das Kind übergab die Güter 1235 an Kaiser *Friedrich II.* und erhielt sie als Reichslehen zurück. Damit wurde das Herzogtum Braunschweig-Lüneburg Reichsfürstentum; zugleich endete der staufisch-welfische Gegensatz.

Sachsenspiegel

»Ich kann die Leute nicht grundsätzlich vernünftig machen, aber sie immerhin ihre Rechtspflichten lehren; möge mir Gott dabei helfen.« Dieses schlichte Bekenntnis steht in der Vorrede zum Sachsenspiegel, dem möglicherweise ältesten, auf alle Fälle aber bekanntesten deutschen Rechtsbuch des Mittelalters. Ein ostsächsischer Ritter namens Eike von Repgow, Berater und Lehensmann des Grafen Hoyer von Falkenstein, war der Verfasser. Mehrere Urkunden aus den Jahren 1209 bis 1233 weisen ihn als geschichtliche Persönlichkeit aus; ansonsten ist nichts von ihm bekannt. Die »Sächsische Weltchronik«, als deren Autor Eike früher galt, wird ihm nicht mehr zugeschrieben. Der Sachsenspiegel war ursprünglich in lateinischer Sprache gehalten; wie die Vorrede vermerkt, nahm Eike selbst auf Bitten Hoyers von Falkenstein die Übersetzung ins Niederdeutsche (Elbostfälische) vor. Das Werk, in einen landrechtlichen und einen lehensrechtlichen Teil gegliedert, enthält das ungeschriebene Gewohnheitsrecht der Zeit; ältere Gesetzessammlungen sind nur selten berücksichtigt. Der – wichtigere – landrechtliche Teil behandelt in assoziativer Folge Themen des Verfassungs-, Prozeß-, Straf-, Familien- und Vermögensrechts; sogar Ansätze zu einer Art Straßenverkehrsordnung sind zu finden. Eigentlich nur als Aufzeichnung des üblichen Rechts konzipiert, stieg Eikes Sammlung bald in den Rang eines Gesetzbuchs auf. Über 200 erhaltene Handschriften bezeugen die außerordentliche Bedeutung des Sachsenspiegels. Er diente als Vorlage für andere Rechtsbücher, etwa den Schwabenspiegel (entstanden in der zweiten Hälfte des 13. Jahrhunderts) oder das später weit verbreitete Magdeburger Stadtrecht, und besaß auch außerhalb des deutschen Sprachgebiets Geltung, etwa in Teilen Polens, Rußlands und Ungarns. In Thüringen und Anhalt blieb er bis zur Einführung des Bürgerlichen Gesetzbuchs am 1. Januar 1900 in Kraft.

Saladin
* Takrit (Irak) 1137/1138, † Damaskus 4.3.1193
In die Geschichte des Abendlands ging er ein als der große Gegenspieler der Kreuzfahrer im Heiligen Land: Salah ed-Din Jusuf ibn Aijub, in den christlichen Quellen Saladin genannt, war kurdischer Abstammung, sein Vater Aijub hatte sich vom Emir Nur ed-Din nach der Eroberung von Damaskus (1154) als Statthalter einsetzen lassen. Nur ed-Din war es dann auch, der für Saladins Aufstieg sorgte. Dieser vollzog sich während der Ägyptenfeldzüge, die König Amalrich I. von Jerusalem (1162–1174) im Bund mit den Byzantinern unternahm und in die Nur ed-Dins syrische Truppen auf seiten der Ägypter eingriffen. Saladin verstand es binnen kurzem, sich zum Herrn Ägyptens zu machen. Er beendete 1171 das schiitische Fatimidenkalifat und begründete – zunächst in Kairo – die Dynastie der sunnitischen Aijubiden. Nach Nur ed-Dins Tod 1174 wagte er den Sprung nach Damaskus und machte sich auch dort zum Herrn. Dadurch wurde die von den Kreuzfahrern immer gefürchtete Allianz zwischen Ägypten und Syrien Wirklichkeit. 1187 glückte Saladin der Sieg in der Entscheidungsschlacht von Hattin. Danach fiel fast das gesamte Königreich *Jerusalem* in seine Hand. Der *Dritte Kreuzzug* (1189–1192) machte einige der muslimischen Erfolge wieder zunichte. Doch war der Schlag unheilbar, den Saladin der christlichen Sache versetzt hatte, und seine Folgen dauerten über den Tod des Sultans hinaus. Saladins Bild ist nicht ohne Flecken, der Weg zur Macht war bei ihm nicht weniger mit Intrigen, Verschwörungen und dem Beseitigen von Rivalen verbunden als bei anderen orientalischen und abendländischen Herrschern seiner Zeit. Aber es waren vermutlich die in vielen Quellen geschilderte bestrickende Persönlichkeitswirkung und die Beispiele von Ritterlichkeit und unerwarteter Milde, die ihn vor anderen auszeichneten. Auf die Kreuzfahrer mußte vor allem sein Verhalten bei der Eroberung Jerusalems 1187 sensationell wirken. Nachdem die Kreuz-

fahrer 1099 ihre Herrschaft dort mit einem ungeheuren Blutbad begonnen hatten, verzichtete der siegreiche Sultan darauf, es ihnen gleichzutun. Er schickte Militärstreifen aus, die dafür sorgten, daß niemand geschändet oder umgebracht wurde, und richtete ein »Auslösungs-Schatzamt« ein, das den Freikauf der christlichen Bewohner regelte.

San Germano, Vertrag von

Während der von der Kirche gebannte *Friedrich II.* sich 1228/1229 auf einem Kreuzzug ins Heilige Land befand, marschierten päpstliche Truppen in sein süditalienisches Königreich ein. Es gelang dem Kaiser nach seiner Rückkehr im Juni 1229, die Eindringlinge zu vertreiben. Er hätte danach seinerseits die Grenze des Kirchenstaats überschreiten können, unterließ es aber, da es ihm darauf ankam, von Papst *Gregor IX.* die Lösung vom Bann zu erreichen. Unter dieser Prämisse stand der Friedensvertrag, den die Parteien nach acht Monaten Verhandlung in San Germano (bei Montecassino, Latium) und dem nordwestlich davon gelegenen Ceprano am 23. Juli bzw. am 28. August 1130 schlossen. Friedrich akzeptierte die Forderungen des Papstes: Straflosigkeit für alle Anhänger des Papstes; Beachtung der Regeln, die das Laterankonzil (1215) für die Bischofswahl im Königreich Sizilien aufgestellt hatte; Steuer- und Gerichtsfreiheit des sizilischen Klerus; Rückgabe aller konfiszierten Güter der Kirche sowie des Besitzes der Johanniter und Templer; Abtretung einiger Grenzfestungen. Dafür erhielt der Staufer die Absolution, die ihm am 28. August 1230 von zwei Kardinälen – vorbehaltlich der Einlösung seiner Zusagen – erteilt wurde. Mit dem Frieden von San Germano verschaffte sich Friedrich freie Hand für eine erfolgreiche Italienpolitik in den nächsten Jahren.

Sarazenen

Vom Reich der Muslime auf Sizilien waren auch nach der Eroberung der Insel durch die *Normannen* (1060–1091) noch Reste übriggeblieben. In der Zeit nach dem Tod *Heinrichs VI.* (1097), als das sizilische Königreich sich mehr oder weniger selbst überlassen blieb, machten sich die Sarazenen – so die im mittelalterlichen Europa übliche Bezeichnung für die Araber –

vor allem im Innern Siziliens wieder zu Herren des Landes. Für *Friedrich II.*, der nach der Kaiserkrönung (1220) daran ging, seine Herrschaft auch auf Sizilien vollständig durchzusetzen, wurde die Auseinandersetzung mit den Sarazenen zur vordringlichsten Aufgabe. In einem mühevollen und kostspieligen Kleinkrieg wurden die muslimischen Bastionen erobert; dabei trat auch zum erstenmal eine Flotte des Kaisers auf den Plan, die Streifzüge bis an die nordafrikanische Küste unternahm, um den Nachschub für die Rebellen zu unterbinden. Nach deren Unterwerfung folgte eine einzigartige Aktion: Friedrich ließ etwa 16000 bis 20000 Sarazenen aufs Festland nach Apulien bringen, eine Deportation also, wie sie Karl der Große mehr als 400 Jahre zuvor schon einmal mit den widerspenstigen Sachsen veranstaltet hatte – da er ihrer nicht anders Herr zu werden glaubte. Während aber der Karolinger seine Gegner nach der Deportation weit zerstreute und sie unter den Franken ansiedelte, die für ihre (fränkische) Sozialisation sorgen sollten, tat der Staufer das genaue Gegenteil: Er ließ die Sarazenen sich als geschlossene Gruppe ansiedeln. Um die Stadt Lucera in Apulien entstand eine Kolonie, in der die Sarazenen in Selbstverwaltung und religiöser Freiheit, wenn auch als »servi« (Knechte) Friedrichs lebten – wie im Fall der *Juden* erlaubte dies dem Kaiser, ihnen hohe Steuern aufzuerlegen. Unter den Sarazenen von Lucera rekrutierte der Staufer den Nachwuchs für sein Heer – und fand bei ihnen mehr Loyalität als bei manchem christlichen Ritter. Ein erstaunliches Faktum: Die eben noch Drangsalierten hingen dem neuen Herrn in gläubiger Verehrung an. Nach Ernst Hartwig Kantorowicz ist das jedoch kein Wunder, denn Friedrich adaptierte eine Praxis, die im Orient üblich war: Die dortigen Herrscher bezogen ihre Elitetruppen und Leibgarden gern aus unterworfenen Völkern. Als Kinder wurden die künftigen Soldaten verschleppt oder den Eltern abgekauft, wurden fern der Heimat kaserniert und zu fanatischen Kriegern ausgebildet, wie etwa die Mamelucken der syrischen und ägyptischen Sultane oder die Janitscharen der Osmanen. Herausgerissen aus allen früheren Bindungen, sahen sie ihr Heil einzig in bedingungsloser Anhänglichkeit an den neuen Herrn. Für Friedrich bot sein sarazenisches Heer einen weiteren Vorteil: Es war immun gegen die Bannflüche des Papstes. Der Kaiser unternahm deshalb auch nicht den geringsten Bekehrungsversuch unter seinen Sarazenen. Die Existenz einer vom Kaiser geförderten rein muslimischen Siedlung in Apulien und der unverkrampfte Umgang, den der »Sultan von Lucera«, so der zeitgenössische Schimpfname, mit den Ungläubigen pflegte, spielten dann auch in der päpstlichen Propaganda gegen Friedrich II. eine große Rolle. Nach dem Untergang der Stauferherrschaft in Italien (1268) versuchten die siegreichen Anjou zunächst, durch Ansiedlung von provenzalischen Familien das sarazenische Element in der Kolonie von Lucera zurückzudrängen, griffen aber schließlich zu brachialen Mitteln, um sich des »Fremdkörpers« zu entledigen: Im Juli 1300 wurde der sarazenische Besitz konfisziert, 6000 Bewohner wanderten in die Sklaverei. Der Ort wurde rechristianisiert und hieß fortan »Civitas Sancte Marie«.

Schwaben

Das Herzogtum Schwaben, Anfang des 10. Jahrhunderts im alten Siedlungsraum der Alemannen gegründet, war eine der das mittelalterliche Reich konstituierenden großen Provinzen. Es umfaßte das Elsaß, den westlichen Bodenseeraum, die Baar sowie das Gebiet der oberen Donau und des oberen Neckars. Anders aber als in *Bayern* oder *Sachsen* rangen hier nach dem Tod des Gründers Burchard I. von Hunfridingen (926) mehrere Geschlechter um die Vorherrschaft, ohne daß eines sie wirklich hätte erringen können. 1079 belehnte König *Heinrich IV.* seinen treuen Kampfgefährten *Friedrich von Staufen* mit dem Herzogtum und legte so den Grund für die lange dauernde Verbindung zwischen Schwaben und dem staufischen König- und Kaisertum. Hinter der Belehnung standen geostrategische Interessen: Schwaben war wichtig als Durchgangsland für die Züge nach Italien. Friedrich von Staufen brauchte fast 20 Jahre, bis er sich in Schwaben durchgesetzt hatte, erst 1098 gaben die rivalisierenden *Zähringer* auf. Die Herrschaft der Staufer, vor allem die *Friedrichs II. des Einäugigen*, konzentrierte sich danach auf die Konsolidierung und Abrundung des Besitzes. Mit der Wahl Friedrichs III. von Schwaben *(Friedrich I. Barbarossa)* zum deutschen König 1152 bekam das Herzogtum eine neue, zukunftsweisende Funktion im Reich. Schwaben wurde eine Art

Sekundogenitur des staufischen Hauses: Während der Erstgeborene König wurde, erhielt der Zweitgeborene den Herzogstitel. Die zielbewußte Erwerbspolitik ging weiter; mit der Einverleibung von Chiavenna 1158 wurden die Alpenpässe in Graubünden gesichert. Unter *Philipp von Schwaben* (1198 zum König gewählt) wurde Schwaben Kronland. 1212 reklamierte sein Neffe *Friedrich II.* das Herzogtum für sich und verwaltete es zunächst auch selbst, bis er es 1216/1217 seinem Sohn *Heinrich (VII.)* überließ. Dieser behielt es auch als König, genau wie sein Bruder *Konrad IV.*, der mit seinem Titel »rex Sueviae« (König von Schwaben) die Verflechtung von Königswürde und schwäbischem Herzogtum dokumentierte. Das wiederum nutzten in der Zeit des *Interregnums* (1254–1273) die Könige und Gegenkönige, um Ansprüche auf Schwaben zu erheben. Zwar fand *Konradin* noch einmal Anerkennung als Herzog, doch mit seinem Tod 1268 begann die Auflösung. Erben wurden hauptsächlich die Grafen von Württemberg, die Habsburger sowie die Reichsstädte und die Reichsritterschaft.

Schwertbrüderorden

Nach dem Vorbild der Ritterorden im Heiligen Land gründete der Zisterziensermönch Theoderich zusammen mit einer kleinen Gruppe norddeutscher Ritter 1202 den Schwertbrüderorden, der sein Tätigkeitsfeld in Nordosteuropa, in der Mission unter den heidnischen Livländern, sah. Die Ordensmänner, die als Abzeichen ein rotes Schwert unter einem Tatzenkreuz auf ihren Mänteln trugen, lebten nach der Regel der Templer. Die Zahl der Ritter war kaum höher als 180; dazu kamen rund 1600 dienende Brüder und Vasallen. Der Orden setzte sich an der Dünamündung fest und schuf von dem 1201 als Bischofssitz gegründeten Riga aus den ersten Ordensstaat des Hochmittelalters. Anders als der *Deutsche Orden*, der sein Kolonisierungswerk 1226 in Preußen begann, besaßen die Schwertbrüder aber keine Basis im Reich und erfuhren daher auch weniger Zuzug. Bereits seit 1230 liefen Verhandlungen über einen Zusammenschluß der beiden Ritterorden; sie wurden beschleunigt durch eine katastrophale Niederlage, die die Schwertbrüder am 22. September 1236 bei Saule (Schaulen) gegen die Litauer erlitten. Mehr als die Hälfte der Ordensleute fiel im Kampf, die

Überlebenden unterstellten sich im folgenden Jahr dem Deutschen Orden.

Sizilien (Königreich)

Die den Byzantinern und Arabern auf Sizilien und in Unteritalien abgenommenen Gebiete faßten die *Normannen* 1130 zu einem Königreich zusammen. Die Insel Sizilien wurde dabei namengebend für den Gesamtstaat; auch unter den Staufern, die hier nach dem Tod des letzten Normannenkönigs Wilhelm II. (1189) die Herrschaft antraten, meinte »Sizilien« stets die Insel und die Provinzen auf dem Festland (Kampanien, Apulien, Kalabrien). Im Normannenstaat verbanden sich byzantinische, arabische und franko-normannische Traditionen zu einer einzigartigen Synthese. Die Monarchie beruhte hier auf einer »bürokratischen« Struktur; ein eingespielter Beamtenapparat sorgte dafür, daß der herrscherliche Wille auch umgesetzt wurde. Während sonst für die Könige des Abendlands der ständige Kontakt mit dem Feudaladel, aus dem sie selbst stammten, unerläßlich war, konnte der Normannenkönig dies Korrektiv entbehren. Im »revolutionären Experiment einer zentralisierten Bürokratie« (Errico Cuozzo), wie es das normannische Staatswesen darstellte, war der Souverän befreit von Zwängen und Konditionierungen – in einer Vorwegnahme absolutistischer Prinzipien. Das Normannenreich befand sich zwischen den beiden Kaiserreichen, dem deutschen und dem byzantinischen, in einer prekären Lage. Zur Zeit des *Zweiten Kreuzzugs* (1147–1149) gab es konkrete Pläne, die »sizilianische Frage« mit Waffengewalt zu lösen. Auch *Friedrich I. Barbarossa* ging noch, im Verein mit Kaiser *Manuel I.*, dergleichen Absichten nach. – Der Friedensschluß von *Benevent* (1156) zwischen dem Papst und König Wilhelm I. von Sizilien schuf dann neue Verhältnisse; deutscherseits jedenfalls gab man die Idee einer gewaltsamen Eroberung des Königreichs Sizilien auf. Es fiel ja auch bald von selbst ans Reich: 1189 starb König Wilhelm II. Da dieser keine direkten Nachkommen besaß und seine Brüder vor ihm gestorben waren, gelangte das Normannenreich an Wilhelms Tante *Konstanze von Sizilien*, die seit 1186 mit Barbarossas Sohn *Heinrich VI.* verheiratet war. Zwar stellten die sizilischen Barone einen eigenen König auf, *Tankred von Lecce*, aber es gelang diesem nicht, sich durchzusetzen. 1194 zog Heinrich VI. als Sieger in *Palermo* ein, der Hauptstadt des Königreichs. Sein früher Tod im September 1197 machte alle Pläne des Staufers zunichte, sich vom Normannenreich aus eine Vormachtstellung im Mittelmeerraum zu schaffen. Als im folgenden Jahr auch Konstanze starb, übernahm Papst *Innozenz III.* als testamentarisch bestellter Vormund des minderjährigen Thronfolgers *Friedrich II.* formal die Regentschaft, tatsächlich brach jedoch eine Zeit der Anarchie an. Zur Ruhe kam das Königreich erst, als Friedrich, inzwischen in Deutschland zum König gewählt (Dezember 1212) und in Rom zum Kaiser gekrönt (November 1220), in den Süden zurückkehrte. Mit den Assisen (Hoftagsbeschlüssen) von Capua im Dezember 1220 brachte er die in den letzten drei Jahrzehnten zerrütteten Rechtsverhältnisse im Königreich wieder in Ordnung; zahlreiche Barone mußten ihre seit dem Tod König Wilhelms II. »erschlichenen, ergaunerten, eroberten Privilegien« wieder herausrücken. In den Konstitutionen von *Melfi* (1231) gipfelten die Bemühungen zur Wiederherstellung und zum weiteren Ausbau des normannischen Beamtenstaats. Bei seinem Tod im Dezember 1250 hinterließ Friedrich das Königreich Sizilien seinem Sohn, dem deutschen König *Konrad IV.* Der nahm Anfang 1252 den Kampf um sein Erbe auf und konnte auch im Oktober 1253 siegreich in Neapel einziehen, doch sein Tod im folgenden Jahr machte wieder alles zunichte. Nach ihm wagte sein Halbbruder *Manfred* noch einmal den Griff nach der Macht; 1258 ließ er sich zum König ausrufen. In der kurzen Regierungszeit Manfreds kam es zu einer Nachblüte staufisch-ritterlicher Kultur. Am 26. Februar 1266 unterlag der Staufer in der Schlacht von *Benevent* dem französischen Grafen *Karl von Anjou*, den Papst Klemens IV. 1265 mit Sizilien belehnt und am 6. Januar 1266 zum König gekrönt hatte. Der Anjou verpflichtete sich, weder die Kaiserkrone noch die Herrschaft über Reichsitalien anzustreben (mit letzterer hatten ja die Staufer seit Heinrich VI. vermocht, den Kirchenstaat in die Zange zu nehmen). Er wehrte in der Schlacht von *Tagliacozzo* (23.8.1268) den allerletzten Versuch eines Staufers (nämlich *Konradins*) ab, im Königreich Sizilien Fuß zu fassen. Karls Herrschaft erlitt 14 Jahre später eine schwere Einbuße: Ein Volksaufstand, der am Nachmittag des 30. März

1262 in Palermo ausbrach und als »Sizilianische Vesper« in die Geschichte einging, machte dem französischen Regiment auf der Insel ein Ende. Die Sizilianer wählten Peter III. von Aragonien (*um 1238, †1285), den Schwiegersohn Manfreds, zum König. Nach langem Krieg zwischen den Aragonesen, die in Palermo, und den Anjou, die in *Neapel* residierten, kamen die Parteien im Frieden von Caltabellotta 1302 zu einer Einigung: Den Anjou blieb das Festland, die Aragonesen durften auf der Insel herrschen. Ihr König, es war mittlerweile Peters Sohn Friedrich II. (*um 1272, †1337), der sich aus Gründen der Staufernachfolge Friedrich III. nannte, erhielt den Titel »König von Trinakria« (so der antike Namen Siziliens).

Statutum in favorem principum
Ein Dokument der Niederlage: Der deutsche König *Heinrich (VII.)*, der Sohn *Friedrichs II.*, hatte sich 1228 aus der Obhut seines Vormunds, des Bayernherzogs Ludwig I., befreit und angefangen, gestützt auf die Reichsministerialen und die Reichsstädte, Politik gegen die Fürsten zu machen. Das war ihm schlecht bekommen. Die Fürsten zwangen ihn, am 1. Mai 1231 in Worms ein Privileg zu unterschreiben, das einer vollständigen Rücknahme seiner Ziele gleichkam. Das Statutum in favorem principum wurde im Mai 1232 in Cividale im Friaul von Friedrich II. bestätigt. Politische Rücksichtnahme hatte ihn dazu genötigt; gegen eine Beschneidung der Fürstenmacht hätte er wohl nichts einzuwenden gehabt, aber eine Auseinandersetzung darüber war ihm zu diesem Zeitpunkt unwillkommen. Das Privileg war eindeutig gegen die Städte gerichtet. Es verbot die Anlage von Burgen und Städten auf kirchlichem Gebiet, die Schädigung alter Märkte durch neue, den Zwang zum Besuch bestimmter Märkte und die Ablenkung alter Straßen. Städte, besonders königliche, sollten nicht berechtigt sein, der fürstlichen Territorienbildung entgegenzuwirken oder ihre Gerichtsbarkeit auf Kosten der fürstlichen auszuweiten, sie durften keine Eigenleute oder Pfahlbürger (außerhalb der Stadt Wohnende) aufnehmen und mußten das fürstliche Befestigungs-, Geleit- und Münzrecht garantieren. Wie sein Gegenstück, die Vereinbarung mit den geistlichen Fürsten von 1220 *(Confoederatio cum principibus ecclesiasticis)*, wurde das zugunsten der weltlichen

Fürsten erlassene Statutum in favorem principum (die Bezeichnung stammt aus dem 19. Jahrhundert) zur Grundlage für die Ausbildung der Landeshoheiten in Deutschland. Das Königtum war seit dieser Zeit angewiesen auf die eigene Hausmacht und die Reste des Reichsguts.

Stifterfiguren

In oder an den sakralen Bauwerken des Mittelalters war es üblich, dem Stifter (Donator) beziehungsweise den Stiftern Bildnisse oder plastische Darstellungen zu widmen. Neben dem *Bamberger Reiter* ist als Beispiel staufischer Bildhauerkunst eine ganze Reihe solcher Stifterfiguren in den Domen bemerkenswert. Die weitaus bekanntesten sind die zwölf Skulpturen im Naumburger Dom an den Wänden und Pfeilern des Westchors. Es handelt sich um leicht überlebensgroße Darstellungen der zur Zeit der Entstehung im zweiten Viertel des 13. Jahrhunderts seit langem verstorbenen markgräflichen Initiatoren des Gotteshauses. Durch Umschriften läßt sich von einigen die historische Identität mit großer Wahrscheinlichkeit bestimmen, bei den beiden berühmtesten Figuren, die hier stellvertretend für die anderen beschrieben und interpretiert werden sollen, sogar mit großer Sicherheit: Die 1,98 Meter große männliche Figur am nördlichen Bündelpfeiler stellt Markgraf Ekkehard dar, womit vermutlich der zweite Landesherr dieses Namens gemeint ist. Er regierte von 1032 bis 1046 und wird in einer Urkunde von 1249 unter den Stiftern des Domes genannt. Die Figur trägt ein vornehm gegürtetes ziviles Gewand und als Kopfbedeckung eine Pelzkappe auf dem gelockten Haar. Damit kontrastieren kriegerische Elemente: das mächtige Schwert in der prachtvollen Scheide, das er mit der linken Hand hält, und der früher kunstvoll bemalte dreieckig-gewölbte Schild. Noch weit mehr Aufmerksamkeit als dem Markgrafen ist seiner neben ihm plazierten Frau Uta zuteil geworden. Das liegt einerseits an der hoheitsvollen Schönheit der mit 1,95 Meter nur wenig kleineren Figur, zum anderen an der Instrumentalisierung ihrer Anmut durch deutschtümelnde Interpreten. Vor allem in der Zeit des Dritten Reiches wurde Uta als Inbegriff der nordisch-germanischen Frauenschönheit hingestellt, genauer: mißbraucht. Diese Vereinnahmung verdankt die Gestalt nicht zuletzt der züchtigen Gebärde, mit der sie den bis auf die Füße reichenden weiten Mantel über dem schmuck gerafften Gewand am Hals zusammenzieht. Die Wangen des ebenmäßigen Gesichts ruhen im Gebende (einer Art Kopfbinde), ein kostbares Diadem mit Aufsätzen in Lilienform krönt das ernste Haupt. Angesichts der lebensnahen Darstellung aller Figuren mag die Betonung dieser beiden ungerecht erscheinen, doch übertreffen sie die anderen tatsächlich noch an Natürlichkeit und zugleich an herrscherlicher Distanz. Obwohl sie bei der Formung schon zwei Jahrhunderte zuvor verstorbenen Personen galten, sind sie in Haltung und Tracht Geschöpfe einer wohl französisch beeinflußten spätstaufischen Kunst, die das Individuum im Porträt entdeckt hatte. Es ist viel spekuliert worden, wer Modell für die beiden gestanden haben mag, freilich ohne greifbares Ergebnis. So stehen sie für das Menschenbild einer höfischen Zeit, die zu ahnen schien, daß ihre Uhr abgelaufen war.

Sutri, Begegnung von

Auch heute laufen Staatsbesuche und Politikerbegegnungen in ausgeklügelten Zeremonien ab, können Rangfragen auch bei schlichten Anlässen eine Rolle spielen. Das Mittelalter hatte allerdings noch einen ganz anderen Begriff von diesen Dingen. Ihm war das Protokoll alles, es ersetzte bisweilen die Politik, zu bereden gab es danach gar nichts mehr; in der Positur, die einer einnahm, in Gebärden, die er machte, in Handlungen, die er vollzog, konnten Machtpositionen ausgedrückt, Rechte beansprucht und Weichen für die Zukunft gestellt werden. Das läßt sich an den Umständlichkeiten demonstrieren, von denen das Zusammentreffen *Friedrichs I. Barbarossa* und *Papst Hadrians IV.* in Sutri im Juni 1155 begleitet war. Barbarossa befand sich auf seinem ersten Romzug. Königliche und päpstliche Gesandtschaften hatten sich zuvor getroffen, der Unruhestifter *Arnold von Brescia*, der das Volk von Rom aufgewiegelt hatte, war hingerichtet worden, Papst und Kardinäle hatten Sicherheitsgarantien bekommen – der Kaiserkrönung stand also nichts mehr im Wege. Dennoch kam es in Sutri, auf halbem Weg zwischen Viterbo und Rom, zum Eklat: Der Papst reitet, umgeben von einem Schwarm von Kardinälen und Bischöfen, in Friedrichs Lager ein, wo er von Erzbischof *Arnold II. von*

Köln und den deutschen Fürsten begeistert begrüßt wird. Dann hält er vor dem König. Nach Meinung des Papstes müßte nun der Teil des Protokolls folgen, der mit »Marschall- und Stratordienst« überschrieben ist: Der König führt das Pferd des Papstes ein Stück weit am Zügel und hilft dann dem Papst beim Absitzen, indem er den Steigbügel hält. Genau das verweigert Barbarossa; die Unterwerfungsgeste geht ihm zu weit, sie könnte als Lehensabhängigkeit gedeutet werden. Hadrian behält die Nerven, steigt vom Pferd und nimmt auf einem Thronsessel Platz. Der König tritt heran und küßt dem Papst den Fuß – eine Handlung, die mit der herrscherlichen Würde vereinbar scheint. Danach erwartet er vom Papst den Friedenskuß, doch den bleibt Hadrian schuldig. Kein Friedenskuß ohne vorherige vollständige Ehrenbezeigung, läßt er den König wissen. Hitzige Debatten schließen sich an; mit historischen Nachweisen, wie viele höchste Herrscher schon den Marschall- und Stratordienst geleistet hatten, kann endlich der Widerstand Barbarossas gegen die Zeremonie aufgeweicht werden. Er verlangt aber vom Papst dafür eine Gegenleistung: Hadrian muß das Gemälde aus dem Lateranpalast entfernen lassen, das *Lothar III. von Supplinburg* bei der bewußten Aktion zeigt, mit der vielsagenden Unterschrift, daß der König »des Papstes Mann« sei – eben das, was Barbarossa auf keinen Fall sein will. Hadrian gibt die gewünschte Zusage; darauf wird die unterbrochene Begegnung an einem anderen Ort, am Lago di Monterosi bei Nepi, wiederholt – diesmal in voller Länge.

Tagliacozzo, Schlacht bei

Nach der Niederlage und dem Tod *Manfreds* 1266 bei *Benevent* blieb *Konradin* als einziger staufischer Erbe Siziliens übrig. Der erst 16jährige Sohn König *Konrads IV.* brach 1267 nach Italien auf, sicherte sich in Rom den Beistand staufisch gesinnter Männer und zog am 18. August 1268 mit einem Heer von rund 5000 Kämpfern – deutsche Ritter, spanische Panzerreiter, italienische Infanterie – von Rom aus in Richtung *Apulien*, wo in Lucera die sarazenischen Bogenschützen, die Elitetruppe *Friedrichs II.*, gegen *Karl von Anjou* rebellierten. Sie und weitere Anhänger wollte Konradin auf seinem Zug für seine Sache mobilisieren, doch hatte ihm der Anjou den Weg verlegt. Er war mit seinem zahlenmäßig zwar unterlegenen, aber geländekundigen Heer von 4000 Mann an den Nordrand der Palentinischen Ebene vorgerückt und beobachtete Konradins Bewegungen. Dessen Ausweichversuche konnte er vereiteln, so daß die beiden Heere am Abend des 22. August bei Tagliacozzo nur noch durch einen Flußlauf getrennt waren. Am folgenden Morgen eröffneten sie die Feindseligkeiten, wobei Karl von Anjou seine Kerntruppe von rund 1000 französischen Rittern in einer Bodensenke in Reserve hielt. Die Anhänger Konradins, der wegen seiner Unerfahrenheit in der dritten Linie stand, gewannen rasch die Oberhand, und das wurde ihr Verderben. Als sie ihre geschlossene Ordnung nämlich zwecks Verfolgung der fliehenden Gegner auflösten, schickte Karl aus dem Hinterhalt seine Reserve ins Treffen, die leichtes Spiel mit der schwachen dritten staufischen Linie hatte. Die Rückkehr der Ritter Konradins kam zu spät und hatte auch deswegen keinen Erfolg, weil sie erneut auf eine Scheinflucht der Gegner hereinfielen und einzeln von überlegenen Kampfgruppen niedergemacht wurden. Zwar hatte Karl die schwereren Verluste (insgesamt 4000 Gefallene auf beiden Seiten), doch die Schlacht war für ihn gewonnen. Daß er den Sieg einer gegen jeden ritterlichen Komment verstoßenden List verdankte, kümmerte ihn nicht. Konradin hatte sich mit knapper Not durch Flucht von der Walstatt retten können. Er konnte sich seiner Freiheit aber nicht lange erfreuen, denn er fiel mit einigen Begleitern, darunter der letzte *Babenberger* Friedrich, in die Hände von Anjou-Freunden, die ihn am 12. September 1268 dem König auslieferten. Der behandelte den letzten Staufersproß jedoch nicht, wie zu erwarten, als Kriegsgefangenen, sondern ließ ihn am 29. Oktober 1268 auf dem Marktplatz von Neapel öffentlich enthaupten. Eine der bedeutendsten Dynastien des Abendlands endete auf dem Schafott.

Tankred von Lecce
† 20.2.1194
In Christian Dietrich Grabbes Stauferdrama »Heinrich VI.« (1830) ist er der Pessimist und Schwarzseher, der seine Leute nicht mitreißen kann und immer schon weiß, daß alles vergeblich sein wird. Ob der historische Tankred von Lecce diesem Bild entsprach, steht dahin, immerhin aber bescheinigt auch die Forschung (P. Csendes) dem Mann, der gegen Kaiser *Heinrich VI.* um das Königreich *Sizilien* zu kämpfen hatte, daß er »keine Führerpersönlichkeit« gewesen ist. Andererseits muß festgehalten werden, daß, solange Tankred lebte, es dem Gegenspieler nicht gelang, sich die sizilische Krone aufzusetzen. Tankred von Lecce war unehelicher Sohn Herzog Rogers von Apulien und somit Enkel des großen Normannenkönigs Roger II. († 1154). Als nach dem Tod König Wilhelms II. 1189 das sizilische Erbe gemäß vorher getroffener Verabredung an Wilhelms Tante *Konstanze* überging, die mit dem deutschen König Heinrich VI. verheiratet war, rebellierte ein Teil der sizilischen Barone und wählte Tankred zum König. Am 18. Januar 1190 wurde er in *Palermo* gekrönt. Heinrichs erster Versuch, nach seiner Kaiserkrönung (15.4.1191) das Königreich Sizilien zu erobern, blieb vor *Neapel* stecken. Eine Malariaepidemie dezimierte das deutsche Heer, im August 1191 brach der Staufer das Unternehmen ab. Tankred versuchte seine Position durch Bündnisse mit dem byzantinischen Kaiser und dem englischen König zu stärken, zeitweilig befand sich auch Kaiserin Konstanze in seiner Haft, was er als Faustpfand für Verhandlungen nutzen konnte. Im Sommer 1192 erhob er seinen Sohn Roger zum Mitkönig. Dieser starb jedoch schon Ende 1193. Wenige Wochen später folgte Tankred seinem Sohn in den Tod. Seine Witwe ließ den zweiten Sohn, Wilhelm, der noch ein Kind war, zum König krönen. Sie fand zwar auch die Anerkennung des Papstes, aber das half nicht: Heinrich VI. rüstete bereits für den

zweiten Anlauf, und fast kampflos fiel ihm im Herbst und Winter 1194 das geschwächte, führerlose Normannenreich in die Hände.

Tibald Franziskus
† 1246
Am Samstag vor Ostern 1246 erreichten *Friedrich II.*, der sich in Grosseto in der Toskana aufhielt, Warnungen vor einer großangelegten Verschwörung. Der Kaiser, sein Sohn *Enzio*, Generallegat in Mittel- und Oberitalien, und der kaiserliche Schwiegersohn Ezzelino da Romano, der Herr von Vicenza und Padua, sollten ermordet werden. Ein Heer unter Kardinal Rainer von Viterbo stand bereit, ins sizilische Königreich einzumarschieren. Hohe und höchste Repräsentanten des Stauferstaats waren in das Komplott verwickelt, als dessen Kopf Tibald Franziskus galt, ein langjähriger vertrauter Mitarbeiter des Kaisers, den Friedrich gerade zum Podestà (Statthalter) von Parma gemacht hatte. Der Kaiser reagierte rasch und hart. Die Invasion wurde abgewehrt, Verhaftungswellen rasten über Parma und andere Orte. Die Rädelsführer der Verschwörung, die sich auf die Burg von Capaccio (bei Salerno, Kampanien) geflüchtet hatten, wurden eingeschlossen und zur Übergabe gezwungen. Der Kaiser hielt ein grausames Strafgericht unter ihnen. Er konstatierte, daß es sich bei der Tat um versuchten Vatermord handele, nach römischem Recht das schlimmste Verbrechen. Da die Rebellen sich »gegen die Natur« versündigt hätten, sollten sie in den vier Elementen ihren Tod finden. Verstümmelt und mit glühendem Eisen geblendet (damit sie ihren Herrn nicht mehr anblickten) waren sie bereits, nun wurden sie von Pferden durch die Straßen geschleift (Erde), in Säcke eingenäht und ins Meer geworfen (Wasser), am Galgen aufgehängt (Luft) oder auf dem Scheiterhaufen verbrannt (Feuer). Für Tibald Franziskus dachte sich der rachsüchtige Herrscher verlängerte Martern aus. Er wurde von Stadt zu Stadt durchs Königreich geschleppt und immer aufs neue gefoltert, bis er tot war. An seine Stirn hatte der Kaiser eine päpstliche Bulle heften lassen, die man bei den Verschwörern gefunden hatte. Damit sollte der Papst als eigentlicher Drahtzieher des Anschlags gebrandmarkt werden. Daß die Konspiration von der Kurie ausging oder man dort wenigstens einge-

weiht war, dürfte feststehen. Es zeigt, wie weit der Endkampf zwischen dem Staufer und seinen Widersachern auf dem Stuhl Petri nach der Absetzung Friedrichs auf dem Konzil von *Lyon* 1245 bereits gediehen war.

Tortona

Bei seinem ersten Zug nach Italien 1154/1155 fand sich *Friedrich I. Barbarossa* sogleich in die Händel zwischen den lombardischen Städten verstrickt. Er nutzte die Situation, um die militärische Macht des Reiches zu demonstrieren. Dabei griff er Beschwerden aus der reichstreuen Stadt Pavia auf, die sich von *Mailand* unterdrückt fühlte; da dieses indes zu mächtig schien, hielt sich Barbarossa zunächst an dessen kleinere Verbündete. Erste Opfer wurden Chieri und Asti, deren Bewohner allerdings aus den Städten flohen, bevor diese eingeäschert wurden. Dann war Tortona, am Rand des Apennin gelegen, an der Reihe. Dessen Bürger vertrauten auf die starken Befestigungen ihrer Stadt und verweigerten die Unterwerfung. Tatsächlich gelang es Barbarossas Kontingenten, darunter eine Streitmacht *Heinrichs des Löwen*, nicht, Tortona vollständig zu erobern. Zwar fiel die Unterstadt verhältnismäßig rasch, aber an der Burg, die auf einem Bergkegel lag, wurden alle Angriffe zuschanden. Die Deutschen und ihre Verbündeten aus Pavia mußten zum Belagerungskrieg übergehen; massiv kamen Techniken zum Einsatz, die seit den *Kreuzzügen* aus dem Orient importiert wurden. Man grub Minengänge unter den Mauern, um sie zum Einsturz zu bringen, aber ehe sie fertig waren, stürzten die Gänge ein, und die Mineure wurden verschüttet. Man baute Katapulte und fahrbare Belagerungstürme, aber auch in der Stadt gab es Wurfgeschütze, und zielsicher schossen ihre Mannschaften die Maschinen der Belagerer in Stücke. Die Tortonesen gaben erst auf, als sie kein Trinkwasser mehr hatten. Da die Brunnen außerhalb der Stadt lagen, mußten stets verlustreiche Ausfälle unternommen werden, um an Wasser zu kommen. Schließlich verstopften die Belagerer die Wasserstellen mit verwesenden Leichen und machten sie dadurch unbenutzbar. Nach zwei Monaten Belagerung ergab sich Tortona im April 1155, seine Befestigungen wurden geschleift. Der Fall der Stadt verbreitete den gewünschten Schrecken in Oberitalien, allerdings nicht für lange; schon bald nach dem Abzug Barbarossas rückten Mailänder Truppen in Tortona ein und setzten die Mauern und Türme instand.

Tusculum

Die Großen des alten Rom hatten hier ihre Landsitze, unter denen vor allem der Ciceros berühmt wurde: Tusculum, etwa zehn Kilometer südlich von Rom gelegen, entwickelte sich im Mittelalter von einem Landstädtchen zu einer stark befestigten Stadt, deren Wehrhaftigkeit die ständigen Querelen mit dem übermächtigen Rom spiegelte. Wann immer daher zwischen dem Kaiser und der Ewigen Stadt der Segen schief hing, konnten sich der Herrscher und die Seinen auf Tusculum verlassen und dort notfalls auch Zuflucht finden. Als *Rainald von Dassel* im Frühjahr 1167 beim vierten Italienzug *Friedrichs I. Barbarossa* mit einem kleinen Heer in den Kirchenstaat eindrang und damit einen Gegenschlag der Römer provozierte, konnte er vor deren Übermacht Schutz in der kaisertreuen Stadt suchen. Die Römer gingen zur Belagerung über, so daß Rainald beim Kaiser, der mit seinen Streitkräften vor Ancona festlag, um Hilfe bat. Die deutschen Fürsten aber, alle nicht sonderlich gut auf den Kaisergünstling zu sprechen, verweigerten sich mit dem Hinweis auf ihre Ehre, mit der ein Abzug von Ancona unverrichteter Dinge nicht vereinbar sei. Nur Erzbischof *Christian I. von Mainz* beschloß, Rainald aus seiner mißlichen Lage zu befreien. Das war freilich leichter beschlossen als getan, denn dem Mainzer standen gerade einmal 500 Ritter und 800 aus Brabant stammende Söldner, sogenannte »Brabanzonen«, zur Verfügung. Den Römern blieb diese Schwäche nicht verborgen, und sie zogen Mitte Mai 1167 dem Erzbischof Christian mit großer Übermacht entgegen, um ihn zu einer offenen Feldschlacht zu stellen. Verhandlungsversuche beantworteten sie nur mit Hohn: Es sei zu gütig vom Kaiser, daß er seinen Erzpriester schicke, ihnen die Messe zu lesen. Ihnen aber stehe der Sinn nach einem Gesang in ganz anderer Tonlage. Dann gingen sie zum Angriff über, und die Kaiserlichen hätten über kurz oder lang weichen müssen, wenn nicht Rainald die Not der Entsatztruppe erkannt und zum Ausfall aus Tusculum geblasen hätte. Nun zwischen zwei Fronten geraten, erfaßte die selbst beiden

Gegnern immer noch weit überlegenen Römer Panik vor dem »furor teutonicus«. Ihre Reiterei wandte sich zur Flucht, alle Ordnung in den römischen Reihen war dahin. Die Kaiserlichen konnten die versprengten Grüppchen der Gegner einzeln aufreiben und die Reste der gegnerischen Streitmacht bis vor die Tore Roms verfolgen. Im Stil der Zeit wurde der Triumph der Deutschen von Chronisten weidlich aufgebauscht; von bis zu 12000 gefallenen Römern war stellenweise die unglaubwürdige Rede. Nicht hoch genug aber ist der psychologische Effekt des Sieges für die noch folgenden Auseinandersetzungen anzusetzen. Er spielte noch bei *Legnano* neun Jahre später eine Rolle, als Barbarossa auf ein ähnliches Wunder wie bei Tusculum gehofft haben mag. Der Stadt bewahrte er jedenfalls stets Dankbarkeit, an die sich erst sein Sohn und Nachfolger *Heinrich VI.* nicht mehr erinnern mochte. Der opferte 1191 Tusculum für ein Arrangement mit den Römern, um Druck auf den Papst auszuüben und ihn zur versprochenen Kaiserkrönung zu zwingen. Tusculum wurde von den rachedurstigen Römern fast völlig zerstört, die nicht geflohenen Einwohner fielen dem plündernden römischen Mob zum Opfer. Nur Ruinen zeugen beim heutigen Frascati noch von der damals untergegangenen stolzen Festung.

Urban III., Papst

* Mailand um 1120, † Ferrara 20.10.1187

Im November 1185 starb Papst Lucius III., ein friedfertiger Mann, der es in seinem Pontifikat seit 1181 auf keinen richtigen Zusammenstoß mit Kaiser *Friedrich I. Barbarossa* hatte ankommen lassen. Sollten die Kardinäle danach gemeint haben, als nächstes täte wieder jemand gut, der dem Staufer kräftig Paroli biete, so hatten sie mit dem Erzbischof von Mailand, Uberto Crivelli, die richtige Wahl getroffen. Urban III., wie er sich als Papst nannte, verstand sich nicht bloß als Gegenspieler, sondern als geschworener Feind Barbarossas. Seine Familie hatte bei der Zerstörung *Mailands* im März 1162 schwer gelitten, und das gedachte er dem Kaiser heimzuzahlen. Die folgenreiche Verheiratung des Kaisersohns *Heinrich VI.* mit der Erbin von Sizilien, *Konstanze*, ließ er noch durchgehen, aber die Kaiserkrönung Heinrichs verweigerte er und suspendierte auch den Patriarchen von Aquileja, als dieser wagte, die Zeremonie statt seiner zu vollziehen. Zum endgültigen Bruch kam es im Juni 1186 über der Frage der Besetzung des Trierer Erzbischofsstuhls. Urban lehnte die Wahl ab, die Barbarossa getroffen hatte, und präsentierte statt dessen den Archidiakon *Folmar* als Kandidaten. Der Kaiser reagierte mit der Besetzung des Kirchenstaats und der Einschließung des Papstes und der Kurie in Verona, wohin Urban wegen unsicherer Verhältnisse in Rom ausgewichen war. Der Papst seinerseits verschärfte den Konflikt noch weiter, indem er die Stadt Cremona zur Erhebung aufreizte und Gesandte nach Deutschland schickte, die den dortigen Klerus für ihn gewinnen sollten. Auf dem Reichstag in Gelnhausen (November 1186) mußten die päpstlichen Legaten eine schwere Schlappe einstecken. In die Enge getrieben, vollzog Urban eine Kehrtwendung: Er gab Folmar auf und bot Verhandlungen an, plante aber angeblich gleichzeitig auch, Barbarossa zu exkommunizieren. Da man ihn in Verona nicht länger dulden wollte, machte er sich zu Pferde nach Ferrara auf. Er kam dort als sterbenskranker Mann an. Sein Tod am 20. Oktober 1187 bewahrte die Kirche vor einer schweren Krise.

Venedig
Bereits in karolingischer Zeit nahm Venedig eine außerordentliche Stellung als Verbindungsschiene zwischen dem Abendland, *Byzanz* und der islamischen Welt ein. Nominell den Herrschern in Konstantinopel untertan, wußten die Venezianer ihre Autonomie immer umfassender auszubauen. Das gewählte Oberhaupt der Stadt, der Doge, übte sein Amt lebenslang aus, mehr und mehr allerdings kontrolliert vom »Rat der Weisen« (später dem »Großen Rat«), in dem die einflußreichsten Familien vertreten waren. Weder vermochte das Lehenswesen in Venedig Fuß zu fassen, noch wurde dem Klerus gestattet, sich in öffentliche Fragen einzumischen. Macht und Reichtum Venedigs beruhten auf dem Handel: Die Stadt hielt die Schiffahrt auf dem Po unter Kontrolle und hatte auch die Nachbarhäfen an der Adria von Ravenna bis Triest durch Verträge gebunden. Von Kaiser *Heinrich IV.* errangen die Venezianer ein weitreichendes Privileg: Ebenso wie die deutschen Kaufleute durften sie das ganze Reich bereisen; während ihre Konkurrenten aber am Meer anhalten mußten, konnten sich die Venezianer auch dort frei bewegen. Das bedeutete ein Monopol für den Seehandel, das die Venezianer weidlich nutzten. Ihr Hafen war nicht allein Stapel- und Umschlagplatz; in der Lagunenstadt gab es bedeutende Gewerbe, etwa Schiffbau, Textil- und Metallwesen und Glasproduktion sowie die Herstellung von Luxusgütern aller Art, so daß auch kräftig exportiert werden konnte. Ebenso war Venedig führend im Bankwesen: In den venezianischen Kontoren gehörten bereits im Hochmittelalter bargeldloser Zahlungsverkehr und Wechselgeschäfte zum Alltag des Wirtschaftslebens. Vor allem durch die *Kreuzzüge* erhöhte sich der Zustrom von Kapital, denn vom Geschäft, das sich im Rahmen der bewaffneten Wallfahrt durch Pilgertransporte und Steigerung des Handelsverkehrs mit dem Orient entwickelte, schnitt sich Venedig ein bedeutendes Stück ab. In der Stauferzeit trat die Großmachtrolle Venedigs deutlich hervor: Bei den Friedensverhandlungen zwischen *Friedrich I. Barbarossa* und *Alexander III.*, die 1177 in Venedig abgehalten wurden (siehe folgenden Artikel), präsentierten sich die Gastgeber in der Lagunenstadt dem Papst wie dem Kaiser gegenüber als souveräne Partner. Und zwischen 1202 und 1204 schafften sie es gar, einen ganzen Kreuz-

zug umzulenken: Die Venezianer ließen Tausende von Kreuzrittern, die sich zur Überfahrt versammelt hatten, so lange schmoren, bis diese ihr Geld aufgebraucht hatten und ihnen alles egal war, wenn sie nur endlich aus dem Hafen wegkamen. Als der Schiffskonvoi endlich in See ging, sorgten die Kommandeure dafür, daß nicht das Heilige Land, sondern *Byzanz* angesteuert wurde. Die Kreuzfahrer eroberten die Hauptstadt Konstantinopel und gründeten das sogenannte Lateinische Kaiserreich, das sich am Bosporus bis 1261, in Teilen Griechenlands noch wesentlich länger hielt – immer kontrolliert von Venedig, das für Jahrhunderte den östlichen Mittelmeerraum dominierte.

Venedig, Frieden von

»Dies ist der Tag, den der Herr gemacht hat!« Mit einem Dankesruf eröffnete Papst *Alexander III.* seine Ansprache am 1. August 1177 im Palast des Patriarchen von Venedig, wo die Versöhnung zwischen ihm und Kaiser *Friedrich I. Barbarossa* gefeiert wurde. »Frohlocken wir und freuen wir uns an diesem Tag«, fuhr der Papst fort, »da dieser unser Sohn, der erlauchte Römische Kaiser, tot war und wieder zum Leben kam, verloren war und wiedergefunden wurde.« Hier wurde besiegelt, was in zähen Verhandlungen erreicht worden war: das Ende eines nach 18 Jahren zuletzt schier unheilbar scheinenden Bruches zwischen dem weltlichen und dem geistlichen Oberhaupt der Christenheit. Den Weg dahin hatte der Vorfrieden von *Anagni* geebnet, von dem es aber noch weit gewesen war bis zu diesem Festtag. Friedrich nämlich war mit dem Erreichten noch nicht zufrieden und hoffte für den endgültigen Friedensschluß Nachbesserungen durchsetzen zu können. Dem standen zunächst rein örtliche Probleme entgegen: Wo sollte das »Endspiel« zwischen den Verhandlungsdelegationen beider Seiten stattfinden? Viele italienische Städte kamen nicht in Frage, weil sie als Mitglieder des *Lombardenbunds* dem Kaiser immer noch in erbitterter Feindschaft gegenüberstanden, für andere galten ähnliche Vorbehalte päpstlicherseits. *Venedig* bekam nur unter Auflagen schließlich den Zuschlag: Die Stadt, von den Lombarden als abtrünnig angesehen, stellte Geiseln und materielle Garantien, und der Kaiser versprach, ihr Gebiet nicht ohne Genehmigung des Papstes zu betreten. Dieser nahm im Palazzo Ravà Quartier, während der Kaiser zunächst in Ravenna blieb und erst mit dem Fortschritt der Gespräche über Pomposa und Chioggia immer näher kam. Daß das recht langsam voranging, lag an seinem zähen Ringen um bessere Bedingungen, die er schließlich dadurch erreichte, daß er hinter dem Rücken der eigenen Delegation mit dem Papst direkt verhandelte und letztlich mehr herausholte als in Anagni: Da mehr als ein Waffenstillstand mit Sizilien und mit den Lombarden nicht zu erreichen war und von seiten Friedrichs bei den fortdauernden Differenzen auch nicht wünschenswert schien, konnte damit nur der Status quo erhalten werden. Zu deutsch: weiterhin kein Geld von den reichen Städten. Die *Mathildischen Güter* aber sollte Friedrich an den Papst herausgeben, was den Verlust hoher Einnahmen bedeutete. Das hätte ihn nicht ruiniert, aber nachhaltig geschwächt, und so handelte er dem Papst weiteren 15jährigen Nießbrauch dieser Güter ab. Mehr war nicht drin. Nun konnte gefeiert werden: Am 24. Juli 1177 kam der Kaiser mit der geschmückten Staatsgaleere des Dogen in die Stadt, wurde von drei Kardinälen empfangen und vom Kirchenbann gelöst. Friedrich und seine Getreuen schworen daraufhin dem Gegenpapst *Kalixt III.* ab und dem rechtmäßigen Papst Alexander Treue und Gehorsam. Weiter ging es zum Papst, der den Fußfall des Kaisers auf einem Thronsessel entgegennahm. Bei der folgenden Messe bereitete Friedrich mit einem Stab dem Papst den Weg und leistete ihm danach den Zügeldienst, den er in Sutri 1155 *Hadrian IV.* noch verweigert hatte. Am 1. August folgte dann die Eingangsszene mit der Ansprache des Papstes, der dabei auf einem Thron saß, den Kaiser zu seiner Rechten, zur Linken den Vertreter des Königs von Sizilien. Mit bewegten Worten dankte Friedrich dem Papst für die Wiederaufnahme »in den Schoß unserer Mutter, der heiligen Römischen Kirche«, und gestand, daß er geirrt habe und daß auch die Krone nicht die »Eigenschaft des Menschengeschöpfs von uns nimmt und die kaiserliche Majestät nicht die Fehler des Nichterkennens ausschließt«. Man hat in den Zeremonien und Erklärungen die totale Unterwerfung des Kaisers unter die päpstliche Oberhoheit sehen wollen, doch zum einen ist nirgendwo die Rede davon, daß Friedrich seinen Anspruch auf die direkte göttliche Herkunft seiner

Macht aufgegeben hätte, und zum anderen sprechen die nachfolgenden Ereignisse eine andere Sprache.

Verona

Die norditalienische Stadt an der Etsch in der Region Venetien taucht in der Stauferzeit häufig auf, weil sie eine Paßstraße ins Innere Oberitaliens kontrollierte und sich zudem immer wieder an antikaiserlichen Aktivitäten und Bündnissen beteiligte. Das war vor allem zur Zeit *Friedrichs I. Barbarossa* der Fall, und 1155 auf dem Rückweg vom ersten Italienzug wäre Verona diesem fast zum Schicksal geworden, wenn nicht der Wittelsbacher Graf und spätere Herzog von Bayern *Otto I.* zur Rettung geeilt wäre. Eine erste Falle hatten die Veroneser an der Brücke über die Etsch gestellt: Sie wollten durch oberhalb gelöste Balkenbündel den Holzsteg zerstören, wenn erst ein Teil des kaiserlichen Heeres den Fluß überschritten hatte, so daß die Männer leichte Beute der am jenseitigen Ufer auf der Lauer liegenden Veroneser Kämpfer geworden wären. Die Balken aber lösten sich zu spät, das Heer kam vollzählig über den Fluß und schlug die Veroneser in die Flucht. Eine noch größere Gefahr aber wartete am nächsten Tag auf dem Marsch an der Etsch entlang bei der Klause von Volargha. Hier wurde der Steig zwischen dem reißenden Fluß und steil aufragenden Felsen sehr schmal und ließ sich leicht sperren – durch Bewaffnete, aber auch durch Steinschlag von oben. Veroneser Ritter hatten hier Stellung bezogen und verweigerten dem Kaiser den Durchzug. Verhandlungsversuche scheiterten an maßlosen Lösegeldforderungen, eine Gewaltaktion erschien bei der unangreifbaren Stellung der Veroneser ausgeschlossen. Ortskundige Führer des Kaisers sahen nur eine Möglichkeit, den Durchzug zu erzwingen, nämlich wenn es gelänge, den Wegelagerern in den Rücken zu kommen. Dem stand jedoch ein schier unersteigbarer Felsen im Weg. Otto von Wittelsbach ergriff die Initiative und machte sich mit 200 Soldaten durchs Gebirge auf den Weg zum Felsen. Hier ließ er die Männer eine lebende Leiter bilden, schuf am höchsten erreichten Punkt einen neuen Halt und setzte von dort dieses Verfahren so lange fort, bis der Gipfel gewonnen war und die unten Wartenden über eine heruntergelassene Leiter aus Lanzen nachkommen konnten. Vom Felsplateau aus kontrollierte er nun die Paßenge und konnte die Gegner seinerseits per Steinschlag bedrohen. So zwischen die Kaiserlichen geraten, war den Veronesern auch der Fluchtweg abgeschnitten, und sie mußten sich entweder ergeben oder versuchen, durch den Steinhagel zu entkommen, was nur einem einzigen Kämpfer gelungen sein soll. Verona muckte zwar auch noch später immer wieder auf, doch übernahmen in den dreißiger Jahren des 13. Jahrhunderts Stauferanhänger die Macht in der Stadt, so daß *Friedrich II.* hier anders als sein Großvater einen verläßlichen Verbündeten hatte.

Viktor IV., Papst
† Lucca 20.4.1164
Gegen *Alexander III.* wählte die kaisertreue Minderheit der römischen Kardinäle am 7. September 1159 zum Nachfolger *Hadrians IV.* den Kardinalpresbyter von Santa Cecilia, einen Adligen aus der Crescentier-Familie namens Ottaviano di Monticelli. Er nahm bei seiner Weihe am 4. Oktober 1159 den Namen Viktor IV. an. Dank Unterstützung durch Kaiser *Friedrich I. Barbarossa*, der ihn auf der Synode von Pavia im Februar 1160 als Papst bestätigen ließ, konnte er sich in Italien halten, kam aber zeit seines (Gegen-)Pontifikats nicht von der staufischen Macht los. Sein Einflußbereich erstreckte sich daher nur auf Oberitalien, Burgund und den Westen des Reiches, während der Konkurrent, der nach Frankreich gegangen war, bald den größeren Teil der Kirche hinter sich brachte. Am Ende war auch Viktors kurialer Apparat verkümmert. Er starb in Lucca während einer Reise, die er mit *Rainald von Dassel* unternahm. Der Klerus von Lucca verweigerte dem Exkommunizierten ein Begräbnis in der Stadt, Viktor wurde darum in einem bescheidenen Kloster außerhalb der Stadtmauern beigesetzt. 1187 ließ Papst Gregor VIII. das Grab öffnen und die Gebeine hinauswerfen.

Waiblingen
An der unteren Rems im heutigen Baden-Württemberg gelegen, war Waiblingen in Karolingerzeiten Pfalzort. Von der zeitgenössischen Geschichtsschreibung wurden schon früh Beziehungen des Städtchens zu Herrschergeschlechtern konstruiert. Waiblingen galt als Geburtsort der Salier Konrad II. (1024–1038) und *Heinrich IV.* sowie, nachdem der Ort um 1100 aus Speyerer Besitz in die Hand *Friedrichs von Staufen* gelangt war, auch als Geburtsort *Friedrichs I. Barbarossa.* Der besonderen Bedeutung dieser Siedlung entsprach es, daß ihr Name zum Schlachtruf wurde. Mit »Hie Waibling« sollen sich zum erstenmal in der Schlacht von *Weinsberg* 1140 die Staufer angefeuert haben. *Ghibellinen* nannten sich danach ihre Parteigänger in Italien.

Walther von der Vogelweide
* um 1170, † 1230
Er gilt als der größte deutschsprachige Lyriker des Mittelalters: Walther von der Vogelweide bereicherte den *Minnesang* um das »Mädchenlied«, in dem unbekümmert um Standesgrenzen die Huldigung auch einem jungen Mädchen oder einer Frau aus dem Volk gelten kann. Er ließ die Konventionen der Sängerzunft weit hinter sich, bezog Alltagserfahrungen und Naturerlebnisse in seine Dichtung mit ein. Berühmt sind seine Verse auf die Liebe im Freien (»Under der linden / an der heide, / dâ unser zweier bette was«) und das Glück erster Begegnung (»Wol mich der stunde, daz ich sie erkande, / diu mir den lîp und den muot hât betwungen«), das Traumlied (»do ich sô wunniclîche / was in troume rîche«) und der Lobpreis auf die deutsche Frau (»Tugent und reine minne, / swer die suochen will, / der sol komen in unser lant: da ist wünne vil!«). Von Walther stammen Gedichte, die das Ritterethos feiern und zum Kreuzzug rufen, ebenso aber auch innige Marienlieder und Absagen an »Frau Welt«. Am Ende steht ein Altersrückblick (»Owê war sint verswunden alliu mîniu jâr!«), in dem er desillusioniert Abschied von seiner Zeit nimmt. Vollends von seinen dichtenden Standesgenossen hob ihn aber sein politisches Engagement ab. Walther verfaßte Huldigungen und Bittgedichte an seine Mäzene – das taten andere auch; als Berufsdichter und -sänger war man auf die Gunst der Herrschenden angewiesen. Darüber hinaus aber

versuchte Walther mit seiner Dichtung etwas zu bewegen; in seinen »Reichssprüchen« nahm er Stellung zu den brennenden Fragen der Zeit. Die Umstände brachten ihn an die Seite der Staufer. Nachdem er sich längere Zeit um die Gunst der *Babenberger* bemüht hatte, ohne jedoch dauerhafte Förderung zu erfahren, schloß sich Walther nach dem Tod Herzog Friedrichs I. von Österreich 1198 *Philipp von Schwaben* an. Von dessen Neffen *Friedrich II.* erhielt er dann auch 1220 das ersehnte Lehen, mit dem sein Lebensabend gesichert war. Seine Klage über die Zustände im Reich nach der *Doppelwahl von 1198* ging in die deutschen Lesebücher ein: »untriuwe ist in der sâze, / gewalt vert ûf der strâze: / friede unde reht sint sêre wunt«; die Eingangszeilen dieses Gedichts (»Ich saz ûf eime steine ...«) bilden übrigens das Vorbild für das bekannte Porträt Walthers in der Manessischen Liederhandschrift vom Anfang des 14. Jahrhunderts. Der Dichter geißelte die Geldgier der Kirche (in der Satire vom »Opferstock«) und den Machtanspruch des Papstes (»Hêr babest, ich mag wol genesen / wan ich will iu gehôrsam wesen«), er mahnte die Herrscher an die Heiligkeit und Würde ihres Königtums (»Diu krône ist elter«) und forderte sie zu Frieden und gerechter Regierung auf. Die Wirkung von Walthers politischer Dichtung unter den Zeitgenossen, vor allem der Angriffe gegen das Papsttum, bezeugt ein Gegner des Dichters, der Kleriker Thomasin von Zerklaere, in seiner 1215/1216 entstandenen Verhaltens- und Morallehre »Der welsche Gast«: Tausende habe der Vogelweider mit seinen Versen betört; nur deshalb hätten sich so viele vom Stellvertreter Christi abgewandt.

Weinsberg, Schlacht bei

Im Herbst 1140 kam es im Krieg der Staufer gegen die *Welfen* in Süddeutschland zu einer Schlacht, die den Krieg zwar nicht entschied, aber eine gewisse Etappe auf dem Weg zu seinem Ende darstellte. Gegen die Truppen König *Konrads III.*, die die von den Welfen gehaltene Reichsfestung Weinsberg belagerten, rückte ein Heer unter *Welf VI.* heran, das am 21. Dezember 1140 in der Nähe von Weinsberg besiegt wurde. In der Schlacht sollen zum erstenmal die Losungen »Hie Welf« und »Hie Waibling« (abgeleitet vom Staufersitz *Waiblingen*) erschollen sein, die, italienisiert zu *Guelfen* und *Ghibellinen*, als Parteinamen noch jahrhundertelang in der politischen Landschaft Italiens eine Rolle spielen sollten. Nach der Niederlage des welfischen Heeres kapitulierten auch die Verteidiger der Burg. Daran knüpft sich die Sage von den Weibern von Weinsberg: Eigentlich will König Konrad die Besatzung vollständig ausrotten, aber die Frauen flehen ihn um Barmherzigkeit an. Da läßt er sich erweichen und gestattet ihnen freien Abzug, jede darf sogar mitnehmen, was ihr das Liebste ist. Was tun da die listigen Weiber von Weinsberg? Sie laden sich ihre Männer auf die Schultern und schleppen sie am König vorbei, der sein Wort halten muß und ihnen nichts zuleide tun darf.

Welf VI.
* um 1115, † Memmingen 15.12.1191
Eine Symbolfigur in den Auseinandersetzungen zwischen *Welfen* und Staufern: Zusammen mit seinem Bruder *Heinrich X. dem Stolzen* und Kaiser *Lothar III.* kämpfte Welf VI. gegen die staufischen Brüder *Konrad III.* und *Friedrich II. der Einäugige*. Er hielt nach Lothars und Heinrichs Tod (1137 bzw. 1139) und nach der Niederlage von *Weinsberg* 1140 am Anspruch seines Hauses auf *Bayern* und *Sachsen* fest und ließ sich auch durch den Verzicht seines Neffen *Heinrich der Löwe* auf Bayern nicht beirren. 1147 gemeinsam mit Konrad III. unterwegs ins Heilige Land, stand er danach abermals im Feld gegen den König und erlitt im Februar 1150 bei Flochberg (westlich von Nördlingen) eine entscheidende Niederlage. Danach war der Weg frei für Friedensverhandlungen, in denen Herzog Friedrich III. von Schwaben, der spätere König *Friedrich I. Barbarossa*, den Vermittler machte. Welf ließ sich 1152 mit Reichslehen in Italien entschädigen, unter anderem den *Mathildischen Gütern*, und führte fortan den Titel des Markgrafen von Tuszien, des Herzogs von Spoleto sowie des Fürsten von Sardinien und Korsika. Nach dem Tod seines einzigen Sohnes Welf VII. 1167 hielt er sich jahrelang vom Kaiserhof fern, hauptsächlich damit beschäftigt, Kultur zu genießen und zu fördern; als »Verschwender« haben ihn frühere Historiker deswegen gern bezeichnet. Eine Wiederannäherung an Barbarossa erfolgte erst, als Welf, inzwischen mit Heinrich dem Löwen im Streit, sich den Gegnern des Sach-

senherzogs anschloß. Nach 1172 verkaufte Welf seine italienischen Güter an Kaiser Barbarossa und setzte diesen 1179 als Erben für seine schwäbisch-bayerischen Besitzungen ein. Das brachte den Staufern nach Welfs Tod 1191 beträchtlichen Gebietszuwachs ein. Am Hof Welfs VI. entstand um 1170 die »Historia Welforum«, in der die Geschichte der Welfendynastie seit ihren Anfängen aufgezeichnet ist. In den welfischen Hausklöstern Weingarten, Altomünster und dem von Welf VI. gestifteten Steingaden wurde diese Form der Familiengeschichtsschreibung weiter gepflegt.

Welfen

Sie gestalteten die Epoche der Staufer wesentlich mit, allerdings fiel ihnen dabei die undankbarere Rolle zu: Die Welfen waren Rivalen und Gegner der Staufer, jedenfalls über einen längeren Zeitraum. Der staufisch-welfische Gegensatz warf seine Schatten über ein ganzes Jahrhundert deutscher Reichspolitik. Die Ursprünge des welfischen Geschlechts reichen bis in die Karolingerzeit zurück: 819 heiratet Kaiser Ludwig der Fromme ein Mädchen aus bayerischem Adel namens Judith. Der Vater der Braut, Graf Welf († 825), gilt als Stammvater der Welfen. Sein Enkel Welf I. († vor 876) begründete als Teil der sogenannten älteren Welfen die deutsche Linie, die bedeutenden Besitz im schwäbischen und bayerischen Voralpenland und in Kärnten erwerben konnte. Sie starb mit Welf III. († 1055) im Mannesstamm aus. Das Erbe trat Welfs Schwester Kunigunde an, die mit dem italienischen Markgrafen Azzo von Este verheiratet war. Ihr Sohn Welf IV. († 1101), seit 1070 Herzog von *Bayern*, begründete die jüngere Linie der Welfen in Deutschland. Unter Heinrich IX. dem Schwarzen († 1126) gelang der Ausgriff nach Norden; verheiratet mit der Billungererbin Wulfhild, konnte der Bayernherzog Anspruch auf sächsische Gebiete erheben. Sein Sohn *Heinrich X. der Stolze* festigte die norddeutsche Position durch die Ehe mit *Gertrud*, der Erbtochter Kaiser *Lothars III. von Supplinburg*, und wurde 1137 Herzog von *Sachsen*. Seit der Königswahl von 1125 jedoch, bei der Heinrich X. der Stolze für Lothar III. und gegen den Staufer *Friedrich II. den Einäugigen* gestimmt hatte, war die Rivalität der Familien offenbar. Mochte der Welfe als doppelter Herzog (von Bayern und Sachsen) sich

Hoffnungen gemacht haben, seinen Schwiegervater auch noch als König zu beerben, so wurde dies 1137 mit der Wahl des Staufers *Konrad III.* zunichte. Heinrich X. ging in die Opposition, riskierte juristische und militärische Auseinandersetzungen – und verlor am Ende Bayern an die *Babenberger* und Sachsen an die Askanier. Seinem Sohn *Welf VI.* blieben Besitzungen in Süddeutschand, die er 1152 um Reichslehen in Italien vermehren konnte. Die Probleme zwischen Welfen und Staufern schienen weitgehend bereinigt, als *Friedrich I. Barbarossa*, als Sohn der Welfin Judith selbst halber Welfe, 1152 den Thron bestieg. Eine seiner ersten Regierungshandlungen war es, seinem Vetter *Heinrich der Löwe* zusätzlich zum Herzogtum Sachsen, das den Welfen 1142 zurückerstattet worden war, Bayern zu übergeben, allerdings ohne den Teil, der künftig *Österreich* sein würde. Mit seinem Versuch, sich ein eigenes Imperium im Norden aufzubauen, geriet der Welfe aber alsbald wieder in Gegnerschaft zum staufischen Königtum. Es erfolgte eine ähnliche Reaktion wie seinerzeit im Fall Heinrichs X. des Stolzen. Auf dem Reichstag zu Gelnhausen 1180 wurden die Lehen Heinrichs des Löwen in andere Hände gegeben, ihm verblieb nur noch der Hausbesitz um Braunschweig und Lüneburg. Von dort aus versuchten dann seine Söhne Heinrich († 1227) und *Otto IV.* vorerst mit wenig Erfolg den Wiederaufbau welfischer Macht. Erst seinem Enkel Otto dem Kind († 1252) gelang 1235 eine Einigung mit Kaiser *Friedrich II.*: Braunschweig-Lüneburg wurde Herzogtum, die Kämpfe zwischen Staufern und Welfen waren zu Ende. Während aber die Staufer noch im selben Jahrhundert untergingen, hielten sich ihre einstigen Konkurrenten zäh weiter. Nach zahlreichen Teilungen stieg das Haus Lüneburg 1692 zum Kurfürstentum, 1814 sogar zum Königreich auf. 1866 verloren die Welfen die Herrschaft in Hannover. Mit Ernst August, der in der Revolution von 1918 als Herzog von Wolfenbüttel abgesetzt wurde, verschwanden sie endgültig von der politischen Bühne. – Schon früh begannen die Welfen mit einer eigenen Hausgeschichtsschreibung. Vor allem in den Hausklöstern in Süddeutschland – Altomünster, Weingarten und Steingaden –, später auch in den Herrschaftszentren Lüneburg und Braunschweig, wurden welfische Memorabilien gesammelt. Um 1126 entstand die »Genealogia Welforum«, um 1170 die »Historia Welforum«, in denen Herkunft und Aufstieg der Welfen dokumentiert sind. In der zweiten Hälfte des 12. Jahrhunderts wurde auch der erste Stammbaum des Geschlechts aufgezeichnet.

Wilhelm von Holland

* 1227, † bei Alkmaar (bei Amsterdam) 28.1.1256

Nach dem Tod *Heinrich Raspes* (16.2.1247) stellte die antistaufische Partei einen neuen Gegenkönig gegen *Konrad IV.* auf: den Grafen Wilhelm von Holland. Der Spottname seines Vorgängers, »Pfaffenkönig«, hing auch ihm sofort an; wieder waren es fast nur die geistlichen Fürsten, die dem Gegenkönig zum Titel verholfen hatten. Am 1. November 1248 in Aachen vom Kölner Erzbischof Konrad von Hochstaden gekrönt, konnte Wilhelm aber erst daran denken, sich im Reich durchzusetzen, als Konrad IV. im Herbst 1251 nach Italien abgezogen war. Durch die Heirat mit einer Tochter des Herzogs Otto von Braunschweig machte sich der Holländer in Norddeutschland hoffähig. Bei einer Nachwahl in Braunschweig am 25. März 1252 gewann er so die Stimmen der mit den Welfen verwandten Askanier in Sachsen und Brandenburg hinzu. Nach Konrads Tod 1254 traten auch die ehemals staufertreuen Städte am Mittel- und Oberrhein und in der Wetterau zu ihm über. Im Februar 1245 stellte er sich an die Spitze des im Vorjahr gegründeten Rheinischen Bundes, einer Vereinigung von über 70 Städten sowie zahlreicher weltlicher und geistlicher Fürsten und Herren, die sich gebildet hatte, um angesichts der Abwesenheit staatlicher Gewalt für Ordnung und Frieden zu sorgen. Aus dieser Allianz von Königtum und kommunaler Bewegung hätte sich durchaus eine umfassende Reichsreform entwickeln können. Aber der Bund zerbrach nach Wilhelms frühem Tod 1257 an der Uneinigkeit der Mitglieder gegenüber den Kandidaten, die sich zur Wahl stellten (Richard von Cornwall, Alfons X. von Kastilien; *Interregnum*). Das Ende Wilhelms war übrigens merkwürdig und geheimnisumwittert. Bei einem Winterfeldzug gegen die Friesen versank Wilhelm unerkannt mit seinem Pferd in einem überfrorenen Sumpf. Seine Leiche wurde erst 1282 gefunden.

Zähringer
Obwohl oder gerade weil sie in weiblicher Linie mit den Staufern verwandt war, wurde die Familie des Breisgauer Grafen Berthold I. († 1078) in Schwaben zu ihren Konkurrenten. Anders als *Friedrich I. von Staufen* nämlich stand Graf Berthold in Gegnerschaft zu den Saliern, obwohl er Kaiser Heinrich III. die Belehnung mit dem Herzogtum Kärnten und der Markgrafschaft Verona und damit den Aufstieg in den Hochadel verdankte. Im erbitterten Streit zwischen *Heinrich IV.* und Papst Gregor VII. (1073–1085) ergriff Berthold Partei für die päpstliche Seite und war damit auch Feind des Staufers, des treuesten Vasallen des Kaisers. Mit seinem Stammland im Thurgau, in der Ortenau, im Albgau und im Breisgau grenzte Bertholds Gebiet an das *Friedrichs von Staufen*, der nach dem Gang Heinrichs nach Canossa und der Lösung des Kaisers vom Bann von dessen Rachefeldzug gegen Berthold und den von ihm unterstützten Gegenkönig Rudolf von Rheinfelden profitierte. Obwohl der Kaiser den Herzog auf dem Reichstag in Ulm 1077 aller Güter und Lehen verlustig erklärte, konnten dessen Söhne Hermann, Ahnherr der bis 1918 regierenden Markgrafen von Baden, und Berthold II. († 1111) das Erbe antreten. Der Jüngere erbte 1090 zudem die Güter des Gegenkönigs Rudolf und erwarb damit eine Machtstellung in der Schweiz. Von der päpstlichen Partei 1092 zum Herzog von Schwaben gewählt, setzte er den Gegensatz zu den vom Kaiser eingesetzten Staufern fort, arrangierte sich aber 1097 mit Friedrich, indem er auf den schwäbischen Herzogstitel verzichtete und dafür seine Güter im südlichen Schwaben zugesichert sowie zudem die Reichsvogtei Zürich bekam. Er wurde Stammvater der Zähringer, wie die Dynastie nach ihrer Burg oberhalb des Ortes Zähringen bei Freiburg genannt wurde. Die staufischen Herrscher konnten fortan auf sie als loyale Vasallen zählen und belohnten sie dafür mit Gebietsgewinnen. Trotz nicht immer trübungsfreier Beziehungen weiteten die Zähringer unter Berthold IV. (1152–1186) dank der Hilfe *Friedrichs I. Barbarossa* ihren Einflußbereich nach Burgund aus und wählten unter Berthold V. (1186–1218) Bern als ihren Herrschaftsmittelpunkt. Der Herzog wurde bei der *Doppelwahl von 1198* von einer Fürstenminderheit zum deutschen König gewählt, unterwarf sich dann aber *Philipp*

von Schwaben. Mit dem fünften Berthold erlosch die Dynastie, ihre Erbländer fielen an die Ehegatten seiner Schwestern und damit letztlich an das Haus Habsburg. Die Reichslehen zog Kaiser *Friedrich II.* ein, Zürich und Bern erlangten unter ihm Reichsunmittelbarkeit.

Zisterzienser
Im Jahr 1098 gründete der aus der Champagne stammende Geistliche Robert von Molesme in Cîteaux (bei Dijon, Burgund) ein Kloster, in dem die Mönche unter rigoroser Befolgung der Benediktinerregel, in eremitischer Abgeschiedenheit und Askese leben sollten. Die Bewegung strahlte rasch über ganz Europa aus; nach dem Stammkloster Cîteaux (lateinisch Cistercium) hießen die Mitglieder Zisterzienser. Mit dem Eintritt *Bernhards von Clairvaux* 1112 bekam der Orden seine besondere geistliche Ausprägung. Wirtschaftliche Basis war zunächst die Selbstversorgung, der Orden verzichtete auf alle Einkünfte und Privilegien, die nicht mit der Regel des heiligen Benedikt vereinbar waren. Die Zisterzienser bebauten ihren Boden selbst, und dank fortschrittlicher Agrartechnik und Wirtschaftsweise brachten sie es zu guten Erträgen. Sie betätigten sich aber bald auch im Handwerk und Gewerbe, schließlich sogar im Handel und in Geldgeschäften, was ihnen zu Wohlstand verhalf und ihnen erlaubte, bedeutende Sakralbauten zu finanzieren. Der Zisterzienserbaustil –in Frankreich etwa an der Abtei von Fontenay (bei Montbard, Burgund) zu studieren, in Deutschland an der Klosterkirche von Ebrach (bei Bamberg) – zeichnet sich aus durch den Verzicht auf »Überflüssiges«: Türme, Krypten und Bauglieder wie Emporen und offene Strebebögen fehlen, die Wände sind nicht bemalt, auch farbige Glasfenster, Stoffe und Skulpturen sind nicht vorgesehen. – Der Zisterzienserorden fand früh seinen Weg nach Deutschland: Die erste Niederlassung wurde 1123 in Altenkamp am Niederrhein gegründet, weitere wichtige Klöster entstanden nach 1130 in Altenberg bei Köln, in Eberbach (Rheingau), in Pforta bei Naumburg, in Waldsassen (Oberpfalz) und in Maulbronn (Württemberg). Mit der Anlage landwirtschaftlicher Mustergüter trugen die Zisterzienser zur Binnenkolonisation bei *(Landesausbau und Kolonisation).* Ebenso waren sie beteiligt an der deutschen

Ostsiedlung. Der ersten Klostergründung in Schlesien (1163 Leubus) folgten weitere in Brandenburg (1170 Zinna, um 1080 Lehnin, 1258 Chorin), Mecklenburg (1171 Doberan) und Preußen (1178 Oliva). Die deutschen Zisterzienser lieferten namhafte Beiträge zur Geschichtsschreibung. Sowohl Peter von Zittau († 1339), der Chronist Böhmens, als auch Johann von Viktring († um 1345), der eine Reichsgeschichte seit der späten Stauferzeit verfaßte, sowie *Otto von Freising*, der Biograph *Friedrichs I. Barbarossa*, gehörten dem Orden der Mönche von Cîteaux an.

Zweiter Kreuzzug

Im Jahr 1144, knapp ein halbes Jahrhundert nach dem Beginn des Ersten Kreuzzugs (1096), wurde das Abendland durch eine Nachricht aus Palästina aufgeschreckt: Die Grafschaft Edessa, am mittleren Euphrat gelegen, Filialstaat des Königreichs *Jerusalem*, war von den Muslimen erobert worden. Papst *Eugen III.* rief den französischen König *Ludwig VII.* zum Kreuzzug auf. Der vermochte in seinem Land nur wenig Begeisterung für einen Zug ins Heilige Land zu wecken. Das änderte sich erst, als *Bernhard von Clairvaux* sich der Sache annahm. Der Zisterzienser, schon zu Lebzeiten als Heiliger verehrt, war die größte Autorität der Kirche. Seine Predigten, zunächst auf einer Versammlung in Vézelay im März 1146 vor den Adligen Frankreichs, später in Burgund, in Lothringen, Flandern und im Rheinland, ergriffen die Menschen. Massenbegeisterung brach aus, Tausende nahmen das Kreuz und gelobten die Wallfahrt nach Jerusalem. Bernhard, mitgerissen vom eigenen Erfolg, trat schließlich zu Weihnachten 1146 in Speyer vor den deutschen König *Konrad III.* Der war eigentlich von seinen Interessen in Italien und seinen Querelen mit den *Welfen* in Anspruch genommen. Aber der Beredsamkeit des großen Kirchenlehrers konnte auch er sich nicht entziehen. Konrad III. trat an die Spitze eines Heeres von etwa 20000 Mann. Einen Monat vor den Franzosen brachen die Deutschen im Mai 1147 auf. Der Zug ging von Regensburg durch Bayern und Ungarn, und im September 1147 schließlich traf man in Konstantinopel ein. Unterwegs gab es ständig Reibereien. Aufgebote aus Böhmen und Polen sowie ein starkes Kontingent von Lothringern hatte sich dem Zug angeschlossen. Deutsche, Slawen und französisch sprechende Lothringer gerieten immer wieder aneinander, und die deutschen Herren hielten nicht einmal Frieden, wenn sie unter sich waren. Konrad, über 50 Jahre alt und krank, hatte wenig Autorität in diesem Haufen. Zwar überließ er schon manches den kräftigen Händen seines Neffen Friedrich, des späteren Kaisers *Friedrich I. Barbarossa*, aber der junge Mann hatte noch wenig militärische Erfahrung. Der Kreuzzug, zu dem man voller Begeisterung aufgebrochen, endete in fürchterlichen Niederlagen. Das deutsche Heer wurde am 25. Oktober 1147 bei Doryläon (Westanatolien) von den Türken vernichtet. Die nachfolgenden Franzosen unter ihrem König Ludwig VII., denen sich Konrad mit dem Rest seiner Truppen anschloß, gelangten immerhin bis Syrien, scheiterten aber im Sommer 1148 vor Damaskus. Zu Ostern 1149 trat Ludwig die Rückreise nach Europa an. Zur selben Zeit machte sich auch Konrad, der sich noch während des Marsches durch Kleinasien krankheitshalber aus dem Unternehmen verabschiedet hatte und in Konstantinopel geblieben war, auf die Heimreise.

Zeittafel

987	Ein Vorfahr der Staufer mit dem Leitnamen Friedrich wird in Angelegenheiten des Klosters Ellwangen in Schwaben genannt
um 1030	Ein Graf im Ries namens Friedrich ist bezeugt; dessen Sohn Friedrich von Büren heiratet 1044 die reiche Erbin Hildegard von Bar-Mousson
1053	Riesgraf Friedrich wird Pfalzgraf in Schwaben; er stiftet nach 1055 das Augustiner-Chorherrenstift in Lorch, die Grablege der Staufer
1075	Beginn des Investiturstreits
1077	Friedrich von Staufen nimmt als Gefolgsmann König Heinrichs IV. an dessen Bittgang nach Canossa teil
1079	Friedrich von Staufen wird mit dem Herzogtum Schwaben belehnt (als Herzog: Friedrich I.) und heiratet Heinrichs IV. Tochter Agnes von Waiblingen; dadurch erhalten die Staufer familiäre Anbindung an das salische Herrscherhaus
um 1085	Herzog Friedrich I. von Schwaben erbaut die Stammburg der Staufer auf dem Hohenstaufen bei Göppingen
1105	Tod Friedrichs I. von Schwaben
1122	Das Wormser Konkordat zwischen Heinrich V. und Papst Kalixt II. beendet den Investiturstreit
1125	Tod des letzten Salierkaisers Heinrich V.; zum Nachfolger wird – ohne staufische Ansprüche zu berücksichtigen – der Sachse Lothar III. von Supplinburg gewählt; dieser verheiratet seine Tochter Gertrud mit dem Welfen Heinrich X. dem Stolzen; Beginn des welfisch-staufischen Gegensatzes
1137	Heinrich X. der Stolze, Herzog von Bayern, erhält zusätzlich noch das Herzogtum Sachsen; Verlagerung des welfischen Machtzentrums nach Norden; Tod Lothars III. von Supplinburg; in Frankreich besteigt Ludwig VII. den Thron
1138	Zum erstenmal wird ein Staufer, Konrad III., zum König gewählt; er erklärt – gemünzt auf Heinrich X. den Stolzen – den Besitz zweier Herzogtümer in einer Hand für unzulässig; Sachsen fällt an Albrecht den Bären, Bayern an die Babenberger
1140	Sieg Konrads III. in der Schlacht bei Weinsberg
1142	Heinrich der Löwe wird Herzog von Sachsen
1147/1148	Zweiter Kreuzzug: der Schwabenherzog Friedrich III.

	(später Friedrich I. Barbarossa) begleitet seinen Onkel Konrad III.; zur gleichen Zeit unternimmt Heinrich der Löwe mit anderen norddeutschen Fürsten einen Kreuzzug gegen die Wenden
1152	Nach dem Tod Konrads III. wird Friedrich I. Barbarossa zum deutschen König gewählt
1153	Vertrag von Konstanz zwischen Barbarossa und Papst Eugen III.
1154/1155	Erster Italienzug Friedrichs I. Barbarossa; Kaiserkrönung in Rom durch Papst Hadrian IV.
1156	Barbarossa heiratet Beatrix von Burgund; Entscheidung über das Herzogtum Bayern: es wird, vermindert um Österreich, an Heinrich den Löwen gegeben
1157	Reichstag von Besançon, Zerwürfnis zwischen der römischen Kirche und dem Kaiser
1158–1162	Zweiter Italienzug Kaiser Barbarossas; Reichstag von Roncaglia (1158), Zerstörung Mailands (1162)
1159	Nach dem Tod Papst Hadrians IV. wird Alexander III. als Nachfolger gewählt; gegen ihn stellt die kaisertreue Minderheit Viktor IV. als Gegenpapst auf; Beginn des Alexandrinischen Schismas
1163	Dritter Italienzug Barbarossas
1164	Tod des Gegenpapstes Viktor IV.; als seinen Nachfolger setzt Barbarossas Kanzler Rainald von Dassel eigenmächtig Paschalis III. ein; die Gebeine der Heiligen Drei Könige werden nach Köln überführt
1165	Heiligsprechung Karls des Großen in Aachen
1166–1168	Vierter Italienzug Barbarossas; Schlacht von Tusculum, Malariaseuche im deutschen Heer; Gründung des Lombardenbunds
1168	Im sächsischen Fürstenstreit ergreift Barbarossa Partei für Heinrich den Löwen
1169	Barbarossa läßt seinen Sohn Heinrich VI. zum deutschen König wählen
1174–1178	Fünfter Italienzug Barbarossas
1176	Niederlage Barbarossas in der Schlacht von Legnano
1177	Friede von Venedig zwischen Papst und Kaiser
1178	Beginn der juristischen Verfahren gegen Heinrich den Löwen
1180	Heinrich der Löwe verfällt der Reichsacht, seine Herzogtümer werden ihm entzogen, Sachsen wird aufgeteilt
1181	Unterwerfung Heinrichs des Löwen auf dem Reichstag von Erfurt

1183	Der Friede von Konstanz beendet die Auseinandersetzung zwischen dem Kaiser und den lombardischen Städten
1184	Mainzer Pfingstfest, das staufische Kaisertum auf der Höhe seines Ansehens
1184–1186	Sechster Italienzug Barbarossas
1186	Heinrich VI. heiratet Konstanze, die Erbin von Sizilien
1189–1192	Dritter Kreuzzug: Barbarossa ertrinkt in Kleinasien im Fluß Saleph (1190); sein Sohn Friedrich IV. von Schwaben stirbt vor Akkon (1191)
1191	Kaiserkrönung Heinrichs VI. in Rom; durch eine Seuche wird der Versuch, das Königreich Sizilien zu erobern, vereitelt
1192	Bei der Rückkehr vom Kreuzzug gerät der englische König Richard Löwenherz in Österreich in Gefangenschaft; Heinrich VI. erpreßt ein ungeheures Lösegeld von ihm
1194	Versöhnung zwischen Heinrich VI. und Heinrich dem Löwen; Heinrich VI. nimmt Sizilien in Besitz
1195	Erbreichsplan Heinrichs VI. von den Fürsten abgelehnt
1197	Tod Heinrichs VI.
1198	Zwiespältige Königswahl in Deutschland (Otto IV. gegen Philipp von Schwaben); Kaiserin Konstanze bestellt Papst Innozenz III. zum Vormund ihres Sohnes Friedrich II.
1201	Entscheidung des Papstes im deutschen Thronstreit zugunsten Ottos IV., dennoch setzt sich dessen Gegner Philipp von Schwaben durch
1202–1204	Vierter Kreuzzug: Eroberung von Konstantinopel, Gründung des Lateinischen Kaiserreichs
1208	Ermordung Philipps von Schwaben
1209	Kaiserkrönung Ottos IV. in Rom; Friedrich II. heiratet Konstanze von Aragonien
1212	Friedrich II. gelangt auf abenteuerlichen Wegen nach Deutschland und läßt sich zum König wählen, Vertrag von Vaucouleurs zwischen Friedrich und dem französischen König
1214	Schlacht von Bouvines: Philipp II. August von Frankreich besiegt Kaiser Otto IV. und seine englischen Verbündeten
1215	Krönung Friedrichs II. in Aachen; das 4. Laterankonzil zeigt Innozenz III. auf der Höhe seiner Macht
1218	Tod Ottos IV.

1220 Friedrich II. läßt seinen Sohn Heinrich (VII.) zum deutschen König krönen; in der Confoederatio cum principibus ecclesiasticis erhalten die geistlichen Fürsten bedeutende Privilegien; auf dem Hoftag von Capua ordnet Friedrich II. die Verhältnisse im Königreich Sizilien

1224 Gründung der Staatsuniversität in Neapel

1226 Goldbulle von Rimini: der Deutsche Orden erhält das Recht zur Schaffung eines eigenen Ordenslandes in Preußen

1228/1229 Fünfter Kreuzzug: Einzug Friedrichs II. in Jerusalem

1230 Friede von San Germano zwischen Kaiser und Papst

1231 Erlaß des Statutum in favorem principum, das den deutschen weltlichen Fürsten zahlreiche Privilegien einräumt; in den Konstitutionen von Melfi werden die Grundlagen des zentralistischen Staates in Süditalien gelegt

1235 Gericht über Heinrich (VII.): der Kaisersohn wird in Haft genommen; Erlaß des Mainzer Landfriedens

1237 Friedrich II. besiegt die Lombarden bei Cortenuova

1239 Beginn des Endkampfs zwischen Kaiser und Papst

1242 Friedrich II. verhindert das Konzil von Rom

1245 Auf dem Konzil von Lyon wird die Absetzung Friedrichs II. verkündet

1246 Heinrich Raspe als Gegenkönig in Deutschland aufgestellt

1250 Tod Friedrichs II.; sein Sohn Konrad IV. übernimmt die Herrschaft in Deutschland, dessen Halbbruder Manfred führt die Regentschaft im Königreich Sizilien

1254 Konrad IV., 1252 nach Italien aufgebrochen, stirbt an der Malaria; Gründung des Rheinischen Bundes

1257 Doppelwahl in Deutschland: Alfons X. von Kastilien und Richard von Cornwall werden zu Königen gewählt, keiner von beiden kann sich durchsetzen; das Bündnis zwischen Lübeck, Rostock und Wismar bereitet den Boden für die Entstehung der Hanse

1258 Manfred wird zum König von Sizilien gekrönt

1265 Papst Klemens VI. belehnt Karl von Anjou mit dem Königreich Sizilien

1266 Manfred unterliegt Karl von Anjou in der Schlacht bei Benevent und verliert Krone und Leben

1268 Konrads IV. Sohn Konradin zieht über die Alpen, um das Königreich Sizilien wiederzugewinnen, wird jedoch bei

	Tagliacozzo von Karl von Anjou besiegt und in Neapel hingerichtet
1272	Enzio, der letzte überlebende Sohn Friedrichs II., stirbt im Kerker in Bologna
1273	Die Wahl Rudolfs von Habsburg beendet das seit Konrads IV. Tod (1254) andauernde Interregnum in Deutschland
1282	In einem Volksaufstand (»Sizilianische Vesper«) werden die Anjou von der Insel Sizilien vertrieben
1318	Manfreds Sohn Heinrich stirbt im Kerker in Neapel, damit ist das Haus Staufen im Mannesstamm endgültig erloschen

Die Staufer (Stammtafel)

Salier

Heinrich IV.
(1050–1106)
römischer König 1056
Kaiser 1084
1. ∞ 1065 Bertha von Susa († 1087)
2. ∞ 1089 Adelheid (Eupraxia) von Kiew (um 1070–1109)

Friedrich

Friedrich von Büren
(um 1020 – bald nach 1053)
∞ Hildegard von Bar-Mousson
(um 1028–1094)

Heinrich V.
(1086–1125)
römischer König 1106,
Kaiser 1111
∞ 1114 Mathilde von England (1102–1167)

Agnes von Waiblingen
(1072–1143)

∞ nach 1079

Friedrich I.
(um 1050–1105)
Herzog von Schwaben 1079

Otto
(† 1100)
Bischof von Straßburg

Ludwig
(† 1075)
Pfalzgraf bei Rhein

Friedrich II., der Einäugige
(1090–1147)
Herzog von Schwaben 1105
1. ∞ um 1120 Judith von Bayern († um 1135)
2. ∞ um 1133 Agnes von Saarbrücken († nach 1147)

Konrad III.
(1093–1152)
Gegenkönig 1127–1135,
römischer König 1138
2. ∞ 1131/32 Gertrud von Sulzbach († 1146)

Friedrich (III.) **I. Barbarossa**
(1122–1190)
Herzog von Schwaben 1147,
römischer König 1152,
Kaiser 1155
1. ∞ 1147–53 Adela von Vohburg (1128 – nach 1187)
2. ∞ 1156 Beatrix von Burgund (um 1144–1184)

Konrad
(um 1135–1195)
Pfalzgraf bei Rhein 1156
2. ∞ vor 1176 Irmgard von Henneberg († 1197)

Heinrich (VI.)
(1137–1150)
Mitkönig 1147

Friedrich IV.
(um 1144–1167)
Herzog von Rothenburg und Schwaben 1152
∞ 1166 Gertrud († 1196), Tochter Herzog Heinrichs des Löwen

Heinrich VI.
(1165–1197)
römischer König 1169,
Kaiser 1191
∞ 1186 Konstanze von Sizilien (1154–1198)

Friedrich V. (Konrad)
(1167–1191)
Herzog von Schwaben nach 1170

Otto
(1166/67–1200)
Pfalzgraf von Burgund 1190
∞ 1189/90 Margarete von Blois († 1230)

Konrad
(um 1172–1196)
Herzog von Rothenburg 1188,
Herzog von Schwaben 1191

Philipp
(um 1175–1208)
Herzog von Tuszien 1195,
Herzog von Schwaben 1196,
römischer König 1198
∞ 1209 Irene († 1222), Tochter Kaiser Isaaks II. Angelos

Friedrich II.
(1194–1250)
König von Sizilien 1198,
römischer König 1212,
Kaiser 1220
1. ∞ 1209 Konstanze von Aragonien (um 1182/83–1222)
2. ∞ 1225 Jolande (Isabella) von Jerusalem (1212–1228)
3. ∞ 1233/34 Bianca Lancia, Markgräfin (um 1210–1233/34) — ?
4. ∞ 1235 Isabella von England (1217–1241)

Beatrix die Ältere
(1198–1212)
∞ 1212 **Otto IV.** (um 1175–1218), Kaiser

Kunigunde
(1199–1248)
∞ 1224/25 Wenzel I. (1205–1253), König von Böhmen

Beatrix die Jüngere
(1205–1235)
∞ 1219 Ferdinand III., der Heilige (1201–1252), König von Kastilien und León

unehelich

Heinrich (VII.)
(1211–1242)
König von Sizilien 1212,
römischer König 1220–1235
∞ 1225 Margarete von Österreich (1204–1267)

Konrad IV.
(1228–1254)
König von Jerusalem 1229,
römischer König 1237,
König von Sizilien 1250
∞ 1246 Elisabeth von Bayern († 1273)

Enzio (Heinz)
(um 1215–1272)
König von Sardinien 1238
1. ∞ 1238–1248 Adelasia von Sardinien († 1255)
2. ∞ 1249 Nichte Ezzelinos III. da Romano († nach 1250/51)

Manfred
(1232–1266)
König von Sizilien 1258
1. ∞ 1248 Beatrix von Savoyen († 1257?)
2. ∞ 1257/58 Helena von Epiros (um 1242–1271)

Alfons X., der Weise
(1221–1284)
König von Kastilien und León 1252,
deutscher König 1257

Konradin
(1252–1268)
Herzog von Schwaben 1254
∞ 1266 Sophie von Landsberg (1258/59–1318)

Halbfett gesetzt sind die Namen der römisch-deutschen Könige und Kaiser.

Literatur

Borst, Arno: Lebensformen im Mittelalter. Frankfurt/Berlin 1979

Borst, Arno (Hrsg.): Das Rittertum im Mittelalter. Darmstadt 1976

Bühler, Johannes: Die Kultur des Mittelalters. Stuttgart 1948

Csendes, Peter: Heinrich VI. Darmstadt 1993

Delbrück, Hans: Geschichte der Kriegskunst im Rahmen der politischen Geschichte. 3. Teil: Das Mittelalter. Berlin 1964 (photomechanischer Nachdruck der Ausgabe Berlin 1923)

Dictionary of the Middle Ages. New York 1982–1989

Engels, Odilo: Die Staufer. Stuttgart 1972

Geschichte in Quellen. Bd. II: Mittelalter. Hrsg. von Wolfgang Lautemann und Manfred Schenke. München 1970

Goetz, Hans-Werner: Leben im Mittelalter. Vom 7. bis zum 13. Jahrhundert. München 1986

Graus, František: Lebendige Vergangenheit. Überlieferung im Mittelalter und in den Vorstellungen vom Mittelalter. Köln/Wien 1975

Gregorovius, Ferdinand: Geschichte der Stadt Rom im Mittelalter. 4 Bände. München 1978

Gregorovius, Ferdinand: Wanderjahre in Italien. Dresden o. J.

Hampe, Karl: Das Hochmittelalter. Karlsruhe 1963

Hampe, Karl: Deutsche Kaisergeschichte in der Zeit der Salier und Staufer. Darmstadt 1979

Heinisch, Klaus J. (Hrsg.): Kaiser Friedrich II. in Briefen und Berichten seiner Zeit. Darmstadt ^{6}1978

Heinisch, Klaus J. (Hrsg.): Kaiser Friedrich II. Sein Leben in zeitgenössischen Berichten. München 1977

Holtz, Eberhard / Huschner, Wolfgang (Hrsg.): Deutsche Fürsten des Mittelalters. Fünfundzwanzig Lebensbilder. Leipzig 1995

Hiller, Helmut: Friedrich Barbarossa und seine Zeit. Eine Chronik. München 1977

Horst, Eberhard: Der Sultan von Lucera. Friedrich II. und der Islam. Freiburg/Basel/Wien 1997

Kantorowicz, Ernst H.: Kaiser Friedrich der Zweite. Neuausgabe Stuttgart 1998

Kelly, John / Davidson, Norman: Reclams Lexikon der Päpste. Stuttgart 1988

Lehmann, Johannes: Die Staufer – Glanz und Elend eines deutschen Kaisergeschlechts. München 1985

Lexikon des Mittelalters. 9 Bände. München/Zürich 1980–1998

Maschke, Erich: Das Geschlecht der Staufer. Neudruck Aalen 1970

Masson, Georgina: Friedrich II. von Hohenstaufen. Eine Biographie. Reinbek 1991

Mitteis, Heinrich: Der Staat des hohen Mittelalters. Grundlinien einer vergleichenden Verfassungsgeschichte des Lehnszeitalters. Neudruck Köln/Wien 1980

Mühlberger, Josef: Lebensweg und Schicksal staufischer Frauen. Esslingen 1977

Ranke, Leopold von: Weltgeschichte. Bd. 10–12. Meersburg/Leipzig 1933

Raumer, Friedrich von: Geschichte der Hohenstaufen und ihrer Zeit. Bearbeitet von Alfred Matz. Düsseldorf 1968

Rösch, Eva Sibylle / Rösch, Gerhard: Kaiser Friedrich II. und sein Königreich Sizilien. Sigmaringen 1995

Runciman, Steven: Geschichte der Kreuzzüge. München 1978

Schaller, Hans Martin: Stauferzeit. Ausgewählte Aufsätze. Hannover 1993

Stürner, Wolfgang: Friedrich II. 2 Teile. Darmstadt 1992–2000

Volkert, Wilhelm: Kleines Lexikon des Mittelalters. Von Adel bis Zunft. München 1991

Wies, Ernst W.: Friedrich II. von Hohenstaufen. Messias oder Antichrist. München/Esslingen 1994

Wolf, Gunther (Hrsg.): Friedrich Barbarossa. Darmstadt 1975

Wolf, Gunther (Hrsg.): »Stupor mundi«. Zur Geschichte Friedrichs II. von Hohenstaufen. Darmstadt 1966

Winter, Johanna van: Rittertum. Ideal und Wirklichkeit. München 1969

Die Zeit der Staufer. Ausstellungskatalog. 5 Bände. Stuttgart 1977

Sach- und Personenregister

Zur Erhöhung der Fundstellenzahl folgt ein Register der Stichwörter, die keinen eigenen Eintrag (Verweis oder Artikel) haben. Aufgenommen wurden alle themenrelevanten Sachwörter und Personen, die den Stoff weiter erschließen helfen. Statt der sonst üblichen Seitenzahlen verweist das Register auf die Artikel, in denen das jeweilige Stichwort zu finden ist.

Friedemann Bedürftig

Taschenlexikon Karl V.

247 Seiten. SP 2870

In seinem Reich ging die Sonne nicht unter: Karl V. (1500–1558) ist eine Schlüsselfigur am Ausgang des Mittelalters. Als Kaiser verkörperte er das Ringen zwischen Beharrung und Aufbruch und brachte die Kaisermacht noch einmal zu ungeahnter Entfaltung.

Taschenlexikon Bismarck

240 Seiten. SP 2593

Hundert Jahre nach dem Tod des »Eisernen Kanzlers« hat seine Figur nichts an Faszination verloren. Freilich stellen wir Bismarck nicht mehr auf den Sockel, wie es zu seiner Zeit üblich war. Und doch bewundert jede Generation erneut Weitsicht, Energie und politisches Gespür dieses Geschichte-Machers. Seine Gestaltungskraft, sein souveränes Jonglieren mit den Mächten, aber auch sein entschiedener Wille zum Frieden sichern ihm ungebrochenes Interesse.

Taschenlexikon Drittes Reich

400 Seiten. SP 2369

»Großes Lob verdienen die etwa tausend Artikel über Begriffe und Namen von ›Abessinien‹ bis ›Zyklon B‹. Der Text ist sachlich und klar, für lexikalische Sprache geradezu lebendig und immer zuverlässig. Fazit: ein hilfreiches, wichtiges Buch, das nachdrückliche Empfehlung verdient.«

Frankfurter Allgemeine

Taschenlexikon Deutschland nach 1945

Mit einem Vorwort von Kurt Sontheimer. 459 Seiten mit zahlreichen Abbildungen. SP 2495

»Dieser enzyklopädisch erfahrene Publizist gibt hier begrifflich genau und biographisch anschaulich Auskunft über die vergangenen fünf Jahrzehnte. Sein Rückblick reicht von der Besatzungszeit bis hin zur Wiedervereinigung samt ihren Folgen.«

Frankfurter Allgemeine Zeitung

Reinhard Barth

Taschenlexikon Karl der Große

234 Seiten. SP 3034

Schon von seinen Zeitgenossen wurde er »der Große« genannt: Frankenkönig Karl (742–814) aus dem Geschlecht der Karolinger, der am Weihnachtstag des Jahres 800 in Rom zum Kaiser gekrönt wurde, galt der damaligen Zeit als Beispiel eines idealen Herrschers. Obwohl sein Reich, das sich von der Bretagne bis nach Ungarn, von Norddeutschland bis Mittelitalien erstreckte, ihn nicht lange überdauerte, blieb Karl im Gedächtnis der Völker als »Vater Europas« erhalten, und um den lebensfrohen Mann rankten sich bald die üppigsten Legenden. Das Lexikon vermittelt Einblicke in die vielen Facetten der Persönlichkeit Karls des Großen, und es zeichnet seine Welt in ihren politischen, wirtschaftlichen, kulturellen und sozialen Dimensionen.

Reinhard Barth
Friedemann Bedürftig

Taschenlexikon Päpste

317 Seiten. SP 3042

»Du bist Petrus, und auf diesen Felsen will ich bauen meine Gemeinde«, sprach Jesus zu seinem Jünger. Auf Petrus berief sich dann auch die lange Reihe der Päpste, deren Anspruch bis heute unverändert blieb: alleinige Nachfolger des Apostels und Stellvertreter Christi auf Erden zu sein. Große Persönlichkeiten wie Gregor VII., der den Kaiser zum Gang nach Canossa zwang, sind darunter, skrupellose Machtmenschen wie Alexander VI. und Versöhner wie Johannes XXIII. Gerade in unseren säkularisierten Zeiten faszinieren die Päpste mit ihrer absoluten Herrschaft und der verbrieften Unfehlbarkeit in Glaubensdingen. Genau 269 Päpste nennen die offiziellen Listen, darüber hinaus zählt die Kirchengeschichte drei Dutzend Gegenpäpste.

SERIE PIPER

Wolfgang Körner

Körners endgültige Geschichte der Deutschen

Von der Völkerwanderung bis heute. 238 Seiten. SP 2540

Ähnlich dem Vorurteil, Geschichte sei von Männern gemacht, hat sich das Vorurteil gehalten, daß nur bestimmte Dinge überlieferungswert sind: nämlich Schlachten, Kriege, Herrscher, Staatsmänner und Verfassungsänderungen. Bis jetzt. Satirisch und vergnüglich erzählt Wolfgang Körner die Historie der Deutschen völlig neu. Nein, er verfälscht in keiner Weise geschichtliche Fakten – er liefert lediglich eine »etwas andere« Betrachtung der Dinge. Daß er dabei Personen und Ereignisse souverän ignoriert, die Historiker für wichtig halten mögen, tut dem Leser-Nutzen keinen Abbruch. So entsteht in dreiundneunzig Kapiteln ein höchst vergnüglicher Abriß unserer Geschichte von den alten Germanen bis zur Neuzeit, in dem Interessantes, Unbekanntes und Ungeahntes kunstvoll miteinander verbunden sind.

Wer weiß schon, daß die alten Römer bereits Sozialhilfeempfänger hatten oder warum die schnelle Postkutsche von dem langsamen Briefträger verdrängt wurde? Die deutsche Chronik als ein unterhaltendes, brillantes Feuerwerk. Aha-Erlebnisse sind garantiert – ein Lesevergnügen nicht nur für die, die in der Schule gepennt haben!

Körners endgültige Entdeckung Amerikas

Von Donald Duck bis Donald Trump. 197 Seiten. SP 2477

Noch immer wird Amerika für das Land der unbegrenzten Möglichkeiten gehalten, in dem kühnste Träume und Hoffnungen durch hinreichende Anstrengungen – »den Tüchtigen belohnt Gott« – verwirklicht werden können. Der Millionär, der als Tellerwäscher angefangen hat, ist der sprichwörtlichste »american dream«. Wolfgang Körner, seit mehr als einem Jahrzehnt unterwegs zwischen Anchorage und Key West, zwischen Seattle und San Diego, hat genau hingesehen. Mit diesem Buch nimmt er die USA unter die Lupe und vermittelt auf höchst vergnügliche Weise ein respektloses, überraschendes Bild der »Heimat der Tapferen«. Körner on the road – mit high speed durch Amerikas Landschaften, seine Vergangenheit und den Alltag seiner Gegenwart.

Leben im antiken Griechenland

Ein Lesebuch. Herausgegeben von Rolf Rilinger. 516 Seiten. SP 850

Wie orientierten sich die Griechen in Zeit und Raum? Welche Einschnitte und charakteristischen Situationen bestimmten das Leben im biologischen Kreislauf von der Geburt bis zum Tod? Wie sah der Tagesablauf von Frauen und Kindern, Herren und Sklaven, Bürgern und Fremden, Bauern und Handwerkern aus? Dies sind die Fragen, die das Publikum heute an die alte Geschichte stellt. Nicht der philosophische Weise, der geniale Stratege, der politische Denker, der große Dichter und die epochalen Kulturleistungen in Politik und Theater stehen also im Zentrum dieses Buches, sondern das Alltagsgeschehen, soziale und wirtschaftliche Probleme, kulturelle Praktiken und Mentalitäten. Geschichtsschreiber wie Herodot, Redner wie Demosthenes, Philosophen und Dichter wie Aristoteles und Homer, Platon und Sophokles, Euripides und Aristophanes erzählen, »wie es einst gewesen«.

Leben im Alten Rom

Ein Lesebuch. Herausgegeben von Rolf Rilinger. 410 Seiten. SP 1005

Wie orientierten sich die Römer der Antike in Raum und Zeit? Welche Einschnitte, Rituale und Bräuche prägten den Lebenslauf von der Wiege bis zur Bahre? Wie sah der Tagesablauf aus – beim Kaiser, beim einfachen Volk, beim reichen Patrizier, beim Sklaven, in der Stadt, auf dem Land? Wie wurde gearbeitet, gefeiert, sich entspannt? Diese Fragen nach der Sozialgeschichte des Alten Rom, für die der Leser von heute ein besonderes Interesse hat, werden von den Texten dieses informativen und anschaulichen Lesebuches beantwortet: Es kommen Schriftsteller zu Wort wie Livius und Tacitus, Plutarch und Cicero, Seneca und andere berühmte Zeitzeugen. Aber auch unbekannte Autoren geben Auskunft über Arbeit und Erziehung, Liebe und Ehe, Freundschaft und Spiel.

Reinhard Raffalt

Große Kaiser Roms

290 Seiten mit 11 Abbildungen. SP 499

Wie lebten die römischen Kaiser? Wie regierten sie ihr großes Weltreich? In elf Porträts werden so berühmte Kaiser wie Cäsar, Augustus, Tiberius, Nero, Hadrian, Marc Aurel, Diokletian oder Konstantin vorgestellt, und es wird erzählt, wie sie die Geschichte und Bedeutung Roms maßgeblich bestimmt haben. Glanz und Verfall des Imperium Romanum, der politischen und kulturellen Weltmacht Rom, haben jahrhundertelang die Phantasie von Historikern und Erzählern beschäftigt. Reinhard Raffalt kennt sich aus in Kunst- und Religionsgeschichte und versteht es, aus trockenen historischen Daten lebendige, anschauliche Geschichte zu machen.

»Das Buch ist ein großer Wurf.«
Bayerischer Rundfunk

Manfred Fuhrmann

Cicero und die römische Republik

Eine Biographie. 347 Seiten mit zwei Karten, Stamm- und Zeittafel. SP 1219

Marcus Tullius Cicero (106–43 v. Chr.) war bereits zu seinen Lebzeiten eine der berühmtesten und zugleich umstrittensten Persönlichkeiten des geistigen und politischen Lebens in Rom. Eine Fülle von Privatbriefen, Prozeß- und Staatsreden legt beredtes Zeugnis ab von Leben und Werk dieses Staatsmannes, Schriftstellers und Philosophen, der bald zum Klassiker lateinischer Eloquenz avancierte und maßgeblich die europäische Geistesgeschichte beeinflußte. Welches waren die Voraussetzungen und Hintergründe für das Denken und Handeln dieses Mannes, was waren seine Motive? Manfred Fuhrmann vermittelt in dieser Biographie gerade auch dem nicht einschlägig Vorgebildeten ein anschauliches Bild des Mannes Cicero.

Reinhard Barth

Taschenlexikon Kreuzzüge

263 Seiten mit acht Karten. SP 2794

»Gott will es!« war die Parole, als vor 900 Jahren am 15. Juli 1099 ein europäischer Ritter auf den Mauern von Jerusalem sein Banner aufpflanzte: Der erste Kreuzzug war nach drei Jahren an sein Ziel gelangt, ein Unternehmen von riesigem Ausmaß, bei dem sich naive Frömmigkeit und Leidensfähigkeit mit Abenteuerlust, Beutegier und Brutalität vermischten. Die »Befreiung des Heiligen Grabes« firmierte als »göttlicher Auftrag« und diente der Ausdehnung der römischen Kirche. Vielfältige politische, wirtschaftliche und kulturelle Interessen standen hinter dem Kampf gegen die »Heiden«, dem fanatischen Gaubenskrieg gegen den Islam.

Dieses Taschenlexikon von A bis Z gibt profunde Einblicke und straffe Übersichten über das dramatische Geschehen, seine Akteure, die Schauplätze und die Ereignisse.

Friedemann Bedürftig

Taschenlexikon Dreißigjähriger Krieg

264 Seiten mit vier farbigen Karten. SP 2668

Am 24. Oktober im Jahr des Herrn 1648 hatten die Unterhändler der kriegführenden Mächte in Münster ihre Unterschriften unter dem Westfälischen Frieden gesetzt. Er beendete den bis dahin furchtbarsten Krieg und eine ganze Epoche der Glaubenskämpfe. Und er schuf eine Ordnung in Mitteleuropa, die anderthalb Jahrhunderte Bestand haben sollte. Dreißig Jahre hatte Waffenlärm Deutschland erfüllt, nachdem mit dem Prager Fenstersturz 1618 der kalte Krieg der Konfessionen in einen heißen umgeschlagen war. Er brachte glänzende Siege wie den der Schweden bei Breitenfeld 1631 und entsetzliche Greuel wie beim Untergang Magdeburgs im gleichen Jahr. Schlachten und Feldherren, Verträge und Herrscher, Kriegswesen und Waffen sind die Stichwörter dieses Taschenlexikons. Seine Beiträge erschließen das dramatische Geschehen alphabetisch und bieten ein umfassendes Gesamtbild.